# BOND it
**Nachschlagewerk zur Klebtechnik**

# BOND it
## Nachschlagewerk zur Klebtechnik

**4., neu bearbeitete und erweiterte Auflage**
**2007**

# Impressum

## Impressum

| | |
|---|---|
| Herausgeber: | DELO Industrie Klebstoffe |
| | DELO-Allee 1 |
| | 86949 Windach |
| | Telefon +49 8193 9900-0 |
| | Telefax +49 8193 9900-144 |
| | E-Mail info@DELO.de |
| | www.DELO.de |
| Technische Leitung: | Dipl.-Ing. Gudrun Weigel |
| Text: | Dipl.-Ing. Ralf Hose |
| | Dipl.-Ing. Bernd Scholl |
| | Dipl.-Ing. (FH) René Tobisch-Haupt |
| | Dipl.-Ing. Wolfgang Werner |
| Redaktion: | Daniela Glenk |
| Titelbild: | Ausgehärtete Klebstoffe (Schulterstäbe) |

In diesem Nachschlagewerk sind unter anderem Begriffe, die auf DELO-Produkte bezogen sind, definiert. Angaben und Daten sowie Verwendungshinweise für genannte Produkte sind ausschließlich allgemeiner Natur. Eine Haftung ist daher ausgeschlossen. Wir empfehlen, durch eigene Versuche festzustellen, ob ein Produkt den spezifischen Anforderungen einer Anwendung gerecht wird.

Abgabe gegen Gebühr
ISBN-10: 3-00-020649-3 / ISBN-13: 978-3-00-020649-8, 4., neu bearbeitete und erweiterte Auflage
Englische Ausgabe: ISBN-10: 3-00-020650-7 / ISBN-13: 978-3-00-020650-4

© 2007
Diese Publikation einschließlich aller ihrer Bestandteile ist urheberrechtlich geschützt. Jede Verwertung, die nicht ausdrücklich durch das Urheberrechtsgesetz zugelassen ist, bedarf der vorherigen Zustimmung von DELO Industrie Klebstoffe. Dies gilt insbesondere für Vervielfältigungen, Verbreitungen, Bearbeitungen, Übersetzungen und Mikroverfilmungen sowie Speicherung, Verarbeitung, Vervielfältigung und Verbreitung unter Verwendung elektronischer Systeme.

# Vorwort

Spezialklebstoffe sind heute wesentlicher Bestandteil vieler innovativer Produkte. Besondere Eigenschaften wie Transparenz, geringes Gewicht oder optimale Temperatur- und Klimabeständigkeit machen das Kleben als Fügeverfahren immer attraktiver.

Die partnerschaftliche, professionelle Zusammenarbeit von Klebstoffhersteller und Anwender ist ein Schlüssel zum Erfolg. Dazu haben wir tief greifendes Know-How zu Materialien, Oberflächen und Prozessen und dem konstruktiven Zusammenspiel von Klebstoff und Bauteilen aufgebaut.

Im BOND it – jetzt bereits in der 4. Auflage – haben wir für Sie die wichtigsten Grundlagen zusammengefasst. Er bietet anschauliche Erläuterungen zu unterschiedlichen Klebstoffgruppen und vielfältige Anwendungsbeispiele aus aktueller Projektbearbeitung. Eine allgemeine Einführung in die Klebtechnik und ein umfangreiches Lexikon mit Fachbegriffen sowie Formeln und Tabellen machen den neuen BOND it zu einem wertvollen Nachschlagewerk.

Unseren Kunden sowie Partnern danken wir für die Unterstützung durch Anwendungsbeispiele und Bildmaterial, unseren Mitarbeitern für ihr Engagement und eingebrachtes Fachwissen.

Dipl.-Ing. Sabine Herold, Dr.-Ing. Wolf-D. Herold
Geschäftsführende Gesellschafter
DELO Industrie Klebstoffe

# Inhalt

**DELO – Führend durch intelligente Klebtechnik**    9

**Welche Möglichkeiten bietet die Klebtechnik und wie kann man sie nutzen?**    12

## TEIL I
**Einführung in die Klebtechnik**    17
1. Grundlegende Eigenschaften von hochpolymeren Werkstoffen    18
2. Oberflächenbehandlung    26
3. Fließverhalten unausgehärteter Klebstoffe    32
4. Verarbeitung von Klebstoffen    34
5. Dosierung von Klebstoffen    41
6. Eigenschaften ausgehärteter Klebstoffe    46
7. Leitfaden zum fachgerechten Kleben    49
8. Konstruktive Gestaltung von Klebverbindungen    54

## TEIL II
**Produktgruppen**    59
1. Photoinitiiert härtende Acrylate    62
2. Photoinitiiert härtende Epoxidharze    64
3. Dualhärtende Klebstoffe    66
4. Einkomponentige Epoxidharzklebstoffe    67
5. Zweikomponentige Epoxidharzklebstoffe    70
6. Anaerob härtende Methacrylate    72
7. Cyanacrylate    74
8. Silikone    76
9. Polyurethane    78
10. Dosiersysteme    79
11. Lichtsysteme    80

## TEIL III
**Prozesstechnik**    83
1. Konstruktiver Glasbau – Duschkabinen    84
2. Mikroelektronik – Flip-Chip-Kontaktierung bei Smart Label Anwendungen    86
3. Elektromotorenbau – Magnetverklebung    89

## TEIL IV
**Anwendungen in der Elektronik**    91
1. Elektronik / Elektrotechnik    92
2. Mikroelektronik    102

## TEIL V
**Lexikon der Klebtechnik**    109

## ANHANG    169
1. In der Klebtechnik gebräuchliche Prüfverfahren und Normen    170
2. Maßeinheiten, Formeln, Umrechnungstabellen    179
3. Chemische Elemente    185
4. Kurzzeichen gebräuchlicher Kunststoffe    189
5. Literaturhinweise    191
6. Bildnachweise    191
7. Kontakt    191

# DELO

# Führend durch intelligente Klebtechnik

## Spezialist für Systemlösungen

DELO hat mehr als 45 Jahre Erfahrung im Bereich Industrieklebstoffe. Ein Team aus 200 Fachleuten arbeitet an der schnellen und prozesssicheren Lösung für Sie. Unser erstes Ziel ist, die Innovationskraft des Kunden zu stärken und Kosteneinsparungen zu ermöglichen. Die flexible DELO-Struktur ermöglicht es, individuelle Kundenwünsche auch kurzfristig umzusetzen.

*Hightech-Klebstoffe, die z.B. in der Mikroelektronik eingesetzt werden, müssen höchste Anforderungen erfüllen. Jeder einzelne Rohstoff wird exakt getestet, genauso wie das Endprodukt.*

# DELO

## Breite Produktpalette

Photoinitiiert härtende Acrylate und Epoxies, warmhärtende Acrylate, dualhärtende Klebstoffe, elektrisch leitfähige Klebstoffe, ein- und zweikomponentige Epoxidharze, Methacrylate, Cyanacrylate, Silikone, Polyurethane.

*Die lichthärtenden und lichtaktivierbaren Klebstoffe sind die Kernkompetenz von DELO. Die Produktion ist darauf eingerichtet, diese Produkte in verschiedenen Dunkelräumen zu verarbeiten. Vakuum-Dissolver beispielsweise sichern eine blasenfreie Herstellung der Produkte.*

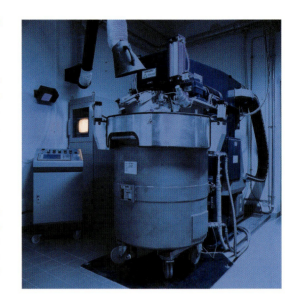

## Forschung und Entwicklung

Mit einer F&E-Quote von ca. 10 % liegen wir deutlich über dem Branchendurchschnitt. So erwirtschaftet DELO 43 % seines Umsatzes mit Produkten, die jünger sind als fünf Jahre. Mit den innovativen lichtaktivierbaren Klebstoffen, DELO-KATIOBOND, ist DELO weltweit führend.

*Moderne Laboratorien bieten bei DELO beste Voraussetzungen für einzigartige, innovative und marktgerechte Klebstoffe.*

## Qualität

DELO ist nach ISO 9001:2000 zertifiziert. Ausführliche Einführungstests, ständige Überprüfung und konsequente Weiterentwicklung garantieren Spitzenprodukte.

## Technische Beratung und Support

Ingenieure im technischen Vertrieb beraten Sie vor Ort und unterstützen Sie gerne bei der Gestaltung optimaler Produktionsprozesse. Die Projektbegleitung durch das Engineering ermöglicht Ihnen z. B. Tests zu Vorbehandlung, Laborversuche und Messungen. Im Sinne der Kunden pflegen wir auch die enge Zusammenarbeit mit Anlagenbauern und Materiallieferanten.

*In den Laboratorien des Engineerings werden Verklebungen an Originalteilen sowie verschiedenste Untersuchungen durchgeführt. Die Ergebnisse und Auswertungen stehen dem Kunden zur Verfügung und dienen den Klebstoffexperten als Grundlage für die Auswahl des geeigneten Produkts und des Produktionsablaufs.*

## Alles aus einer Hand

Die Komplettlösung heißt: Klebstoff, Aushärtelampen, Intensitätskontrolle, Dosierequipment und Implementierung in den Prozess. Dadurch wird aus fünf Ansprechpartnern einer, der mit Systemwissen und als zuständiger Ansprechpartner zur Verfügung steht. Seit vielen Jahren fließt daher das Know-how von DELO auch in Entwicklung und Vertrieb von Geräten für industrielle Serienprozesse.

## Zufriedene Kunden

Eine unabhängige Studie bescheinigt uns ausgesprochen zufriedene Kunden. DELO wurde bereits mehrfach mit Lieferantenpreisen ausgezeichnet.
Zu den Kunden gehören unter anderem Audi, Barun Electronics, BSH Bosch-Siemens Hausgeräte, Bulthaup, ChangFeng Smart Card, DaimlerChrysler, Glasstech, Halbe Rahmen, Infineon Technologies, Krupp Edelstahlprofile, Mannesmann Demag, NXP, Optische Werke G. Rodenstock, Pierburg, Robert Bosch, Rohde&Schwarz, Siemens, SmartFlex Technology, TRW Automotive Electronics&Components, Webasto Karosseriesysteme u. v. m.

**www.DELO.de**

# Welche Möglichkeiten bietet die Klebtechnik

## Welche Möglichkeiten bietet die Klebtechnik und wie kann man sie nutzen?

Die Klebtechnik ist ein sehr leistungsfähiges Fügeverfahren, das in allen produzierenden Branchen mit großem und stetig wachsendem Erfolg eingesetzt wird.

Die Anzahl moderner Werkstoffe, vor allem Kunststoffe, hat drastisch zugenommen und erfordert rationelle, werkstoffgerechte und zuverlässige Verbindungstechniken. Eine intensive Entwicklungsarbeit sorgt dafür, dass die Klebstoffe dementsprechend immer leistungsfähiger werden.

Die Klebtechnik schafft Verbindungen, die Mobilität und Kommunikation ermöglichen, Gesundheits- und Umweltaspekten Rechnung tragen, die für Ästhetik und Lebensqualität stehen und die Innovation und technologischen Fortschritt in vielen Bereichen erst ermöglichen.

Jährlich werden allein in Deutschland rund 700.000 Tonnen Klebstoff produziert und verbraucht. Für die unterschiedlichsten Anwendungen bieten die Klebstoffhersteller über 25.000 verschiedene Produkte an – Tendenz steigend. (Quelle: Industrieverband Klebstoffe e.V., 2005)

Gerade im industriellen Bereich sind Klebstoffe mittlerweile zu einem wesentlichen Konstruktionselement geworden und übernehmen vielfältige Funktionen. Kein anderes Konstruktionselement kann dies in vergleichbarem Umfang leisten. Zahlreiche Tests haben die Überlegenheit der Klebtechnik eindeutig nachgewiesen: Wo Schrauben versagen, Nieten aufplatzen und Schweißnähte brechen, hält der Klebstoff immer noch.

Die besonderen Vorteile und Möglichkeiten der Klebtechnik werden durch die vielen erfolgreichen Anwendungen in den unterschiedlichsten Bereichen anschaulich belegt. Es sind vor allem fünf Gründe, die dafür stehen, dass Kleben seine Schlüsselposition in der Industrie künftig weiter ausbauen wird:

- Klebstoffe verbinden viele unterschiedliche Werkstoffe in beliebigen Kombinationen materialschonend, spannungsarm und langzeitbeständig. Durch den Klebeprozess bleiben die Werkstoffeigenschaften der Fügeteile in der Regel erhalten.
- Die Klebtechnik bietet die Basis für die in allen Bereichen stürmisch fortschreitende Miniaturisierung. Sei es im Bereich Kommunikation, in der Chipkartenbranche oder auch in der Automobilindustrie: Klebstoffe erfüllen höchste Anforderungen auf kleinstem Raum. Durch den Einsatz von Klebstoffen lässt sich in herausragender Weise Gewicht und damit Energie einsparen.
- Klebstoffe werden auch zum schnellen Fixieren und Positionieren von Fügeteilen eingesetzt und gewährleisten bei Serienproduktionen mit hohen Stückzahlen extrem kurze Taktzeiten und damit eine kostengünstige Produktion. Das spielt insbesondere in der Produktion von Mikrochips, Kleinstlautsprechern und vieler elektronischer Bauteile eine entscheidende Rolle.
- Klebstoffe erlauben in allen Bereichen eine unendliche Vielfalt an kreativen Gestaltungsmöglichkeiten. Zum Beispiel im Glas-, Kunststoff-, und Möbeldesign haben Klebstoffe klare Vorteile: Als unsichtbare Verbindung verändern sie die optischen Eigenschaften nicht und erfüllen die Anforderungen an Ästhetik, Design und Funktion.
- Klebstoffe können sowohl isolierend als auch zur elektrisch leitfähigen Kontaktierung eingesetzt werden. Damit sind funktionelle Anwendungsgebiete eröffnet, die interessante Innovationspotenziale in modernen Hightech-Branchen erschließen.

Kleben ist ein komplexes Fertigungssystem, das nahezu alle Möglichkeiten für den technischen Fortschritt bietet – wenn gewisse Anforderungen erfüllt werden: Um alle Vorteile der Klebtechnik ideal zu nutzen, ist eine exakte Auswahl des jeweils geeigneten Klebstoffs notwendig, ebenso wie eine fachgerechte Verarbeitung.

## und wie kann man sie nutzen?

### Wie findet der Anwender das für seinen speziellen Fall optimal geeignete Produkt?

Die Klebstoffauswahl setzt ingenieurtechnische Kenntnisse aus unterschiedlichen Bereichen wie zum Beispiel Werkstofftechnik, Chemie, Mechanik, Elektronik sowie des jeweiligen Fachbereichs, in der die zu lösende Aufgabenstellung angesiedelt ist, voraus.

Grundlage für einen erfolgreichen Klebstoffeinsatz ist es, folgende Faktoren zu analysieren, die Einfluss auf die Qualität einer geklebten Verbindung haben:

**Konstruktive Gestaltung**
- Klebgerechte Konstruktion
- Gestaltung

**Fügeteilwerkstoff**
- Art
- Vorbehandlung
- Vorbereitung
- Herstellungsparameter

**Klebstoff**
- Auswahl
- Transport
- Lagerung
- Verarbeitung

**Beanspruchung**
- Praxisbezogene Prüfung
- Weiterbearbeitung
- Einsatz

**Fertigung**
- Standort
- Produktionsmittel
- Zulieferer
- Fertigungsparameter
- Ausbildungsstand der Mitarbeiter

Die Lösungen klebtechnischer Aufgabenstellungen sind sehr komplex. Zur Vereinfachung und systematischen Herangehensweise ist eine rechtzeitige Kontaktaufnahme zwischen dem Anwender und den Spezialisten der Klebstoffhersteller sehr hilfreich. Zielstellung ist dabei, in einer frühen Projektphase die zur Verfügung stehende Zeit effizient für die Klebstoffauswahl, die Prozessgestaltung, die Anlagenerprobung, den Funktionsnachweis und zur Ausbildung bzw. Schulung der Mitarbeiter zu nutzen.

### Wie sehen die einzelnen Schritte einer Projektbearbeitung in Abstimmung mit dem Anwender aus?

Die enge Zusammenarbeit zwischen dem Anwender, der das gesamte Know-how über sein Produkt und die Anforderungen daran mitbringt, und dem Klebstoffhersteller, der über das Ingenieurwissen zu den zu verklebenden Materialien und den Füge- und Produktionsprozessen verfügt, spielt eine entscheidende Rolle für den Erfolg. DELO hat das frühzeitig erkannt und bietet seinen Kunden ein umfassendes Beratungs-, Dienstleistungs- und Supportpaket als Bestandteil einer kooperativen Projektbearbeitung an.

*Neben dem technischen Vertrieb ist das DELO-Engineering ein wichtiger Bereich für den Klebstoffanwender: In enger Zusammenarbeit mit dem Produktmanagement und der F+E werden hier maßgeschneiderte Kundenlösungen entwickelt und getestet.*

# Welche Möglichkeiten bietet die Klebtechnik

**Beispielhafte Projektbearbeitung**

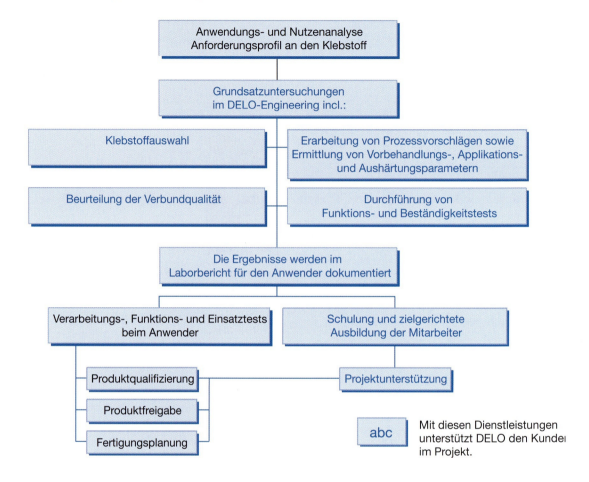

Diese enge Zusammenarbeit mit dem Anwender hat sich bewährt und wird im Hause DELO durch das folgende Leistungspaket, das Kunden und Interessenten nutzen können, systematisch erweitert:

**1. Seminare und Workshops zu allgemeinen Fragestellungen der Klebtechnik**

Neben allgemeinen Grundlagen der Klebtechnologie werden speziell für Einsteiger Kenntnisse über einzelne Klebstoffe und Anwendungsbeispiele aus der Praxis – individuell abgestimmt auf die jeweiligen Anforderungen – vermittelt.

**2. Projektbezogene Schulungen zu speziellen Themen**

Wenn schon Erfahrungen mit der Klebtechnik vorhanden sind, diese im Unternehmen bereits eingesetzt werden und sich in laufenden oder geplanten Arbeitsprozessen besondere Fragestellungen ergeben, werden individuell auf die Projekte abgestimmte Schulungen oder Workshops durchgeführt, in denen die Aufgabenstellungen analysiert, Versuche im Labor durchgeführt und tragfähige Lösungen erarbeitet werden.

## und wie kann man sie nutzen?

**3. Projektbezogene Schulungen im Betrieb**

Bei Themen und Informationsbedarf rund um die Klebtechnik, die man am Besten vor Ort, z.B. direkt in der Produktion diskutiert, bieten sich Schulungen oder Seminare beim Anwender an.

Mit diesen Leistungen ist sichergestellt, dass
- die Klebstoffe und zugleich die Fertigungstechnik aufeinander abgestimmt werden;
- eine langfristige und beiderseitig nutzbringende Kunden-Lieferanten-Beziehung entsteht;
- die Projekt- und Entwicklungszeiten verkürzt werden;
- die eingesetzten Produkte und Technologien dem Stand der Technik entsprechen.

*Gut ausgebildete und geschulte Mitarbeiter sind gerade in der komplexen Klebtechnik entscheidend für den Erfolg. DELO legt daher großen Wert auf die Schulung der eigenen Mitarbeiter und bietet darüber hinaus ein umfassendes externes Schulungsprogramm an.*

# Teil I
## Einführung in die Klebtechnik

1. **Grundlegende Eigenschaften von hochpolymeren Werkstoffen** — 18
   1.1 Vom Monomer zum Polymer — 18
   1.2 Aushärtungsreaktionen — 18
   1.3 Polymerwerkstoffe — 19
   1.4 Klebstoffarten — 20
   1.5 Wirkprinzipien des Klebens — 22

2. **Oberflächenbehandlung** — 26
   2.1 Oberflächenvorbehandlung — 26
   2.2 Oberflächennachbehandlung — 31

3. **Fließverhalten unausgehärteter Klebstoffe** — 32
   3.1 Viskosität — 32
   3.2 Thixotropie — 33

4. **Verarbeitung von Klebstoffen** — 34
   4.1 Photoinitiiert härtende Klebstoffe — 34
   4.2 Warmhärtende Klebstoffe — 37
   4.3 Sonstige einkomponentige (1-K) Klebstoffe — 38
   4.4 Zweikomponentige (2-K) Klebstoffe — 39

5. **Dosierung von Klebstoffen** — 41
   5.1 Manuelle Dosierung von 1-K-Klebstoffen — 41
   5.2 Pneumatische Dosierung von 1-K-Klebstoffen — 41
   5.3 Manuelle Dosierung von 2-K-Klebstoffen — 42
   5.4 Manuelle Dosierung von 2-K-Klebstoffen mit dem DELO-AUTOMIX System — 43
   5.5 Durchfluss- oder volumengesteuerte Dosieranlagen für 1-K- und 2-K-Klebstoffe — 44

6. **Eigenschaften ausgehärteter Klebstoffe** — 46
   6.1 Thermische Eigenschaften — 46
   6.2 Medienbeständigkeit — 47

7. **Leitfaden zum fachgerechten Kleben** — 49
   7.1 Hinweise zur Verarbeitung von photoinitiiert härtenden Klebstoffen — 52

8. **Konstruktive Gestaltung von Klebverbindungen** — 54

# Einführung in die Klebtechnik

## 1. Grundlegende Eigenschaften von hochpolymeren Werkstoffen

Ausgehärtete Klebstoffe und viele der zu verklebenden Materialien gehören zur Gruppe der hochpolymeren Werkstoffe. Im Folgenden werden einige wesentliche Charakteristika von Klebstoffen und Klebverbindungen erklärt.

### 1.1 Vom Monomer zum Polymer

Flüssige Reaktionsklebstoffe bestehen aus 📖 *Monomeren*, 📖 *Prepolymeren* und Oligomeren sowie weiteren Inhaltsstoffen bzw. Reaktionspartnern, die die Einleitung der Aushärtungsreaktion und damit die Bildung von Hochpolymeren ermöglichen.

Die Bestandteile, die für die Einleitung der Aushärtungsreaktion verantwortlich sind, werden bei zweikomponentigen Klebstoffen als Härter oder Harzkomponente zugesetzt oder sind bei einkomponentigen Produkten bereits im Klebstoff enthalten. Die Aushärtungsreaktion wird bei einkomponentigen Klebstoffen z.B. durch Wärme, Licht oder Luftfeuchtigkeit, bei zweikomponentigen Klebstoffen durch Kontakt von Harz und Härter initiiert.

Im Folgenden soll am Beispiel eines lichthärtenden Acrylatklebstoffs der Aushärtungsmechanismus näher erläutert werden: Wird ein lichthärtender Klebstoff belichtet, so zerfällt der 📖 *Photoinitiator* in Radikale, die ihrerseits die C=C-Doppelbindung der Monomere aufbrechen und daraus Monomerradikale bilden.

$$R\bullet \;+\; C=C \;\rightarrow\; R-C-C\bullet$$

Die Monomerradikale brechen wiederum C=C-Doppelbindungen von Monomeren auf und bilden radikale Kettenmoleküle.

$$R-C-C\bullet \;+\; C=C \;\rightarrow\; R-C-C-C-C\bullet$$

Dieser photoinitiierte Vorgang läuft so lange ab, bis entweder alle Monomere verbraucht sind oder die Bildung des Polymers z.B. durch Reaktion zweier Radikale miteinander abbricht.

### 1.2 Aushärtungsreaktionen

Es gibt drei Arten grundsätzlich unterschiedlicher Polymerbildungsreaktionen.

Bei der Polyaddition reagieren jeweils die funktionellen Gruppen von im Normalfall zwei verschiedenen Edukten miteinander, ohne Wasser oder andere niedrigmolekulare Verbindungen abzuspalten.

Um eine vollständige Aushärtung zu erreichen muss bei einem Klebstoff, der durch Polyaddition aushärtet, von beiden Edukten eine definiert vorgegebene Anzahl (z.B. entsprechend des Epoxidequivalents) in der Mischung vorhanden sein. Andernfalls bleiben Restmonomere im Verbund, die in Abhängigkeit von Umwelt- bzw. Einsatzbedingungen eine Eigenschaftsänderung bewirken.

Ähnlich reagieren Klebstoffe, die durch Polykondensation aushärten, nur dass diese niedrigmolekulare Abspaltprodukte, wie z.B. Essigsäure bei bestimmten einkomponentigen Silikonen, bilden.

Als Polymerisation werden alle Reaktionen zur Bildung von Polymeren bezeichnet, die nicht mit den Vorgängen der Polyaddition oder Polykondensation beschrieben werden können. Eine typische Reaktion besteht in der Aufspaltung von

**Typische Molekülbindungen**

| | Symbol | Enthalten z. B. in |
|---|---|---|
| **Kohlenstoff-Doppelbindungen** | $\diagdown C = C \diagup$ | Acrylatklebstoffen |
| **Etherbindungen** | $-C-C-$ mit $O$ überbrückend | Epoxidharzklebstoffen |
| **Urethanbindungen** | $-CH_2-N-C-O-CH_2-$ mit $H$ und $O$ | Polyurethanklebstoffen |

18  Bond it

# Einführung in die Klebtechnik

C=C-Doppelbindungen, wie z.B. in 1.1 dargestellt.

Polymerisationsklebstoffe sind hinsichtlich ihrer Mischung sehr viel unkritischer als Klebstoffe, die unter die anderen beiden Reaktionstypen fallen, da die Reaktion nach Anstoß durch einen Initiator selbsttätig weiterläuft. Allerdings nicht unendlich, weswegen eine genügend große Menge Initiatoren in der Mischung vorhanden sein müssen.

## 1.3 Polymerwerkstoffe

Hochpolymere Werkstoffe, zu denen Klebstoffe und Kunststoffe gehören, werden in Thermoplaste, Duromere und Elastomere untergliedert.

### Thermoplaste

Thermoplaste sind linear oder verzweigt aufgebaute Makromoleküle, die bei Erwärmung bis zur Fließfähigkeit erweichen und sich durch Abkühlen wieder verfestigen. Diese reversiblen Zustandsänderungen werden ohne chemische Variationen durchlaufen. Das Polymersystem ist schmelzbar, schweißbar, quellbar, löslich und nicht vernetzt. Je nach Kettenaufbau können diese Klebstoffe in amorphem oder teilkristallinem Zustand vorliegen.

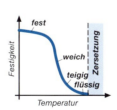

Beispiele für Werkstoffe:
- Polyamid: Gehäuse, Schrauben, Zahnräder, Lager
- Polycarbonat: Displays, Gehäuse, CDs, DVDs
- PC/ABS-Blend: Monitore, Handyschalen
- Polyethylen: Schläuche, Folien, Behälter, Gehäuse
- PMMA: Schutzgläser, Dachverglasung
- Polystyrol: Telefongehäuse, Dämmplatten, Rückleuchten

Beispiele für thermoplastische Klebstoffe:
- Schmelzklebstoffe (Hotmelts)

Thermoplaste können mit allen aufgeführten Reaktionsklebstoffen (S. 21) verklebt werden. Die Auswahl erfolgt anwendungsspezifisch.

### Duromere

Duromere sind räumlich eng vernetzte Makromoleküle, die sich im Vergleich zu den Thermoplasten auch bei hohen Temperaturen nicht so stark plastisch verformen lassen, also nach dem irreversiblen Aushärtungsprozess in einem starren, evtl. auch spröden, amorphen Zustand vorliegen. Ursache für die geringe Verformbarkeit ist die dreidimensionale Vernetzung, die chemisch gebundenen Molekülen kein gegenseitiges Verschieben im Polymersystem mehr ermöglicht. Je nach Vernetzungsgrad wird der Klebstoff in der Wärme mehr oder weniger zähelastisch. Das Polymersystem ist temperaturstandfest, nicht schmelz- und schweißbar, unlöslich sowie nur schwach quellbar.

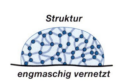
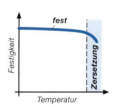

Beispiele für Werkstoffe:
- Polyester: Bootskörper
- Polyurethan: Skistiefel, Schuhsohlen

Beispiele für duromere Klebstoffe:
- Epoxidharzklebstoffe, z.B. DELO-KATIOBOND, DELO-DUALBOND, DELO-MONOPOX, DELO-DUOPOX
- Polyurethanklebstoffe, z.B. DELO-PUR
- Acrylatklebstoffe, z.B. DELO-PHOTOBOND

Duromere können ebenfalls mit allen aufgeführten Reaktionsklebstoffen verklebt werden. Die Auswahl erfolgt anwendungsspezifisch.

# Einführung in die Klebtechnik

**Elastomere**

Elastomere sind weitmaschig vernetzte Makromoleküle, die bis zum Temperaturbereich chemischer Zersetzung nicht flüssig werden. Eine typische Eigenschaft besteht in der zum Teil temperaturunabhängig gummielastisch reversiblen Verformbarkeit. Das Polymersystem ist nicht schmelzbar, unlöslich, aber durch die weitmaschige Vernetzung quellbar. Verknäulte Kettenteile können sich zwischen den Vernetzungspunkten relativ weit dehnen. Beim Nachlassen äußerer Kräfte nimmt das System wieder die ursprünglich verknäulte Lage ein. Dieses typische Verhalten von Elastomeren bezeichnet man auch als Gummielastizität.

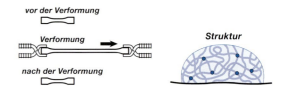

Beispiele für Werkstoffe:
- Butadien-Kautschuk: Fahrzeugreifen
- Silikone: Dichtungen

Beispiele für elastomere Klebstoffe:
- Silikone, z. B. DELO-GUM
- Acrylate, z. B. einige DELO-PHOTOBOND

Elastomere werden bevorzugt mit Silikonen, Cyanacrylaten, z. B. DELO-CA, und Epoxidharzen, z. B. DELO-MONOPOX, verklebt.

## 1.4 Klebstoffarten

Klebstoffe können in chemisch härtende Klebstoffe (Reaktionsklebstoffe), physikalisch *abbindende* Klebstoffe und kombinierte Aushärtungsmechanismen unterteilt werden.

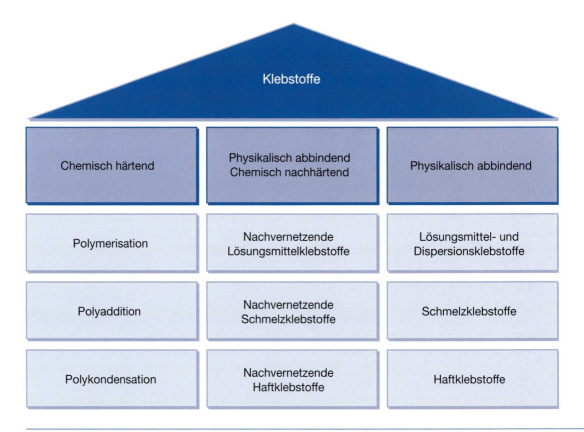

# Einführung in die Klebtechnik

Reaktionsklebstoffe härten durch eine Reaktion ihrer Komponenten und/oder die Einwirkung äußerer Einflüsse chemisch aus.
Bei physikalisch abbindenden Klebstoffen findet im Unterschied zu den in der nachstehenden Tabelle aufgeführten Reaktionsklebstoffen keine chemische Reaktion bei der Aushärtung statt.

Die Polymere liegen bereits vollständig gebildet vor und die Aushärtung basiert auf einem rein physikalischen Effekt.

> siehe auch …
> Seite 34  **Verarbeitung von Klebstoffen**
> Seite 59  **Produktgruppen**

**Die wichtigsten DELO-Reaktionsklebstoffe im Überblick**

| | Initiierung und Aushärtungsmechanismus | Typische Anwendungsbereiche | Typische DELO-Produktgruppen |
|---|---|---|---|
| **Photoinitiiert härtende Acrylate**<br>**Photoinitiiert härtende Epoxidharze** | Sichtbares Licht und/oder UV-Strahlung Polymerisation | Kleben von Glas und Kunststoffen auch mit Metallen, Dicht- und Vergussmassen für Elektro- und Elektronikanwendungen | DELO-PHOTOBOND<br><br>DELO-KATIOBOND |
| **Warmhärtende Acrylate** | Temperatur Polymerisation | Konstruktionsklebstoffe, Dicht- und Vergussmassen für Elektro-/Elektronikanwendungen | DELO-MONOPOX |
| **Epoxidharze 1-K (einkomponentig)** | Temperatur Polyaddition | Konstruktionsklebstoffe, Vergussanwendungen | DELO-MONOPOX |
| **Epoxidharze 2-K (zweikomponentig)** | Harz und Härter Polyaddition | Konstruktionsklebstoffe, Vergussanwendungen Spachtelmaterialien | DELO-DUOPOX |
| **Polyurethane** | Harz und Härter Polyaddition | Gehäusedichtungen, Konstruktionsklebstoffe | DELO-PUR |
| **Methacrylate** | Anaerob und Metallionen Polymerisation | Schraubensicherungen, Welle-Nabe-Verbindungen, Rohr- und Gehäusedichtungen | DELO-ML |
| **Cyanacrylate** | Luftfeuchtigkeit Polymerisation | Kunststoff- und Gummiverklebungen, Fixieranwendungen | DELO-CA |
| **Silikone** | Einkomponentig: Luftfeuchtigkeit Polykondensation Zweikomponentig: Polyaddition oder Polykondensation | Dicht- und Vergussanwendungen | DELO-GUM |
| **Dualhärtende Klebstoffe** | Zwei unabhängige Aushärtungsmechanismen (z.B. Licht und/oder Wärme) Typisch: Polymerisation | Klebverbindungen, die nur teilweise mit Licht erreicht werden können, lassen sich mit Licht fixieren und in Schattenzonen mit Wärme vollständig aushärten. | DELO-DUALBOND |

# Einführung in die Klebtechnik

**Die wichtigsten physikalisch abbindenden Klebstoffe im Überblick**

| | Abbindemechanismus | Typische Anwendungsbereiche |
|---|---|---|
| **Schmelzklebstoffe „Hotmelts"** | Verfestigung durch Abkühlung | Verpackungen, Möbel |
| **Dispersionsklebstoffe** | Wasserverdunstung | Tapeten, Holzleim |
| **Haftklebstoffe** | Erfolgt meist beim Hersteller (vorkonfektionierte Ware)<br>– UV-Härtung<br>– Lösungsmittelverdunstung<br>– Wasserverdunstung<br>– Trägermittelverdunstung mit partieller Vernetzung | Klebebänder, Haftnotizen |
| **Lösungsmittelklebstoffe** | Verdunstung des Lösungsmittels | Folien, Gummi, Metall, Holz, Papier |

*DELO ist ausschließlich Hersteller von Reaktionsklebstoffen ( S. 21)*

## 1.5 Wirkprinzipien des Klebens

Die Kraftübertragung in einer Klebverbindung resultiert aus dem Zusammenspiel von Adhäsions- und Kohäsionskräften. Dabei werden die Kräfte zwischen den Klebstoff- und Fügeteilmolekülen als Adhäsionskräfte definiert und jene Kräfte, die zwischen den einzelnen Klebstoffmolekülen wirken, unter dem Begriff Kohäsion zusammengefasst.

### Adhäsion

Unter dem Begriff der Adhäsion werden die Gesetzmäßigkeiten der Haftung von Klebschichten an den Fügeteiloberflächen beschrieben. Die vollständige Aufklärung aller Adhäsionsvorgänge ist innerhalb der Forschung noch nicht abgeschlossen und gestaltet sich insbesondere deshalb sehr schwierig, weil die Vorgänge zwischen den unterschiedlichen Klebstoffsystemen und den vielfältigen Fügeteiloberflächen sehr komplex sind.

Zur Systematisierung der Adhäsionsvorgänge lassen sich die Wirkprinzipien in zwei Gruppen einteilen:

Spezifische Adhäsion:
- Chemische Bindungen: hauptsächlich kovalent
- Molekularphysikalische Bindungen: Dipolbindung, *Van-der-Waals-Kräfte*
- Thermodynamische Vorgänge wie z.B. *Benetzungs*kräfte
- *Diffusions*vorgänge

Mechanische Adhäsion:
- Klebschichtverklammerung in Hinterschneidungen

Die Vergrößerung der adhäsiven Wirkfläche durch Optimierung der Rauheit trägt dabei in den meisten Fällen zur Verbesserung des Verbunds bei.

Die mechanische Adhäsion ist grundsätzlich von geringerer Bedeutung als die spezifische Adhäsion, der chemische Wechselwirkungen zu Grunde liegen. Der einstmals hoch eingeschätzte Effekt der mechanischen Verklammerung in Hinterschneidungen durch den Klebstoff ist nur bei sehr porösen Oberflächen wie z.B. Holz oder offenporigen Schäumen von Bedeutung.

Eine wichtige Rolle für die Stärke der Adhäsionskräfte, und damit für die Festigkeit einer geklebten Verbindung, spielt die Oberfläche der Fügeteile. Grundsätzlich sollten die Fügeteile gereinigt sein, damit Verunreinigungen oder andere Substanzen wie etwa Trennmittel, Lötstopplacke, Silikone oder Hilfsstoffe aus vorangegangenen Prozessschritten die Benetzung durch den Klebstoff und damit den Aufbau von chemischen bzw. mechani-

# Einführung in die Klebtechnik

schen Wechselwirkungen nicht behindern, denn auch kleine Verunreinigungen dienen als Trennschicht, da sämtliche adhäsiven Kräfte in einem Abstand von < 1 nm wirken. Vorbehandlungsmethoden können zu einer weiteren Erhöhung der Adhäsionskräfte beitragen.

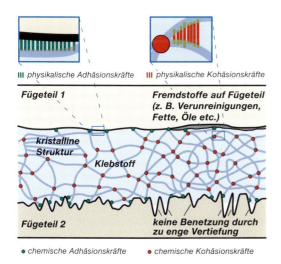

*Der Klebstoff muss die Fügeteile vollständig benetzen, damit die Adhäsionskräfte wirken können. Fremdstoffe auf der Oberfläche verhindern die Adhäsion zum Fügeteil.*

> siehe auch …
> Seite 26 **Oberflächenbehandlung**

## Kohäsion

Unter dem Begriff der Kohäsion fasst man Kräfte zusammen, die den Zusammenhalt eines Stoffs in sich bestimmen. Die Kohäsion ist somit sowohl für die Zähigkeit eines unausgehärteten Klebstoffs bei der Verarbeitung als auch für seine Festigkeit nach der Aushärtung und unter Beanspruchung maßgebend.

Zur Beschreibung der Kohäsion können folgende Wechselwirkungen herangezogen werden:

- Chemische Bindungen im Molekül: kovalent, ionisch
- Molekularphysikalische Bindungen: Dipolbindung, Van-der-Waals-Kräfte
- Verknäuelung fadenförmiger Moleküle oder faseriger Stoffbestandteile, die zu einem 📖 *Formschluss* führt

Die Frage nach der Stärke der Kohäsionskräfte kann man relativ einfach beantworten, da nur die Bindungskräfte im Klebstoff selbst ermittelt werden müssen, Fügeteile und deren Beschaffenheit also dafür keine Rolle spielen. Kennwerte wie Elastizitäts-Modul (📖 *E-Modul*), 📖 *Reißdehnung*, 📖 *Shore-Härte* oder 📖 *Temperaturfestigkeit* gehören zu den Standardwerten, die die Kohäsion eines Klebstoffs charakterisieren.

Bei der Betrachtung und Analyse der Adhäsionskräfte steht man weit größeren Herausforderungen gegenüber. Dass aufgeraute Oberflächen eine Vergrößerung der Klebfläche bewirken und dass Verunreinigungen oder Feuchtigkeit eine Schicht zwischen Fügeteiloberfläche und Klebstoff bilden, die den Aufbau von Adhäsionskräften be- bzw. verhindert, beansprucht die Vorstellungskraft noch nicht übermäßig.

Bedenkt man aber, dass geeignete Klebstoffe trotz einer dünnen Wasserschicht, die auf Glas vorhanden ist, sehr gut auf einer glatten Glasoberfläche haften, oder dass jeder Klebstoff auf verschiedenen Materialien jeweils andere Verbundfestigkeiten erreicht, so lässt sich die Komplexität des Themas erahnen.

Hinzu kommt, dass man eigentlich nicht einfach auf dem Werkstoff selbst klebt, sondern auf einer Oberflächenschicht.
Dies kann z. B. bei Aluminium eine natürliche Oxidschicht oder eine aufgebrachte Eloxalschicht sein.

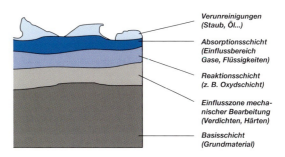

# Einführung in die Klebtechnik

Somit ist die Frage, warum und vor allem mit welchem Ergebnis Klebstoffe kleben, ständig im Umfeld von neuen Werkstoffen, anwendungsspezifischen Anforderungsprofilen und maßgeschneiderten Klebstoffen zu beantworten. Die Antwort auf diese jeweils einsatzspezifisch zu stellende Frage sollte in praxisbezogenen Tests in enger Zusammenarbeit zwischen Anwender und Klebstoffhersteller gegeben werden.

## Oberflächenspannung

Eine wichtige Rolle bei der Beurteilung der Verklebbarkeit von Werkstoffen spielt die Oberflächenspannung von Fügeteilen und Klebstoffen. Die Oberflächenspannung wird als die an einer flüssigen oder festen Oberfläche wirkende Spannung definiert, die bestrebt ist, die Oberfläche des Stoffs bei gegebenem Volumen zu verkleinern, also die Form einer Kugel einzunehmen. Dies liegt an den Anziehungskräften von Molekülen untereinander, die z. B. bei der Bildung eines solchen kugelförmigen Tropfens innerhalb eines Stoffs deutlich größer sind als zu den Molekülen außerhalb. Dies wiederum führt zu einer nach innen gerichteten Kraft im Tropfen (siehe Abbildung). Sie tritt am auffälligsten an der Oberfläche von Flüssigkeiten auf, da diese, im Gegensatz zu festen Körpern, der Wirkung der Oberflächenspannung nachzugeben vermögen.

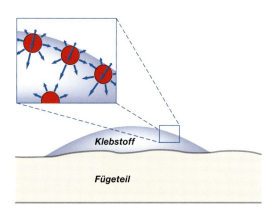

In der Praxis lässt sich die Oberflächenspannung eines Werkstoffs näherungsweise mittels Prüftinten als Schnelltest bestimmen. Die Tinten, die jeweils eine definierte Oberflächenspannung aufweisen, werden einzeln auf die zu untersuchende Oberfläche aufgetragen. Innerhalb von zwei Sekunden ist zu beurteilen, ob die Prüftinte verläuft oder sich zusammenzieht. Als Oberflächenspannung kann dann der Wert angenommen werden, den jene Prüftinte hat, die sich an der Oberfläche gerade noch nicht zusammen zieht.

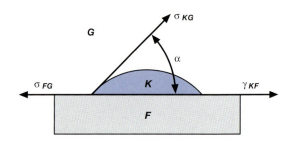

$K$ = Klebstoff
$F$ = Fügeteil
$G$ = Gasatmosphäre der Umgebung
$\alpha$ = Benetzungswinkel
$\sigma_{FG}$ = Oberflächenenergie des Fügeteils
$\sigma_{KG}$ = Oberflächenspannung des flüssigen Klebstoffs
$\gamma_{KF}$ = Grenzflächenspannung zwischen Fügeteiloberfläche und dem flüssigen Klebstoff

## Oberflächenenergie

Die Oberflächenenergie entspricht der Oberflächenspannung.
Technisch gesehen stellt die Oberflächenenergie die mechanische Arbeit dar, die aufgewendet werden muss, um die Oberfläche eines Stoffs zu vergrößern. Sie ist gleich der spezifischen freien Oberflächenenergie, auch Kapillarkonstante genannt, mit der Einheit mJ/m².

Die Oberflächenspannung stellt eine an der Oberfläche einer Flüssigkeit angreifende Zugkraft dar mit der Einheit mN/m (entspricht mJ/m²). Sie wird bestimmt durch die physikalischen Eigenschaften der Flüssigkeit und die Art des sie umgebenden Mediums.

Den Zusammenhang der Oberflächenspannungen und -energien zum Benetzungswinkel in der Abbildung beschreibt die Gleichung nach Young:

$\sigma_{FG} = \gamma_{KF} + \sigma_{KG} \cdot \cos \alpha$

# Einführung in die Klebtechnik

## Kohäsionsarbeit $W_K$ und Adhäsionsarbeit $W_A$

Kohäsionsarbeit ($W_K$) muss aufgewendet werden, um ein einphasiges System (d.h. aus einem Stoff bestehend) zu trennen, beispielsweise für die Trennung eines Flüssigkeitstropfens in zwei Tropfen. Die Kohäsionsarbeit eines Stoffs ist definiert als seine doppelte Oberflächenenergie:

$W_K = 2\sigma_{KG}$, bei Flüssigkeiten

$W_K = 2\sigma_{FG}$, bei Festkörpern

Adhäsionsarbeit ($W_A$) ist definiert als die Arbeit, die aufgewendet werden muss, um zwei unterschiedliche Phasen voneinander zu trennen.

## Benetzungsverhalten von Klebstoffen

Gute Benetzung des Bauteils durch Klebstoff ist eine wichtige Voraussetzung dafür, dass sich Bindungskräfte zwischen Klebstoff und Fügeteiloberfläche ausbilden können. Beim Kleben sollte stets der Benetzungsgrundsatz eingehalten werden: Die Oberflächenspannung des Klebstoffs muss kleiner als die Oberflächenenergie des zu benetzenden Fügeteils sein.

**Beispiele für typische Oberflächenenergien:**

| | Oberflächenenergie [mNm$^{-1}$] |
|---|---|
| PTFE (Teflon) | 19 |
| PP | 29 |
| PE | 31 |
| PS | 33 – 35 |
| PMMA | 33 – 44 |
| PVC | 40 |
| Epoxidharz | 47 |
| PA | 49 – 57 |
| Silber | 1.250 |
| Gold | 1.550 |
| Kupfer | 1.850 |
| Titan | 2.050 |
| Eisen | 2.550 |

*Zum Vergleich: Die Oberflächenspannung von destilliertem Wasser liegt bei 73 mNm$^{-1}$, die eines typischen Klebstoffs bei mindestens 35 mNm$^{-1}$.*

Die Abstände, in denen Grenzschichtreaktionen zwischen den Klebstoffmolekülen und der Oberflächenstruktur ablaufen können, liegen zwischen 0,1 und 1,0 nm. Die beteiligten Molekül- beziehungsweise Atomverbände müssen sich also auf diesen Abstand annähern. Ab einem bestimmten Abstand von sich annähernden Molekülen oder Atomen beginnen Wechselwirkungen zwischen den sich anziehenden oder abstoßenden Dipolen. Dabei wird von den Teilchen stets das energetisch günstigste Niveau, das heißt der Zustand der geringsten potenziellen Energie, eingenommen.

Der Benetzungswinkel $\alpha$ ist das Maß für die Benetzung einer Flüssigkeit auf einem festen Stoff:

**Gute Benetzung:**

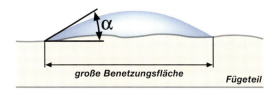

– *Benetzungswinkel $\alpha$ klein*
– *Oberflächenspannung $\sigma_{Substrat} > \sigma_{Klebstoff}$*
– *Adhäsionsarbeit > Kohäsionsarbeit*

**Schlechte Benetzung:**

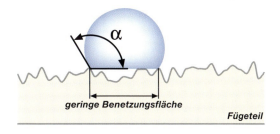

– *Benetzungswinkel $\alpha$ groß*
– *Oberflächenspannung $\sigma_{Substrat} < \sigma_{Klebstoff}$*
– *Adhäsionsarbeit < Kohäsionsarbeit*

Falls der Klebstoff kein gutes Benetzungsverhalten auf dem Substrat zeigt, ist zu prüfen, ob die Oberfläche verunreinigt ist. Konnte nach einer Reinigung mit einem rückstandsfrei ablüftenden Reiniger die Oberflächenspannung nicht erhöht werden, empfiehlt es sich, eine geeignete Oberflächenvorbehandlungsmethode, wie im nächsten Abschnitt näher ausgeführt, anzuwenden.

# Einführung in die Klebtechnik

## 2. Oberflächenbehandlung

Neben der Auswahl eines geeigneten Klebstoffs ist die Beschaffenheit der Fügeteiloberfläche von entscheidender Bedeutung für die erzielbaren Verbundfestigkeiten und vor allem für die Langzeitbeständigkeit der Verklebung.

Ziel der Oberflächenbehandlung ist es daher, eine möglichst homogene, definierte Oberfläche zu erzeugen, die die Grundlage schafft für

- eine gleichmäßige, sehr gute Benetzung der Fügeteiloberfläche mit Klebstoff,
- eine Verbesserung der Haftung,
- eine reproduzierbare, langzeitbeständige Fügeverbindung.

### 2.1 Oberflächenvorbehandlung

Um die Wirksamkeit von verschiedenen Verfahren zur Oberflächenvorbehandlung zu verdeutlichen, wurden 📖 *Druckscherfestigkeiten* von Polyethylenprobekörpern mit unterschiedlichen Klebstoffen und physikalisch-chemischen Vorbehandlungsmethoden ermittelt.

Die Prüfergebnisse in Abhängigkeit von Klebstoff und Vorbehandlungsmethode lassen eine Aussage über die Effektivität der Vorbehandlungsmethode zu. Im Vergleich zu nur entfetteten Proben weisen die vorbehandelten eine deutliche Verbesserung der Verbundfestigkeit auf. Wie das Diagramm zeigt, erhält man im Beispiel die höchste Verbundfestigkeit mit Probekörpern, die mit Niederdruck- und Atmosphärendruckplasma vorbehandelt wurden. Eine geeignete Vorbehandlung bietet dem Anwender die Möglichkeit, mit verfahrensoptimierten Klebstoffen hohe Festigkeiten, auch bei der Verklebung von 📖 *Polyolefinen*, zu erhalten. Im Beispiel verformen sich die PE-Prüfkörper bei Festigkeiten > 20 MPa ohne Versagen der Verklebung, d.h. die Festigkeit der Klebverbindung ist größer als die Werkstofffestigkeit.

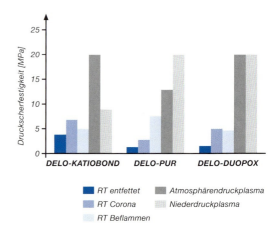

Auf den folgenden Seiten werden die wichtigsten Oberflächenvorbehandlungsverfahren beschrieben und Einsatzmöglichkeiten aufgezeigt.

**Einteilung der Oberflächenbehandlungsverfahren**

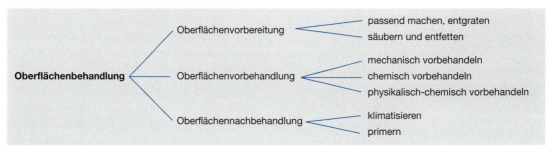

# Einführung in die Klebtechnik

| | Reinigen |
|---|---|
| Art | Oberflächenvorbereitung |
| Anwendung | Alle Werkstoffe (chemische Beständigkeit vorausgesetzt) |
| Ziel | Entfernen von Verschmutzungen und Entfetten der Oberfläche |
| Voraussetzung | Keine |
| Funktionsweise | Man unterscheidet Reiniger auf Basis von Lösungsmitteln (z. B. DELOTHEN NK 1 und 3) und wässrige Reiniger. |
| | Lösungsmittelhaltige DELO-Reiniger bestehen aus FCKW- und halogenfreien Kohlenwasserstoffgemischen und zeichnen sich durch ein gutes Lösungsvermögen für viele organische Substanzen (Fette, Öle, etc.) aus. Das Reinigungsmittel selbst sollte möglichst keine Rückstände auf dem Fügeteil hinterlassen. |
| | Wässrige Reiniger bestehen aus Tensidlösungen mit alkalischen, neutralen oder sauren Zusätzen. Man unterscheidet Reiniger, die durch Emulgieren und Dispergieren das Fett in die wässrige Phase überführen, von Reinigern, die Fette durch Verseifung in wasserlösliche „Fettseifen" umwandeln. Bei Einsatz von wässrigen Reinigern sind Spülvorgänge erforderlich, die die Tenside von der Oberfläche entfernen. |
| Anmerkung | Die Entfettungsbäder müssen regelmäßig und vor allem rechtzeitig erneuert und gereinigt werden, da es sonst zu einer Rückfettung der Fügeteile kommt. Die Anzahl der Reinigungsvorgänge ist auf den Verunreinigungsgrad der Fügeteile abzustimmen. |
| | Ungeeignete Lösungsmittel können z.B. bei Kunststoffen oder lackierten Fügeteilen die Fügeteiloberfläche anquellen oder evtl. verspröden bis hin zur Bildung von Spannungsrissen. |
| Handhabung | Lösungsmittelgetränkte Lappen, Tauchbäder, Ultraschallbäder, Dampfentfettungsanlagen |

| | Bürsten und Schleifen |
|---|---|
| Art | Mechanische Oberflächenvorbehandlung |
| Anwendung | Metalle, Kunststoffe |
| Ziel | Reinigung der Oberfläche durch Werkstoffabtrag. Vergrößerung der wirksamen Oberfläche durch Erhöhung der Rautiefe. Aktivierung der Oberfläche durch Messingbürsten vor dem Einsatz anaerob härtender Klebstoffe. |
| Voraussetzung | Gereinigte Fügeteile |
| Anmerkung | Es hat sich als günstig erwiesen, erst ca. 1 h nach der mechanischen Vorbehandlung mit dem Verkleben zu beginnen, damit sich eventuell im Fügeteil auftretende Spannungen abbauen können. |
| Besonderheiten | Beim Einsatz von anaerob härtenden Klebstoffen bewirkt das Bürsten von z.B. Aluminiumoberflächen mit Messingbürsten eine Aktivierung der zu verklebenden Flächen. Das führt zur Erzeugung einer wesentlich schnelleren Reaktion, einer höheren Anfangsfestigkeit und zum Teil auch höheren Endfestigkeiten. |

# Einführung in die Klebtechnik

| | **Strahlen** |
|---|---|
| **Art** | Mechanische Oberflächenvorbehandlung |
| **Anwendung** | Metalle, Kunststoffe |
| **Ziel** | Reinigung der Oberfläche durch Werkstoffabtrag.<br>Vergrößerung der wirksamen Oberfläche durch Erhöhung der Rautiefe. |
| **Voraussetzung** | Gereinigte Fügeteile |
| **Funktionsweise** | Strahlen führt zu einer Zerklüftung und Verformung der Oberfläche, was zum einen eine größere wirksame Klebfläche erzeugt, zum anderen für das Kleben besonders günstige oberflächenenergetische Zustände, wie etwa Versetzungen und Gitterfehlstellen, erzeugt.<br>Die Wirkung des Strahlmittels hängt bei gleicher Aufprallgeschwindigkeit und gleichem Aufprallwinkel von der Art des Strahlmittels, der Korngröße, der Härte und der Kornform ab. |
| **Variationen** | Druckluftverfahren, Injektorverfahren, Schleuderradverfahren |

| | **Beizen** |
|---|---|
| **Art** | Nasschemische Oberflächenvorbehandlung |
| **Anwendung** | Metalle und unpolare Kunststoffe (z.B. PP, PE, POM, PTFE) |
| **Ziel** | Bei Metallen:<br>Abtrag der Grenzschicht (bei nicht oxidierenden Beizlösungen) und Ausbildung einer fest haftenden Oxid-, Phosphat- oder Chromatschicht.<br><br>Bei unpolaren Kunststoffen:<br>Oxidation bzw. Reduktion des Fügeteils. Erzeugung von polaren, gut verklebbaren Verbindungen an der Fügeteiloberfläche. |
| **Voraussetzung** | Keine |
| **Funktionsweise** | Bei Metallen:<br>■ Bei nicht oxidierenden Säuren (z. B. Salzsäure, verdünnte Schwefelsäure, etc.) findet eine Reaktion zwischen Metall und Säure bzw. Metalloxid und Säure statt. Aus dieser Reaktion resultiert ein Abtrag der Grenzschicht und man erhält eine metallisch blanke und submikroskopisch aufgeraute Oberfläche.<br><br>■ Bei oxidierenden Säuren, wie Salpetersäure, konzentrierter Schwefelsäure oder Phosphorsäure kommt es neben den oben beschriebenen Effekten zu einer Reaktion an der Oberfläche. Es bildet sich eine Schicht fest haftender Metallverbindungen. Je besser die Gitterkonstanten der oxidischen Strukturen an der Oberfläche mit denen des Fügeteilwerkstoffs übereinstimmen, desto besser haftet die Oxidschicht auf dem Fügeteil.<br><br>Bei unpolaren Kunststoffen:<br>Dabei kommt es zu einer Oxidationsreaktion der Beizlösung mit dem Fügeteil. Bei dieser Reaktion entstehen polare, gut verklebbare Verbindungen (-COOH, -OH, -C=O, etc.) an der Fügeteiloberfläche. |
| **Anmerkung** | Bei allen nasschemischen Prozessen ist ausreichend mit destilliertem Wasser zu spülen. |

# Einführung in die Klebtechnik

| | Corona-Entladung |
|---|---|
| Art | Physikalisch-chemische Oberflächenvorbehandlung |
| Anwendung | Vor allem für Kunststoffe, insbesondere Folien (s. Verfahren) |
| Ziel | Erzeugung von Molekülspaltungen an der Fügeteiloberfläche. Reaktion der Oberflächenschicht mit den reaktiven Gasen, die durch das elektrische Feld entstehen. |
| Voraussetzung | Keine groben Verunreinigungen |
| Funktionsweise | Bei der HF-Corona-Entladung handelt es sich um eine Hochspannungsentladung zwischen zwei Elektroden bei einer Wechselspannung von 10–20 kV und einer Frequenz von 10–30 kHz. Bei der NF (Niederfrequenz)-Corona-Entladung wird bei einer Frequenz von 50–60 Hz gearbeitet. Da die auf dem Fügeteil auftreffenden Elektronen eine höhere Energie als die C-C- und die C-H-Bindungen des Fügeteilwerkstoffs haben, führen sie an der Polymeroberfläche zu Molekülspaltungen. Die entstehenden freien Valenzen reagieren mit den gasförmigen Produkten (Ozon, Stickoxide, atomarer Sauerstoff, etc.) der Corona-Entladung ab. Man erhält eine polare und damit gut verklebbare Oberfläche. |
| Verfahren | ■ Direkte Coronaentladung (HF-Corona) z. B. für Folien. Aufbau des elektrischen Felds zwischen Elektrode und Trägerwalze, Substrat befindet sich direkt zwischen den Elektroden. Da das System nur bei sehr eng zueinander stehenden Elektroden funktioniert, kommt das Verfahren nur für dünne Substrate, wie z. B. Folien oder Etiketten z. B. aus PE oder PP in Frage. Mit speziellen Elektrodenformen können auch einfache Formteile wie Becher oder Tuben vorbehandelt werden.<br>■ Indirekte Coronaentladung (NF-Corona): Substrate werden am Rand des von zwei Elektroden aufgespannten elektrischen Felds, tangential zu den Feldlinien behandelt (Freistrahl- und Sprühcorona). Mit diesem Verfahren können auch dreidimensionale Formteile aus verschiedenen Materialien wie z. B. Kunststoff, Metall, Papier, Pappe, Keramik vorbehandelt bzw. gereinigt werden. Einsatzgebiete sind Automobiltechnik, Medizin und Verpackungsindustrie. |

| | Atmosphärendruckplasma |
|---|---|
| Art | Physikalisch-chemische Oberflächenvorbehandlung |
| Anwendung | Vor allem für Kunststoffe |
| Ziel | Reinigung und Aktivierung der Bauteiloberfläche |
| Voraussetzung | Keine groben Verunreinigungen |
| Funktionsweise | Beim Atmosphärendruckplasma wird mittels Hochspannung in einer Plasmadüse ein Partikelstrom ionisierter Luft (oder anderer Prozessgase) erzeugt, der durch Druckluft aus der Düse austritt und auf das Fügeteil trifft. Durch das reaktive Plasma werden in der Oberfläche Verbindungen aufgebrochen und durch Anlagerung von Bestandteilen des Prozessgases wird diese aktiviert. Die Polarität der Oberfläche nimmt stark zu und wird damit für Klebstoffe besser benetzbar. Des Weiteren tritt ein Reinigungseffekt ein, da Moleküle, die an der Fügeteiloberfläche anhaften, verdampfen und durch die Druckluft weg geführt werden. |
| Anmerkung | Im Gegensatz zum Niederdruckplasma kann das Verfahren auch in kontinuierlichen Prozessen eingesetzt werden, eignet sich aber im Gegensatz zu diesem nicht für Hinterschneidungen. |

# Einführung in die Klebtechnik

| | Niederdruckplasma |
|---|---|
| Art | Physikalisch-chemische Oberflächenvorbehandlung |
| Anwendung | Vor allem für Kunststoffe, Keramiken, Silizium und Metalle |
| Ziel | Oberflächenaktivierung von: Kunststoffen inkl. PTFE, Silikon<br>Feinreinigung von: Kunststoffen, Silikon, Metallen, Silizium |
| Voraussetzung | Keine groben Verunreinigungen |
| Funktionsweise | Man bringt die Fügeteile in die Plasmakammer ein und evakuiert das System. Anschließend durchströmt das Prozessgas (z. B. Argon, Sauerstoff, Helium, Wasserstoff oder Stickstoff) diese kontinuierlich unter einem Druck von 0,5 – 2 mbar. Das Plasma kann jetzt durch Anlegen einer hochfrequenten Wechselspannung erzeugt werden.<br><br>Das reaktive, ionisierte Gas (Plasma) bewirkt auf der Fügeteiloberfläche ein Aufbrechen der Molekülketten von Trennmitteln, Ölen, Fetten oder Silikonen. Diese entstandenen niedermolekularen Spaltprodukte verdampfen unter dem in der Kammer anliegenden niedrigen Druck. Zusätzlich bricht das Plasma an der Kunststoffoberfläche Kohlenstoff-Bindungen auf und reagiert mit den so entstandenen freien Valenzen unter Bildung polarer Bindungen. Bei bestimmten Kunststoffen kann das Niederdruckplasma auch zum Ätzen eingesetzt werden, d. h. in diesem Fall kann es zu einem geringen Materialabtrag kommen. |
| Anmerkung | Hervorragende Spaltgängigkeit, d. h. auch Teile mit komplizierter Geometrie (Hinterschneidungen, Bohrungen, Schlitze, etc.) können vorbehandelt werden. Gut geeignet für Schüttgut. Die Wirkung der Niederdruckplasmavorbehandlung hält im Vergleich zum Atmosphärendruckplasma, der Coronabehandlung oder der Beflammung länger an, da die Eindringtiefe größer ist. Dies wiederum liegt an der hohen Energie des elektrischen Felds, die wegen der im Unterdruck geringeren Wärmeentwicklung erzeugt werden kann. |

| | Beflammung und Flammsilikatisierung |
|---|---|
| Art | Thermische Oberflächenvorbehandlung (Kreidl-Verfahren) |
| Anwendung | Reine Beflammung: überwiegend für Kunststoffe<br>Flammsilikatisierung: Keramik (speziell Glas), Kunststoffe, Metalle |
| Ziel | Aufbrechen von Molekülketten an der Oberfläche und Reaktion dieser mit dem überschüssigen Sauerstoff, bzw. den weiteren Substanzen, die dem Brenngas zugesetzt werden. |
| Voraussetzung | Keine groben Verunreinigungen |
| Funktionsweise | Die zu behandelnden Fügeteile werden mit der Flamme überstrichen bzw. unter der Flamme, z. B. auf einem Förderband, durchgeführt. Die Temperatur und die entstehende Strömung sorgen für die Verdampfung und Abführung von Verunreinigungen.<br><br>Bei der Beflammung wird mit Sauerstoffüberschuss gearbeitet. Dadurch werden an der Oberfläche der Fügeteile die C-C- und C-H-Bindungen aufgebrochen, reagieren mit dem Sauerstoff und erhöhen dadurch die Polarität der Oberfläche.<br><br>Bei der Flammsilikatisierung werden der Flamme haftvermittelnde Substanzen auf Siliziumbasis zugesetzt. Dadurch entsteht auf der Oberfläche eine fest haftende, gut verklebbare Silikatschicht. |
| Anmerkung | Es ist darauf zu achten, dass die zu behandelnden Teile nicht thermisch geschädigt werden. Nach der Flammsilikatisierung wird zur optimalen Anbindung an den Klebstoff häufig noch ein Primer verwendet. |

# Einführung in die Klebtechnik

| | SACO-Verfahren |
|---|---|
| Art | Physikalisch-chemische Oberflächenvorbehandlung |
| Anwendung | Metalle, Kunststoffe, Keramik |
| Ziel | Gleichzeitiger Abtrag (**SA**ndstrahlen) und Beschichten (**CO**ating) der Oberfläche |
| Voraussetzung | Keine groben Verunreinigungen |
| Funktionsweise | Die Oberfläche wird mittels Strahlgerät mit dem speziell beschichteten Korundkorn SACO-Plus gestrahlt (1). Beim Aufprall des Korns auf die Werkstoffoberfläche wird die Oberfläche in bestimmten Grenzen gereinigt und die Rautiefe erhöht (2). Beim Aufprall des beschichteten Korns wird ein Teil seiner Beschichtung in die Substratoberfläche eingebaut (Tribochemischer Effekt) (3). Das Korn prallt an dem Substrat ab, die Beschichtung verbleibt auf der Substratoberfläche (4). |
| Anmerkung | Nach der Strahlbeschichtung mit SACO-Plus wird der Haftvermittler SACO-SIL verwendet, der chemische Bindungen zur SACO-Schicht und dem jeweiligen Klebstoff aufbaut und so die Beständigkeit optimiert (siehe unten). |

## 2.2 Oberflächennachbehandlung

Um einen optimalen Verbund zu erreichen, sollte bei den physikalisch-chemischen Verfahren die Verklebung der Fügeteile direkt nach der Oberflächenvorbehandlung erfolgen. Ist die sofortige Verarbeitung der Fügeteile nicht möglich, können die folgenden Maßnahmen ergriffen werden, um die aktivierte Oberfläche zu schützen:

### Klimatisieren

Mit dieser Methode kann man die Reaktion der Oberfläche mit Feuchtigkeit und damit die willkürliche Entstehung von Hydrat- und Oxidschichten verhindern. Es ist darauf zu achten, dass die Fügeteile vor dem Verkleben auf Umgebungstemperatur gebracht werden, um die Kondensation von Wasserdampf auf der Oberfläche zu verhindern.

### Haftvermittler (Primer)

Das Auftragen von Haftvermittlern stellt einen weiteren Verarbeitungsschritt dar, der – je nach Verbundsystem – zu einer deutlichen Erhöhung der Klebfestigkeit und der 📖 *Alterungs*beständigkeit führt.
Bei den Haftvermittlern handelt es sich in den meisten Fällen um siliziumorganische Verbindungen, die als „chemische Brücken" zwischen der Fügeteiloberfläche und dem Klebstoff eingesetzt werden.

Durch die Bifunktionalität des Haftvermittlers erfolgt eine Reaktion sowohl mit der Fügeteiloberfläche als auch mit der Klebschicht.

Die Reaktion mit dem Klebstoff kann durch die Auswahl der reaktiven Endgruppe gesteuert werden. Man verwendet z.B. aminhaltige Endgruppen für die Polyaddition mit Epoxidharzklebstoffen.

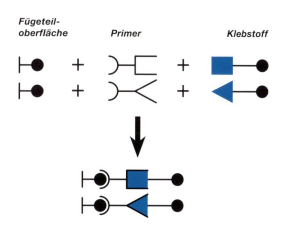

# Einführung in die Klebtechnik

## 3. Fließverhalten unausgehärteter Klebstoffe

### 3.1 Viskosität

Die Viskosität, bzw. das Fließverhalten, das die Verarbeitung eines unausgehärteten Klebstoffs maßgeblich beeinflusst, ist ein wichtiges Kriterium für die Klebstoffauswahl.

Der Klebstoff soll zunächst das Fügeteil gut benetzen und in vorhandene Oberflächenvertiefungen, etwa bei hohen 📖 *Rautiefen*, vollständig eindringen. Auch ist oftmals bei sehr geringen Fügespalten ein kapillares Fließverhalten erwünscht. Bei Vergussanwendungen muss der Klebstoff alle Teile blasenfrei benetzen und nivellieren. Diese gewünschten Eigenschaften lassen zunächst darauf schließen, dass möglichst niedrigviskose, also dünnflüssige Klebstoffe vorteilhaft sind.

Daneben gibt es selbstverständlich auch Bedingungen, die hochviskose Klebstoffe erfordern. So ist zur Überbrückung von größeren Spalten ein eher hochviskoses Medium erforderlich. Auch ist es oftmals gar nicht erwünscht, dass der Klebstoff in einen gegebenen Spalt eindringt, weil dieser, z.B. beim Abdichten von elektrischen Kontakten an Schaltern oder Relais, verschlossen werden soll, der Klebstoff aber nicht in das Gehäuse selbst fließen darf. Bei der Verklebung von porösen Materialien kann ebenfalls ein eher hochviskoser Klebstoff vorteilhaft sein, um das Eindringen des Klebstoffs in die Poren zu verhindern, bevor die Fügeteile gefügt werden. Hinzu kommen Anwendungsfälle bei denen in senkrechter Lage geklebt wird und somit eine hohe Standfestigkeit (📖 *standfest*) erforderlich ist. Auch hier ist eine hohe Viskosität erwünscht.

Die Viskosität von Klebstoffen wird als 📖 *dynamische Viskosität η* in der Einheit mPas (MillipascalSekunden) angegeben.
Zwischen zwei im Abstand h angeordneten Flächen haftet eine Flüssigkeit. Verschiebt man die Fläche A in Relation zur festen Fläche, wird die Flüssigkeit geschert. Die dynamische Viskosität η ist nach folgender Formel als Proportionalitätskonstante aus Kraft F, Fläche A, Schergeschwindigkeit v und Abstand h definiert:

$$\text{Dynamische Viskosität } \eta = \frac{\text{Schubspannung } \tau}{\text{Scherrate } \gamma} = \frac{\dfrac{\text{Kraft F}}{\text{Fläche A}}}{\dfrac{\text{Schergeschwindigkeit v}}{\text{Abstand h}}}$$

Die Geschwindigkeit nimmt von der festen zur bewegten Fläche zu.

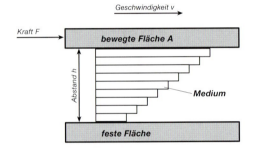

**Beispiele für Viskositätswerte:**

| | Viskosität [mPas] |
|---|---|
| Wasser | 1 |
| Olivenöl | 100 |
| Flüssiger Honig | 10.000 |
| DELO-PHOTOBOND 4436 | 350 |
| DELO-KATIOBOND 4670 | 4.800 |
| DELO-KATIOBOND 4696 | 180.000 thixotrop |

Im Vergleich zu Klebstoffen zeigen Wasser, organische Lösungsmittel oder Öle bei einer Veränderung der Scherrate keine Auswirkungen auf die Viskosität. Sie werden deshalb als 📖 *Newton'sche* oder auch ideale Flüssigkeiten bezeichnet.

Das nicht-newton'sche Fließverhalten der Klebstoffe unterliegt keiner Gesetzmäßigkeit und ist gekennzeichnet durch:

- Nichtlineares Verhältnis von Scherspannung zu Scherrate
- Bei zunehmender Scherrate ändert sich die Viskosität: 📖 *Strukturviskosität*, 📖 *Dilatanz*.

# Einführung in die Klebtechnik

- Kommt eine Zeitabhängigkeit hinzu spricht man von 📖 *Thixotropie* oder 📖 *Rheopexie*.
- 📖 *Viskoelastisches* Verhalten, das heißt der Stoff weist zusätzlich zu seinem viskosen Fließverhalten die Fähigkeit auf, mechanische Energie kurzzeitig zu speichern.

## Temperaturabhängigkeit der Viskosität

Die Viskosität von Flüssigkeiten nimmt mit steigender Temperatur ab. Für die Auswahl von Klebstoffen heißt das, dass neben der geeigneten Viskosität beim Auftragen des Klebstoffs, auch das Fließverhalten des Klebstoffs während der Aushärtung berücksichtigt werden muss. So gibt es z.B. warmhärtende Gießharze, die bei Raumtemperatur hochviskos sind und erst beim Erwärmen auf Aushärtungstemperatur von z.B. +100 °C oder +150 °C dünnflüssig werden.

## Viskositätsmessung

Die Viskosität von Klebstoffen wird meist mit Rotationsviskosimetern bestimmt (siehe Bild). Dabei wird zwischen Drehzahl geregelten Geräten, wie z.B. dem Brookfield-Viskosimeter, und schubspannungsgeregelten Geräten, z.B. 📖 *Rheometern*, unterschieden.

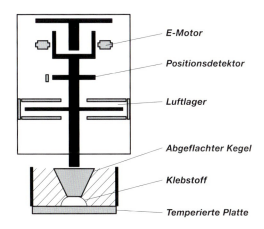

*Rotationsviskosimeter*

## 3.2 Thixotropie

Als thixotrope Stoffe sind u.a. hochwertige Farben bekannt, die sich einerseits sehr gut auftragen lassen, andererseits aber nach dem Auftragen nicht mehr verlaufen. Der Hintergrund ist, dass die Viskosität bei andauernder konstanter Scherrate (z.B. Verstreichen mit dem Pinsel) abnimmt, bei Verringerung der Scherrate aber wieder eine graduelle Erholung, das heißt ein Anstieg der Viskosität eintritt. Thixotropierte Klebstoffe sind dadurch gekennzeichnet, dass sie sich sehr gut dosieren lassen, nach dem Auftrag aber nicht mehr undefiniert verfließen.

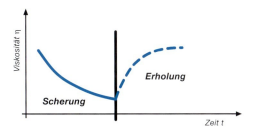

Während der Scherung ändert sich die molekulare Struktur der Probe. Die thixotropierenden Agglomerate werden in Abhängigkeit von Zeit und Scherrate immer mehr getrennt, bis die Thixotropierwirkung aufgehoben und ein konstanter Wert erreicht ist. Wenn keine Scherung mehr wirkt, bilden sich die getrennten Agglomerate zeitabhängig wieder neu auf. Je größer die Agglomerate sich ausbilden, desto höher die Viskosität. (📖 *Rheopexie*).

*Rheologische Untersuchung lichthärtender Klebstoffe mit dem Rheometer*

# Einführung in die Klebtechnik

## 4. Verarbeitung von Klebstoffen

### 4.1 Photoinitiiert härtende Klebstoffe

Strahlungs- bzw. photoinitiiert härtende Klebstoffe der Produktgruppen DELO-PHOTOBOND ( S. 62) und DELO-KATIOBOND ( S. 64) bilden einen wesentlichen Schwerpunkt im Produktprogramm von DELO. Aus diesem Grund finden diese Produkte spezielle Berücksichtigung in diesem Kapitel. Besonders sind hier DELO-KATIOBOND-Produkte hervorzuheben, da mit dem patentierten Verfahren der Voraktivierung auch nicht durchstrahlbare Fügeteile verklebt werden können.

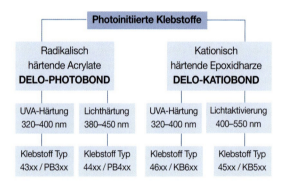

Strahlungshärtende Klebstoffe sind einkomponentig und kalthärtend. Sie enthalten Photoinitiatoren, die bei sichtbarem Licht oder UV-Licht zerfallen und die Aushärtungsreaktion einleiten ( Elektromagnetisches Spektrum).

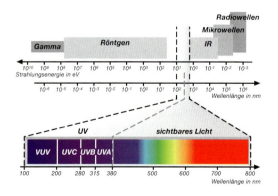

**Gebräuchliche Gebinde:**
Die Klebstoffe werden in Flaschen, Kartuschen oder Kanister abgefüllt.

**Lagerung und Klebstoffvorbereitung:**
Die Produkte weisen je nach Klebstofftyp, eine Haltbarkeit von 6 bis 12 Monaten bei ordnungsgemäßer Lagerung im ungeöffneten Originalgebinde auf. Werden die Klebstoffe bei tieferen Temperaturen gelagert, kann die Haltbarkeit verlängert werden. Vor der Verarbeitung müssen die Klebstoffe Raumtemperatur angenommen haben.

Einige niedrigviskose Klebstoffe, die Füllstoffe enthalten, müssen vor der Verarbeitung ausreichend rolliert (durchmischt) werden, damit eine gleichmäßige Verteilung der Füllstoffe im Klebstoff sichergestellt werden kann.

Beim Umfüllen von Produkten ist darauf zu achten, dass kein Licht der für die Aushärtung erforderlichen Wellenlänge das Produkt erreicht. So werden z. B. DELO-PHOTOBOND-Klebstoffe unter gelbem Licht und DELO-KATIOBOND-Produkte bei rotem Licht abgefüllt.

| Wellenlängenbereich des Lichts (in nm) | Farbeindruck des emittierten Lichts | Farbeindruck eines selektiv diesen Wellenlängenbereich absorbierenden Filters |
|---|---|---|
| 400 - 435 | violett | gelbgrün |
| 435 - 480 | blau | gelb |
| 480 - 490 | grünblau | orange |
| 490 - 510 | blaugrün | rot |
| 510 - 560 | grün | purpur |
| 560 - 580 | gelbgrün | violett |
| 580 - 595 | gelb | blau |
| 595 - 605 | orange | grünblau |
| 605 - 770 | rot | blaugrün |

siehe auch …

Seite 62 **Photoinitiiert härtende Acrylate**

Seite 64 **Photoinitiiert härtende Epoxies**

# Einführung in die Klebtechnik

**Dosierung:**
Die Produkte sind in weiten Viskositätsbereichen von dünnflüssig bis hochviskos bzw. pastös erhältlich und lassen sich sehr gut dosieren:
- Von Hand aus kleinen Flaschen oder Kartuschen
- Halbautomatische oder vollautomatische Dosierung mittels pneumatischen Dosiergeräten z.B. DELOMAT 100 oder 400. Hierbei können prinzipiell alle Arten von Dosierventilen eingesetzt werden (S. 79).
- Kontaktlose Applikation auch kleinster Mengen mittels DELO-DOT (S. 79)

Zu beachten ist, dass die produktführenden Gerätekomponenten das Licht der für die Aushärtung erforderlichen Wellenlänge abschirmen.

> **siehe auch...**
> Seite 41  **Dosierung von Klebstoffen**

**Aushärtung von strahlungshärtenden Klebstoffen:**
Strahlungshärtende Klebstoffe werden mit Aushärtungslampen ausgehärtet, die in der Regel eine 100- bis 1000fache Intensität des normalen Tageslichts erzeugen. DELO bietet ein auf die Klebstoffe abgestimmtes Lampenprogramm der Reihe DELOLUX an (S. 80).

Die Aushärtungslampen sind als Flächenstrahler oder Punktstrahler erhältlich und enthalten Quecksilberdampflampen als Strahlungsquelle. Punktstrahler sind Lichtleiterlampen, bei denen das Licht über einen Reflektor gebündelt und in einen Lichtleiter eingeleitet wird. Mit Lichtleiterlampen können zur Zeit die höchsten punktuellen Lichtstärken erreicht werden. Ebenfalls werden auf dem Markt Leuchtstoffröhren angeboten, die meist UV-Licht erzeugen. Mittlerweile ist mit DELOLUX 80 auch eine Aushärtungslampe erhältlich, deren Strahlungsquelle aus einer Anordnung von LEDs besteht. Der große Vorteil liegt in einer Lebensdauer die mehr als das Zehnfache einer Quecksilberdampflampe beträgt.

*DELOLUX 04, Lichtleiter*

Da die Strahlungsintensität von der Lebensdauer der Aushärtungslampe, dem Abstand zum Klebstoff und einer evtl. Verschmutzung der Filterscheibe abhängt, sollte die Intensität am Klebstoff mit Hilfe eines Strahlungsmessgeräts ( **DELOLUXcontrol**, S. 81) kontinuierlich oder periodisch überwacht werden.

*LED-Lichtquelle DELOLUX 80*

# Einführung in die Klebtechnik

## Aushärtung von licht- und UV-härtenden Acrylaten DELO-PHOTOBOND

Diese Klebstoffe haben die Eigenschaft, dass sie bis zur kompletten Aushärtung bestrahlt werden müssen. Dazu muss für eine Verklebung mindestens ein Fügeteil durchstrahlbar sein. Bei entsprechenden Lichtintensitäten können spezielle Produkte in weniger als einer Sekunde ausgehärtet werden.

**1. Dosieren**
Die einkomponentigen Klebstoffe DELO-PHOTOBOND können mit gängigen Dosieranlagen aufgetragen werden.

**2. Fügen**
Fügen der Bauteile vor dem Belichten. Mindestens ein Fügepartner muss im Absorptionsbereich des Klebstoffs transparent sein.

**3. Aushärten**
Der Klebstoff wird bis zum Erreichen der Endfestigkeit belichtet. Geeignet sind alle DELOLUX-Aushärtungslampen.

## Aushärtung von lichtaktivierbaren Epoxidharzen DELO-KATIOBOND

Lichtaktivierbare Klebstoffe können mit Aushärtungslampen bis zur Anfangsfestigkeit ausgehärtet werden. Zusätzlich bieten diese Klebstoffe die Möglichkeit der Voraktivierung, so dass auch nicht durchstrahlbare Fügepartner verklebt werden können. Dies wird dadurch erreicht, dass der Klebstoff nach geeigneter Belichtung über eine *Offenzeit* verfügt, in der die zu verklebenden Teile gefügt werden können. Nach der Offenzeit härtet der Klebstoff ohne Einwirkung von Licht innerhalb weniger Minuten bis zur Anfangsfestigkeit aus. Die Aushärtung dieser Klebstoffe kann durch zusätzliche Wärmezufuhr beschleunigt werden.

Die Parameter zur Voraktivierung sind in jedem Falle anwendungsspezifisch zu ermitteln.

**1. Dosieren**
Die einkomponentigen Klebstoffe DELO-KATIOBOND können mit gängigen Dosieranlagen aufgetragen werden.

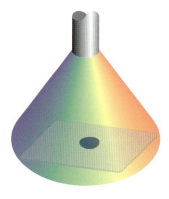

**2. Voraktivieren**
Zur Voraktivierung der Klebstoffe eignen sich alle DELOLUX-Aushärtungslampen. Die Voraktivierungszeit beträgt je nach Klebstofftyp ca. 1 bis 30 s.

# Einführung in die Klebtechnik

**3. Fügen + Aushärten**
*Innerhalb der Offenzeit von ca. 1 bis 30 s erfolgt der Fügeprozess. Die Aushärtung verläuft anschließend ohne jede weitere Belichtung, kann aber durch Belichtung z. B. der Kehlnähte oder durch Wärmezufuhr beschleunigt werden.*

Das Zeitfenster der Offenzeit und damit die Aushärtungsgeschwindigkeit des Klebstoffs hängt von folgenden Parametern ab:
- Klebstofftyp
- Schichtdicke des Klebstoffs
- Lichtintensität am Klebstoff (abhängig von Intensität und Abstand der Aushärtungslampe)
- Reflexionsverhalten der Fügeteile
- Reflexionsverhalten der umgebenden Anlagenteile
- Umgebungstemperatur in Klebstoffnähe
- Wärmestrahlung der Lampe
- Wärmeleitfähigkeit der Fügeteile

Die Kontrolle der genannten Prozessparameter erfordert in der Regel einen hoch automatisierten Prozess.

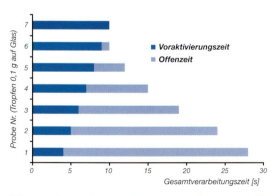

*Mit zunehmender Voraktivierungszeit nimmt die Offenzeit (d. h. die Zeit, die zum Fügen der Teile zur Verfügung steht) ab. Nach Ablauf der Offenzeit kommt es zur Hautbildung. Werden anschließend weitere Teile gefügt, kann keine vollständige Benetzung mehr erreicht werden.*

## 4.2 Warmhärtende Klebstoffe

Bei warmhärtenden Klebstoffen ist die Härtungskomponente schon enthalten, aber thermisch blockiert, so dass eine Vernetzung bei Raumtemperatur nicht oder nur sehr langsam erfolgt.

**Gebräuchliche Gebinde:**
Die Klebstoffe werden in Kartuschen, Hobbocks oder Fässer abgefüllt.

**Lagerung und Klebstoffvorbereitung:**
Je nach Klebstofftyp weisen die Produkte eine Haltbarkeit von 4 Wochen bis 6 Monaten bei ordnungsgemäßer Lagerung im ungeöffneten Originalgebinde auf. Einige Produkte müssen tiefgekühlt gelagert werden, da sie bei Raumtemperatur bereits geringfügig reaktiv sind, wie z. B. einige DELO-MONOPOX-Produkte. Vor der Verarbeitung müssen die Klebstoffe Raumtemperatur angenommen haben.
Klebstoffe, die Füllstoffe mit einem hohen spezifischen Gewicht enthalten, wie *isotrop elektrisch leitfähige Klebstoffe*, werden tiefgekühlt transportiert und gelagert, um eine *Sedimentation* der Füllstoffe zu vermeiden.

**Dosierung:**
Die Produkte sind in weiten Viskositätsbereichen von dünnflüssig bis hochviskos bzw. pastös erhältlich. Mit steigender Viskosität ergeben sich in der Regel höhere Anforderungen an die Dosiereinrichtung. Gängige Dosiermöglichkeiten sind:
- Von Hand aus kleinen Flaschen oder Kartuschen
- Halb- oder vollautomatische Dosierung mit pneumatischen Dosiergeräten oder volumen- bzw. durchflussgeregelten Dosieranlagen.

| siehe auch… | |
|---|---|
| Seite 41 | **Dosierung von Klebstoffen** |

# Einführung in die Klebtechnik

**Aushärtung:**
- Die Aushärtung erfolgt durch definierte Wärmezufuhr.
- Die Aushärtungstemperaturen liegen im Bereich von +100 bis +200 °C. Allerdings läuft eine chemische Reaktion bereits bei geringeren Temperaturen ab. So kann u. U. die Aushärtung auch bei geringeren Temperaturen über einen längeren Zeitraum erfolgen. Die Qualität der Vernetzung sollte in diesen Fällen analytisch speziell überprüft werden.
- Die Aushärtungszeit ist jedoch nicht nur von der Aushärtungstemperatur, sondern auch vom Klebstoff und der Ansatzmenge abhängig. Zur Aushärtungszeit muss die Aufheizzeit der Fügeteile hinzugerechnet werden. Die Erwärmung kann im Umluftofen, durch 📖 *Infrarot-Strahlung*, mittels 📖 *induktiver Erwärmung* oder anderen geeigneten Wärmequellen erfolgen. Zu beachten ist, dass die Aushärtungstemperatur am Klebstoff anliegen muss.

Ein wesentlicher Vorteil von warmhärtenden Produkten besteht darin, dass beide Komponenten bereits vom Hersteller fertig konfektioniert angeboten werden. Die Verarbeitung wird dadurch stark vereinfacht und Mischfehler werden vermieden.

## 4.3 Sonstige einkomponentige (1-K) Klebstoffe

Anaerob härtende Klebstoffe, Cyanacrylate (Sekundenklebstoffe) und RTV-1-Silikone (Raumtemperatur vernetzende Silikone) zählen zu den sonstigen einkomponentigen Klebstoffen.

Sie zeichnen sich dadurch aus, dass die Substanz, die die Aushärtungsreaktion initiiert, bereits im Klebstoff enthalten ist und durch das Eintreten der Aushärtungsbedingung, wie z. B. Luftfeuchtigkeit oder Metallionen in Verbindung mit Luftabschluss, aktiviert wird. Bei der Lagerung und Verarbeitung der Produkte muss also darauf geachtet werden, dass keine Bedingungen vorliegen, die zu einer vorzeitigen Aushärtung des Klebstoffs führen.

**Gebräuchliche Gebinde:**
Die Klebstoffe werden in Flaschen, Kartuschen, Hobbocks oder Fässer abgefüllt. Bei anaerob härtenden Klebstoffen werden spezielle luftdurchlässige Flaschen verwendet, die einen Luftabschluss im Produkt und damit die Möglichkeit der vorzeitigen Aushärtung im Gebinde ausschließen.

**Lagerung und Klebstoffvorbereitung:**
Die Produkte weisen, je nach Klebstofftyp, eine Lagerstabilität von 3 bis 12 Monaten bei ordnungsgemäßer Lagerung im ungeöffneten Originalgebinde auf. Werden die Klebstoffe bei tieferen Temperaturen gelagert, kann die Haltbarkeit verlängert werden. Ein Einfrieren sollte vermieden werden, da es sonst zu einer Schädigung des Klebstoffs kommen kann. Vor der Verarbeitung müssen die Klebstoffe Raumtemperatur angenommen haben.

Einige niedrigviskose Klebstoffe, die Füllstoffe enthalten, müssen vor der Verarbeitung ausreichend 📖 *homogenisiert* (z. B. rollieren = durchmischen des Klebstoffs durch dreidimensional drehende Bewegung) werden, damit eine gleichmäßige Verteilung der Füllstoffe im Klebstoff sichergestellt werden kann. Dieser Vorgang sollte mit langsamen Bewegungen erfolgen, unter anderem um Einschlüsse von Luft im Klebstoff zu vermeiden.

**Dosierung:**
Die Produkte sind dünnflüssig bis hochviskos erhältlich. Die Dosierung erfolgt
- von Hand aus kleinen Flaschen oder Kartuschen,
- halb- oder vollautomatisch mit pneumatischen Dosiergeräten oder volumen- bzw. durchflussgeregelten Dosieranlagen. Bei anaerob härtenden Klebstoffen müssen alle produktführenden Komponenten der Verarbeitungs- und Dosiersysteme aus nichtmetallischen Werkstoffen bestehen bzw. kunststoffbeschichtet sein, da es sonst zur Aushärtung kommen kann. Cyanacrylate und anaerob härtende Klebstoffe dürfen nicht mit Membrandosierventilen ver-

# Einführung in die Klebtechnik

arbeitet werden, da kleine Spalte im Ventil zu einer lokalen Aushärtung führen können. Hier werden z. B. Schlauchquetschventile empfohlen.

> siehe auch …
> Seite 41 **Dosierung von Klebstoffen**

**Aushärtung:**
Generell ist zu bemerken, dass die Umgebungstemperatur einen wichtigen Einfluss auf die Geschwindigkeit der Aushärtungsreaktion hat. So gilt: Mit zunehmender Temperatur steigt die Aushärtungsgeschwindigkeit. Damit sinkt die Aushärtungszeit, aber auch die Verarbeitungszeit.

- Beim Aushärtungsverlauf von Cyanacrylaten und Silikonen hat die Luftfeuchtigkeit einen entscheidenden Einfluss. Die erforderliche Luftfeuchtigkeitskonzentration sollte ca. 30 bis 70 % betragen. Bei Werten unter 30 % wird die Polymerbildungsreaktion stark verzögert.
- Ebenso härten anaerob härtende Klebstoffe nur in relativ engen Spalten aus, weil die Reaktion unter Luftabschluss von Metallionen ausgelöst wird und meist nur eine sehr geringe Tiefenwirkung in den Klebstoff aufweist.
- Cyanacrylate härten nur in dünnen Schichten aus, weil die Feuchtigkeit aus der Umgebungsluft, bzw. auf dem Bauteil, nicht in dickere Klebstoffschichten eindringen kann (im Gegensatz zu Silikonen). Der Klebstoff wird tropfen- oder raupenförmig auf ein Fügeteil aufgebracht. Das zweite Fügeteil muss unmittelbar anschließend aufgelegt und fixiert werden. Der Fügedruck muss bis zum Erreichen der Handfestigkeit erhalten bleiben.
- Bei Verwendung von anaerob härtenden Klebstoffen oder Cyanacrylaten auf inaktiven Oberflächen können jeweils geeignete *Aktivatoren* zur Vorbereitung der Klebfläche verwendet werden, um eine Aushärtung zu ermöglichen.

## 4.4 Zweikomponentige (2-K) Klebstoffe

Epoxidharze, Polyurethane und Methacrylate sind auch in zweikomponentiger Form erhältlich.

Die beiden Komponenten werden getrennt gelagert und verfügen nach dem Anmischen über eine definierte *Topfzeit*, die entsprechend DIN EN 14022 nach Verfahren 5 über die exotherme Reaktionstemperatur bestimmt wird. Die Topfzeit ist definiert als die Zeit vom Mischen der beiden Komponenten bis zum Erreichen der vorgegebenen Temperatur von +40 °C. Sollte diese nicht erreicht werden, gilt die Zeit bis zum Erreichen der maximalen Reaktionstemperatur. So erzielt DELO über die sehr breite Produktpalette eine einheitliche und nicht durch subjektive Beurteilung verfälschte Messgrundlage. Da die mit dieser Methode bestimmte Topfzeit bei sehr schnell und sehr exotherm reagierenden Produkten nicht mit der Verarbeitungszeit gleichgesetzt werden kann, gibt DELO im Interesse der Verarbeiter bei zweikomponentigen Klebstoffen zusätzlich noch die Verarbeitungszeit an.

**Gebräuchliche Gebinde:**
Die Klebstoffe werden in Doppelkammerkartuschen, Dosen oder Fässer abgefüllt.

**Lagerung und Klebstoffvorbereitung:**
Die Produkte weisen, je nach Klebstofftyp, eine Haltbarkeit von 6 bis 12 Monaten bei ordnungsgemäßer Lagerung im ungeöffneten Originalgebinde auf. Einige Klebstoffe, die Bestandteile enthalten, die zur *Sedimentation* neigen, müssen vor der Verarbeitung gerührt werden, damit eine gleichmäßige Konsistenz des Klebstoffs sichergestellt werden kann.

**Mischung und Dosierung:**
Die Produkte sind in weiten Viskositätsbereichen von dünnflüssig bis pastös erhältlich. Bei Epoxidharzen und Polyurethanen ist eine Einhaltung des vorgegebenen Mischungsverhältnisses mit einer Genauigkeit von mindestens 95 % erforderlich, um eine definierte Aushärtung und die in den technischen Unterlagen aufgeführten Eigenschaften der Produkte zu erreichen.

# Einführung in die Klebtechnik

Gängige Verarbeitungsmöglichkeiten sind:
- Mischen von Hand aus Dosen
- Verarbeitung aus Doppelkammerkartuschen mit dem 📖 *DELO-AUTOMIX*-System
- Halb- oder vollautomatische Mischung und Dosierung mit volumen- bzw. durchflussgeregelten Dosieranlagen und dynamischen oder statischen Mischern

> siehe auch …
> Seite 41  **Dosierung von Klebstoffen**

**Aushärtung:**

Generell ist zu bemerken, dass bei zweikomponentigen, kalthärtenden, d. h. bei Raumtemperatur härtenden Klebstoffen die Umgebungstemperatur einen wichtigen Einfluss auf die Geschwindigkeit der Aushärtungsreaktion hat. So gilt im weitesten Sinne die Faustformel, dass eine Erhöhung der Temperatur um 10 °C eine Halbierung der Aushärtungszeit und auch der Verarbeitungszeit bewirkt, während eine Absenkung der Umgebungstemperatur um 10 °C eine Verdoppelung bedeutet. Bei der Aushärtung von zweikomponentigen Klebstoffen kann es vor allem bei sehr schnell härtenden Produkten zu einer erheblichen Wärmeentwicklung kommen.

Die Klebstoffe vernetzen durch 📖 *Polyaddition* oder 📖 *Polymerisation*, wodurch bei der Aushärtung keinerlei 📖 *Abspaltprodukte* entstehen. Die Diagramme unten zeigen, dass die Wärmeentwicklung der Produkte sehr stark von der Ansatzmenge abhängig ist. Bei großen Mengen führt die entstehende exotherme Energie zu einem Wärmestau im Inneren des Ansatzes, der wiederum zur Beschleunigung der Aushärtungsreaktion und damit Verkürzung der Topf- bzw. 📖 *Verarbeitungszeit* führt. Für Anwendungsbereiche, bei denen größere Mengen verarbeitet werden müssen oder aus fertigungstechnischen Gründen eine längere Verarbeitungszeit erwünscht ist, werden Produkte eingesetzt, die eine geringe exotherme Reaktion zeigen. Diese Systeme können auch über mehrere Stunden im angemischten Zustand verarbeitet werden.

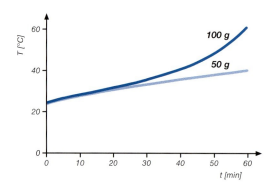

Abhängigkeit der Topfzeit von der Ansatzmenge
DELO-DUOPOX AD895

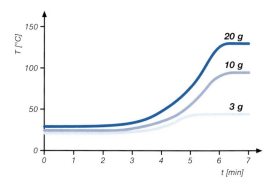

Abhängigkeit der Topfzeit von der Ansatzmenge
DELO-DUOPOX 02 rapid

# Einführung in die Klebtechnik

## 5. Dosierung von Klebstoffen

### 5.1 Manuelle Dosierung von 1-K-Klebstoffen

Zur manuellen Dosierung stehen hauptsächlich Flaschen, Tuben, Dosen und Kartuschen zur Verfügung. Die Gebinde sind in der Regel standardisiert. Bei Kartuschen wird die Handhabung durch die Verwendung von Dosierpistolen (S. 79) erleichtert.

*Zur Dosierung von kleinen Mengen können Dosierspitzen eingesetzt werden*

**Einsatzbereich**
Handarbeitsplätze, Reparaturbereich

Die Steuerung der Dosiermenge und Dosiergeschwindigkeit erfolgt durch den Anwender ohne technische Unterstützung.

**Vorteile**
Flexibel, keine Investition in Anlagen erforderlich

**Grenzen**
Reproduzierbare Dosierergebnisse sind stark vom Bediener abhängig. Zur Überwachung der Dosiermenge müssen zusätzliche Geräte, wie z.B. Waagen, eingesetzt werden.

### 5.2 Pneumatische Dosierung von 1-K-Klebstoffen

Pneumatische Dosiersysteme können auf zwei Arten aufgebaut sein.

Bei kleineren Klebstoffmengen werden als Klebstoffgebinde Kartuschen verwendet, aus denen der Klebstoff mittels Druckluft über eine Dosiernadel dosiert wird.

Bei größeren Mengen finden Flaschen oder Kanister Verwendung, die in einem Drucktank unter Druck gesetzt werden und den Klebstoff über eine separate Leitung zum Dosierventil fördern. Als Dosierventile sind dabei Schlauchquetsch-, Membrandosier- oder Nadelventile üblich. Eine besondere Art stellt das DELO-DOT-Ventil dar, das eine kontaktlose Dosierung auch kleinster Mengen Klebstoff ermöglicht (siehe nächster Absatz). Die Steuerung von Dosierdruck und Dosierzeit erfolgt z.B. über DELOMAT-Dosiergeräte, die manuell betätigt werden können, aber auch über elektrische Ein- und Ausgänge verfügen. Somit können sie in eine vollautomatische Steuerung integriert werden, bzw. selbst Steuerungsfunktionen von weiteren Prozessschritten übernehmen.

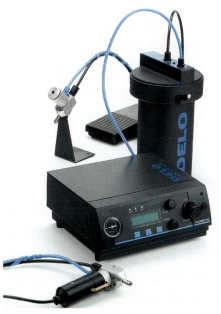

*Dosiergerät DELOMAT 100 mit Drucktank und Dosierventil*

# Einführung in die Klebtechnik

### Einsatzbereich von pneumatischen Dosiersystemen

Pneumatische Dosiersysteme sind universell für 1-K-Klebstoffe einsetzbar. Bei pastösen Klebstoffen kann der Klebstoff mittels Heizvorrichtung temperiert werden, wodurch ein besseres Fließverhalten und somit eine bessere Dosierbarkeit erreicht wird.

### Vorteile

Pneumatische Dosierventile ermöglichen die flexible Integration in Handarbeitsplätze und eine kostengünstige Gestaltung voll automatisierter Prozesse.
Manche Dosiersysteme können darüber hinaus weitere Prozesskomponenten wie Förderband oder Lampe ansteuern.

*Abdichten von elektrischen Anschlusspins im Jet-Modus*

### Grenzen

Es erfolgt keine Messung der Dosiermenge. Druck- oder temperaturbedingte Viskositätsschwankungen können über Heizvorrichtungen optimiert werden. Die Systeme sind nur für einkomponentige Klebstoffe geeignet. Pastöse Klebstoffe müssen evtl. temperiert werden.

### Kontaktlose Dosierung mit dem DELO-DOT Ventil

Speziell zur kontaktlosen Dosierung von strahlungshärtenden Klebstoffen wurde das DELO-DOT-Ventil entwickelt. Dabei handelt es sich um ein Dosierventil, das mit Drücken bis zu 50 bar betrieben werden kann und z. B. über eine Distanz von etwa 10 mm Klebstofftropfen mit einer Dosiermenge ab etwa 0,003 mg kontaktlos und präzise platziert. Die maximale Dosierfrequenz des Systems liegt bei 250 Hz. Das Ventil verfügt über ein integriertes Heizsystem, mit dem der Klebstoff bei Bedarf temperiert wird.

### 5.3 Manuelle Dosierung von 2-K-Klebstoffen

Zweikomponentige Produkte bestehen aus den Komponenten A und B, die für die manuelle Verarbeitung meist in Dosen ausgeliefert werden und erst nach sorgfältigem Homogenisieren, d. h. Mischen, den gebrauchsfertigen Klebstoff ergeben.
Die Komponenten werden z. B. mittels Spatel bzw. Spachtel aus den Gebinden entnommen und in einem zum Mischen geeigneten Gefäß

**DELO-DOT-Dosierbeispiele im Jet-Betrieb**

| DELO-Klebstoff | Viskosität [mPas] | Druck [bar] | Dosierzeit [ms] | Temperatur [°C] | Masse/Tropfen [mg] |
|---|---|---|---|---|---|
| KATIOBOND KB554 | 1.500 | 2 | 0,2 | 45 | 0,008 |
| KATIOBOND KB554 | 1.500 | 4 | 1 | 30 | 0,18 |
| KATIOBOND 45952 | 32.000 | 2 | 0,3 | 35 | 0,012 |
| KATIOBOND 45952 | 32.000 | 4 | 5 | 35 | 0,6 |
| PHOTOBOND PB437 | 8.000 | 1 | 0,2 | 35 | 0,007 |
| PHOTOBOND PB493 | 50.000 | 3 | 0,4 | 30 | 0,05 |

# Einführung in die Klebtechnik

im richtigen Verhältnis eingewogen. Dabei ist zu beachten, dass jeweils nach dem Einwiegen einer Komponente ein neuer Spatel oder das Reinigen des Spatels erforderlich ist, um das Mischungsverhältnis nicht undefiniert zu verändern. Das Gefäß sollte einen möglichst abgerundeten Übergang zwischen Boden und Wandung besitzen, damit beim Vermischen keine Einzelkomponente im Übergangsbereich verbleibt. Ferner sollten innen keine Ränder oder Absätze sein, um das Mischen und das spätere Entnehmen des Klebstoffs zu vereinfachen bzw. zu gewährleisten. Nach dem vollständigen Mischen der Komponenten empfiehlt sich unter Umständen das Umfüllen in ein weiteres Verarbeitungsgefäß, damit nur vollständig durchgemischter Klebstoff auf das Fügeteil aufgebracht wird. Aus dem selben Grund sollte auch der Spatel, der zum Mischen benutzt wurde, wieder gereinigt werden oder besser jeweils ein Einwegspatel benutzt werden. Bei Vergussanwendungen kann eine Spritze zum exakteren Dosieren hilfreich sein. Dabei ist im besonderen Maße die *Topfzeit* in Abhängigkeit der Ansatzgröße und der Umgebungstemperatur zu beachten ( S. 40).

### Einsatzbereich
Verarbeitung von Gießharzen, Epoxidharzklebstoffen oder Polyurethanklebstoffen in kleineren Mengen. Verarbeitung von Spachtelmassen im Reparaturbereich.

### Vorteile
Flexibel, keine Investition in Anlagen erforderlich

### Grenzen
Unwirtschaftlich bei der Verarbeitung von größeren Mengen

## 5.4 Manuelle Dosierung von 2-K-Klebstoffen mit dem DELO-AUTOMIX System

Eine Möglichkeit zur schnellen und sicheren Verarbeitung von zweikomponentigen Klebstoffen stellt das DELO-AUTOMIX-System dar, das für 50- und 200-ml-Kartuschen angeboten wird. Dabei werden die beiden Komponenten des Klebstoffs vom Hersteller in einer Doppelkammerkartusche im richtigen Mischungsverhältnis abgefüllt. Mit Hilfe von mechanischen oder pneumatischen Dosierpistolen wird der Klebstoff über ein aufgesetztes Mischrohr ( *Statisches Mischrohr*) gemischt und dosiert.

Beim ersten Gebrauch einer Kartusche empfiehlt es sich, einen Mischrohrinhalt in ein separates Gefäß zu dosieren, um eventuelle fertigungstechnisch bedingte Füllstandsunterschiede in den Kartuschenhälften auszugleichen und die optimale Klebstoffaushärtung sicherzustellen. Niedrigviskose Produkte sollten nur mit langem Mischrohr verarbeitet werden, um eine gute Durchmischung zu gewährleisten.

Sind die Auftragungspausen kürzer als die Topfzeit des verwendeten Klebstoffs und die Auftragsmenge groß genug, kann mit dem gleichen Misch-

*DELO-AUTOMIX AD895 kann z. B. mit der manuellen Dosierpistole DELO-XPRESS 902 und dem entsprechenden Mischrohr dosiert werden.*

# Einführung in die Klebtechnik

rohr weitergearbeitet werden.

Bei Arbeitsende oder bei längeren Pausen ist es ratsam, das Mischrohr nicht zu entfernen, da der Klebstoff im Mischrohr aushärtet und die teilentleerte Kartusche verschließt. Vor dem Anbringen eines neuen Mischrohrs auf eine teilentleerte Kartusche müssen die Austrittsöffnungen der Kartusche von eventuell ausgehärtetem Klebstoff befreit werden. Auch dann sollte wieder etwas Klebstoff verworfen werden, um sicherzugehen, dass eine homogene Mischung erzeugt wird.

**Einsatzbereich**
Schnelle manuelle Verarbeitung kleiner und mittlerer Mengen zweikomponentiger Klebstoffe

**Vorteile**
Flexibel, kein aufwändiges Anmischen des Klebstoffs erforderlich. Prozesssicher, da die beiden Komponenten immer im richtigen Mischungsverhältnis gemischt werden.

**Grenzen**
Unwirtschaftlich bei der Verarbeitung von großen Mengen

## 5.5 Durchfluss- oder volumengesteuerte Dosieranlagen für 1-K- und 2-K-Klebstoffe

Bei diesen Systemen handelt es sich um halb- oder vollautomatische Anlagen zum Mischen und Dosieren von Klebstoff für Anwendungen mit hohen Stückzahlen oder großen Klebstoffmengen. Sie bestehen aus einer Dosiereinheit, die bei 2-K-Anlagen Bestandteil des Mischkopfs ist, einer Fördereinheit und einer Steuereinheit.

Bei statischen Mischern werden die beiden Klebstoffkomponenten in das statische Mischrohr gedrückt, vermischt und auf das Bauteil appliziert.

Bei dynamischen Mischern werden die beiden Klebstoffkomponenten in eine Mischkammer dosiert und über ein Rührwerk vermischt, bevor der Klebstoff auf das Bauteil dosiert wird. Dynami-

*Statischer Mischkopf der Fa. Scheugenpflug mit zwei Kolbenpumpen und statischem Mischrohr*

**In der Dosiereinheit finden folgende Arten von Pumpen Verwendung:**

|  | Wirkprinzip | Einsatzhinweise |
|---|---|---|
| **Zahnradpumpen** | Verdrängung des Mediums zwischen den Zahnflanken | Geringer Arbeitsdruck, konstanter, kontinuierlicher Durchsatz, sehr geringe Pulsation |
| **Kolbenpumpen** | Verdrängung des Mediums durch Oszillation | Hoher Arbeitsdruck, diskontinuierliche Förderung, geringe Pulsation |
| **Membranpumpen** | Variable Ausführungen mit unterschiedlichen Antrieben – hydraulisch, pneumatisch oder elektrisch | Einsatz bis zu 700 bar Förderdruck möglich |
| **Exzenterschneckenpumpen** | Verdrängung des Mediums durch asymmetrische Rotation z. B. einer Schnecke im Stator | Für sehr hochviskose Medien, nahezu pulsationsfrei |

# Einführung in die Klebtechnik

sche Mischer werden vor allem dann eingesetzt, wenn pastöse Klebstoffe, die wegen ihrer hohen Viskosität nicht mehr durch ein statisches Mischrohr gepresst werden können, verwendet werden oder die Klebstoffkomponenten ein sehr unterschiedliches Mischungsverhältnis aufweisen.

Zur Fördereinheit gehören die Vorratsbehälter und ggf. Förderpumpen. Vorratsbehälter sind z.B. Produktgebinde wie Kartuschen, Dosen, Hobbocks oder Fässer, aus denen die Produkte mittels Förderpumpen wie z.B. Fassfolgeplattenpumpen zur Dosiereinheit gefördert werden. Fassfolgeplattenpumpen sind pneumatisch angetriebene Schälkolbenpumpen mit aufschraubbarer Folgeplatte und Niveaustandskontrolle. Mit diesen Pumpen wird der Klebstoff z.B. direkt aus 20 l-Hobbocks zur Auftragsstelle gefördert und dort über die Dosiereinheit weiterverarbeitet. Die Folgeplatte wirkt auch als Abstreifer, der das Gebinde sauber entleert. Voraussetzung hierfür sind zylindrische, relativ verformungsstabile Behälter ohne Bördelrand.

*Fassfolgeplattenpumpe der Fa. Scheugenpflug*

### Einsatzbereich
Dosierung von ein- oder zweikomponentigen Klebstoffen mit hohem Durchsatz und hohen Ansprüchen an die Prozesssicherheit.

### Vorteile
Hohe Dosiergenauigkeit, da die Fördermenge der verwendeten Pumpen nicht von der Viskosität des Klebstoffs abhängig ist.

### Grenzen
Hoher Investitionsaufwand

### Beispiel: Vollautomatische Verklebung von Bauteilen mit DELO-PUR 9694
Die Dosieranlage ist vollständig in die Fertigungslinie integriert. Die Bauteile werden über ein Bandsystem direkt in die Dosieranlage transportiert. Mittels Fassfolgeplattenpumpe gelangen beide Komponenten zu den Dosierpumpen auf dem Roboter. Eine spezielle Vorbehandlung aller Teile, die eventuell auch mit abrasivem Material in Kontakt kommen, ermöglicht eine hohe Haltbarkeit und Standfestigkeit der speziell entwickelten Pumpe. Die statische Mischeinrichtung am Roboterarm vermischt beide Komponenten, die im Volumenverhältnis 1:1 dosiert werden, direkt vor der Auftragung. Dieses Mischen „in letzter Sekunde" verhindert eine frühzeitige Reaktion des Materials, wodurch sich die Reinigungsintervalle entsprechend verlängern. Für die Reaktion der zwei Komponenten sind keine besonderen Vorkehrungen im Hinblick auf Temperatur oder Luftfeuchtigkeit erforderlich. Die Bauteile können direkt zur nächsten Station transportiert werden, an der sie weiter konfektioniert werden.

Eine enge Kooperation zwischen Klebstoffhersteller, Anlagenbauer und Anwender ist Grundvoraussetzung für den erfolgreichen Einsatz dieser Technologie. Gemeinsam wird ein geeigneter Klebstoff ausgewählt und getestet. Durch frühzeitige Partnerschaft während der Entwicklungsphase kann ein hohes Rationalisierungspotenzial des automatisierten Klebens ausgeschöpft werden.

# Einführung in die Klebtechnik

## 6. Eigenschaften ausgehärteter Klebstoffe

Da die Verarbeitungseigenschaften von Klebstoffen im unausgehärteten Zustand bereits unter Punkt 4 angesprochen wurden, können wir uns nun mit den Kernfragen beschäftigen, die sich ein Entwickler stellt, der sich bei seiner Konstruktion aus guten Gründen für das Fügeverfahren Kleben entschieden hat.

Die in der Tabelle aufgeführten Eigenschaften sind nur einige wesentliche Auswahlkriterien für die Auswahl von Klebstoffen, Gießharzen oder Dichtstoffen.

**Die Eigenschaften ausgehärteter Klebstoffe lassen sich in folgende Kategorien einteilen:**

| Verbundeigenschaften des verklebten Bauteils | Werkstoffeigenschaften des Bulkmaterials |
|---|---|
| Handfestigkeit | Farbe |
| Funktionsfestigkeit | Zugfestigkeit |
| Zugscherfestigkeit | E-Modul |
| Druckscherfestigkeit | Reißdehnung |
| Zugfestigkeit | Wasseraufnahme |
| Rollenschälwiderstand | Shore Härte A und D |
| Biegesteifigkeit | Ausdehnungskoeffizient |
| Torsionssteifigkeit | Schrumpf |
| Dauerfestigkeit | Durchschlagfestigkeit |
| (dynamisch) | Oberflächenwiderstand |
| Medienbeständigkeit | Durchgangswiderstand |
| Temperaturfestigkeit | Dielektrizitätskonstante |
|  | Kriechstromfestigkeit |
|  | Kontaktwiderstand |
|  | Medienbeständigkeit |
|  | Glasübergangstemperatur |
|  | Temperaturfestigkeit |
|  | Temperaturbeständigkeit |

> siehe auch ab...
> Seite 109 **Lexikon der Klebtechnik**

Im Folgenden wird auf ausgewählte Klebstoffeigenschaften und Verfahren zur Ermittlung der geeigneten Klebverbindung näher eingegangen.

## 6.1 Thermische Eigenschaften

**Glasübergangstemperatur**

Kristalline Materialien, wie z. B. Eis, ändern bei steigender Temperatur ihren Aggregatzustand. Bei Erreichen der Schmelztemperatur gehen sie aus dem kristallinen, d. h. festen Zustand in die flüssige Phase über. So schmilzt Eis zu Wasser.

Klebstoffe ändern ihre Eigenschaften – wie Kunststoffe im Allgemeinen – nicht schlagartig bei einer bestimmten Schmelztemperatur, sondern weisen einen Temperaturbereich auf, in dem sich die mechanischen Eigenschaften temperaturabhängig ändern.

Durch verschiedene Messverfahren kann für diesen Bereich eine charakteristische Temperatur bestimmt werden, die man als Glasübergangstemperatur $T_G$ bezeichnet.

Unterhalb der Glasübergangstemperatur befindet sich das Material übergangsweise im spröderen, härteren, mehr glasartigen, weniger flexiblen Zustand. Oberhalb der Glasübergangstemperatur gehen die Materialien in den gummiartigen, weicheren, flexibleren, viskoelastischen Zustand über. Man erklärt diese Veränderung durch stattfindende thermische Relaxationen; das heißt die Beweglichkeit der Makromoleküle oder ihrer Teilsegmente nimmt oberhalb der $T_G$ zu. Unterhalb der $T_G$ sind sie an ihrer Position „eingefroren".

Übliche Messverfahren zur Ermittlung der Glasübergangstemperatur sind:
- Mechanische Bestimmung mit Hilfe eines 📖 *Rheometers*
- Dynamisch-mechanische Bestimmung, z. B. mit der 📖 *Dynamisch-Mechanischen Thermoanalyse* (DMTA)
- Spezifische Wärmeumwandlung mittels Differential Scanning Calorimetrie (📖 *DSC*)

DELO bevorzugt bei der Bestimmung der $T_G$ das Rheometer, da dieses mechanische Verfahren am eindeutigsten die Glasübergänge der unterschied-

# Einführung in die Klebtechnik

lichen Produkte innerhalb der sehr breiten DELO-Produktpalette ermittelt.

**Temperaturfestigkeit, Temperaturbeständigkeit**
Diese Begriffe befassen sich damit, in welchem Temperaturbereich der Klebstoff welche Festigkeiten erzielt und bei welcher Temperatur er schließlich irreversibel geschädigt wird.

Folgende Testverfahren zählen zum Stand der Technik:
- Temperaturlagerung:
  Einlagerung der Klebverbindung bei einer bestimmten konstanten Temperatur über einen definierten Zeitraum (z.B. 1000 h bei +140 °C).
- *Klimawechseltest*:
  Temperaturzyklus (z.B. RT, −20 °C, +100 °C, RT; inkl. Schwitzwasser: +40 °C, 98 % relative Luftfeuchtigkeit) in einem bestimmten Zeitraum mehrmals wiederholt.
- Temperaturschocktest:
  Schneller Temperaturwechsel (z.B. −30 °C, +80 °C, Umlagerung der Bauteile innerhalb weniger Sekunden, mehrmals wiederholt).

Im Anschluss an die Temperaturbelastung erfolgt die Bestimmung der mechanischen Eigenschaften der Klebverbindung bzw. des Klebstoffs bei Raumtemperatur oder bei einer anderen vorgegebenen Temperatur, meist im Vergleich zu den Eigenschaften ungealterter Proben.

**Beispiel: Beständigkeit von Klebverbindungen mit DELO-DUOPOX AD895**

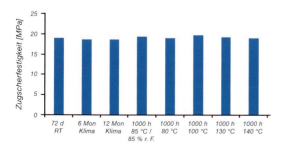

*Im dargestellten Beispiel zeigt sich der Klebstoff gegen die verschiedenen Medien und Belastungen sehr beständig: Die Zugscherfestigkeit bleibt fast unverändert hoch.*

## 6.2 Medienbeständigkeit

Zu den Beanspruchungen einer Klebverbindung durch Temperatur kommen in vielen Fällen auch Einwirkungen durch Medien. Dies können im einfachsten Fall Feuchtigkeit oder Wasser sein, wie es bei Bauteilen der Fall ist, die Freibewitterung ausgesetzt sind, es kann sich aber auch um Medien wie Öle handeln, die im Motorraum eines Fahrzeugs vorkommen. Höchste Ansprüche an die Medienbeständigkeit stellen Säuren und Laugen dar, die in chemischen Prozessen eingesetzt werden.

Auf Grund ihrer vielfältigen chemischen Zusammensetzung weisen unterschiedliche Klebstoffe auch unterschiedliche Beständigkeiten gegen Medien auf. Diese werden in der Dokumentation beschrieben, die der Klebstoffhersteller zur Verfügung stellt.

Für die Beurteilung der chemischen Beständigkeit ist der ausgehärtete Klebstoff und die mit dem Klebstoff erzielte Verbundfestigkeit unter Medieneinfluss zu betrachten. Die Verbundfestigkeit wird durch die Fügeteilwerkstoffe beeinflusst. Gute Adhäsion des Klebstoffs zum Fügeteilwerkstoff erschwert die *Unterwanderung* im Grenzschichtbereich. Einwirkungsdauer und -temperatur sind weitere Kriterien, die die Beständigkeit direkt beeinflussen.

Wesentlich für die Beurteilung, wie stark ein angreifendes Medium eine Klebverbindung beeinträchtigt, ist auch, welche Temperaturen vorliegen und wie groß die Angriffsfläche des Mediums auf den Klebstoff ist. Je höher die Temperatur und je größer die Angriffsfläche ist, desto intensiver ist die Einwirkung eines Mediums auf den Klebstoff und desto größer damit die mögliche Auswirkung auf die Langzeitbeständigkeit einer Klebverbindung.

**Optimierung in der Konstruktionsphase**
Bereits in der Konstruktionsphase eines Produkts kann die Auslegung der Klebverbindung optimiert werden. In Zusammenarbeit mit dem Klebstoffhersteller wird ein für die konkrete Medienbelas-

# Einführung in die Klebtechnik

tung geeigneter Klebstoff ausgewählt. Die Einwirkung der Medien auf den Klebstoff soll durch die konstruktive Gestaltung möglichst gering gehalten werden. So bietet z. B. eine Nut-Feder-Verbindung eine geringere Angriffsfläche für Medien als ein vergleichsweise großer Spalt einer flächigen Verklebung.

**Geeignete Tests zur Bestimmung der Langzeitbeständigkeit**

Die Beständigkeit einer z. B. auf zehn Jahre ausgelegten Klebverbindung kann in der Praxis nicht zehn Jahre geprüft werden, bevor sie zum Einsatz kommt.

Deshalb sind von Klebstoffherstellern und Anwendern Standardtests entwickelt worden, um eine Langzeitbelastung zu simulieren. Einige wenige, ausgewählte Beispiele dafür sind:

- Klimawechseltest nach DELO Norm 6 mit folgendem Temperaturzyklus (z. B. 2, 4 bzw. 12 Wochen oder 6 bzw. 12 Monate):
  4 h Kondenswasser-Prüfklima nach DIN 50017-KK (Es handelt sich um ein Kondenswasser-Konstantklima bei einer Temperatur von +40 °C, ± 3 °C. Kondenswasser-Prüfklimate ermöglichen das Kondensieren der Luftfeuchte auf Probenoberflächen, deren Temperaturen durch Abstrahlung auf die Kammerwände oder durch Probenkühlung kleiner als die der gesättigten Prüfraumluft sind. Dabei beträgt die relative Luftfeuchtigkeit annähernd 100 %.)
  4 h Lagerung bei Normalklima DIN 50014-23/50-2 (Die Temperatur beträgt +23 °C, ± 2 °C, bei einer relativen Luftfeuchtigkeit von 50 %, ± 5 %. Es herrscht ein Luftdruck von 0,86 bis 1,06 bar.)
  3 h Aufheizzeit von Normalklima auf +100 °C
  4 h Haltezeit bei +100 °C
  3 h Abkühlzeit von +100 °C auf –20 °C
  4 h Haltezeit bei –20 °C
  2 h Aufheizzeit von –20 °C auf Normalklima
- Konstantklimatest z. B. bei +85 °C und 85 % relative Luftfeuchtigkeit mit unterschiedlicher Dauer von beispielsweise 168, 500 oder 1000 h
- Temperaturlagerung z. B. 1000, 3000 oder 10000 h bei der jeweils geforderten Dauer- oder Kurzzeiteinsatztemperatur
- *Pressure Cooker Test*, z. B. 16 h bei +100 °C, 1100 HPa und 100 % relativer Luftfeuchtigkeit
- Wasserlagerung z. B. bei +40 °C in tensidhaltigem Wasser

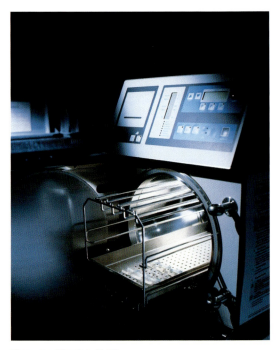

**Pressure Cooker Test**

siehe auch …

Seite 170 **Prüfverfahren und Normen**

# Einführung in die Klebtechnik

## 7. Leitfaden zum fachgerechten Kleben

Im Folgenden sind praktische Hinweise für Klebstoffanwender in strukturierter Form aufgeführt. Diese Einsatzempfehlungen können alle Bereiche unterstützen, die klebtechnische Prozesse entwickeln, planen, ausführen und kontrollieren.

### Qualitätseinflussfaktoren

Der Überblick über alle Kriterien, die die Qualität einer geklebten Verbindung beeinflussen, ermöglicht, bereits in einer frühen Projektphase die erforderlichen Maßnahmen festzulegen und rationell umzusetzen.

Die Anwendung und Integration der Klebtechnik in den Produktionsprozess erfordert umfassende Kenntnisse aus verschiedenen Ingenieurwissenschaften. Daher müssen für einen erfolgreichen Klebstoffeinsatz alle aufgeführten Faktoren analysiert werden – dies jeweils unter den spezifischen betrieblichen Bedingungen.

Die einzelnen Faktoren beeinflussen sich in vielfältiger Weise auch wechselseitig, so dass sich die Lösung klebtechnischer Aufgabenstellungen sehr komplex gestalten kann.

Zur systematischen Herangehensweise bei der Auswahl eines optimal geeigneten Klebstoffs hat sich der DELO-Anwendungsfragebogen bewährt. Er ermöglicht eine kompetente Unterstützung des Anwenders durch den Klebstoffspezialisten bis hin zur Integration in den Fertigungsprozess.

### Verfahrensvoraussetzungen

Während der unterschiedlichen Arbeitsschritte im Klebprozess sollte durch geeignete Maßnahmen eine erfolgreiche Verklebung sicher gestellt werden.

Als Beispiele gelten in diesem Zusammenhang drei wesentliche Qualitätsbereiche:
- Optimale Fügeteilbenetzung ( *Benetzung*)
- Optimale *Verbundfestigkeit*
- Optimale *Kohäsion*sfestigkeit

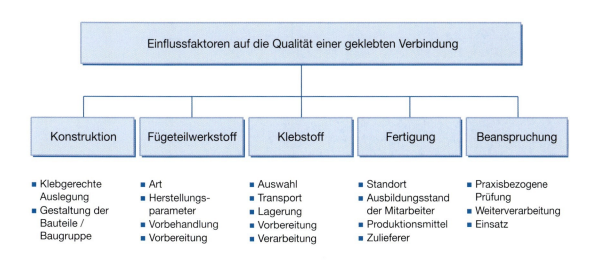

# Einführung in die Klebtechnik

**Qualitativ hochwertige Verbindungen werden durch die aufgeführten Arbeitsschritte erreicht:**

| | Maßnahmen |
|---|---|
| **Eingangskontrolle** | ■ Im Wareneingang erfolgt die Kontrolle der wesentlichen Eigenschaften des Klebstoffs, jedoch mindestens die Prüfung der Identität und Haltbarkeit des Produkts. |
| | ■ Geometrie, Maßtoleranzen, Form- und Lageabweichungen der Bauteile sowie Qualität der Fügeteilwerkstoffe und deren wesentlichen Herstellungsparametern werden eingehalten. |
| **Vorbereitung** | ■ Fette, Öle, Gleitmittel, feste, anhaftende Stoffe, Spritzhäute, Korrosionsschichten, Grate, Lötstopplacke, Rückstände von Schutzpapieren, -folien oder anderen Hilfsmitteln sind vollständig entfernt. |
| | ■ Die Oberflächenspannung des Klebstoffs ist niedriger als die Oberflächenenergie der Fügeteile. |
| **Temperierung bzw. Klimatisierung der Bauteile und des Klebstoffs** | ■ Feuchtigkeitsniederschläge, die z. B. durch Temperaturunterschiede auf den Bauteilen kondensieren bzw. auf dem Klebstoff entstehen, werden entfernt bzw. dunsten ab. |
| **Reinigung** | ■ Die Reinigungs- bzw. Vorbehandlungsbäder sind sauber und werden regelmäßig gewechselt. |
| | ■ Die eingesetzten Reinigungsmittel enthalten keine rückfettenden Korrosionsschutzmittel und lüften rückstandsfrei ab. |
| | ■ Die Reinigungs- bzw. Vorbehandlungsmittel sind vollständig von den Fügeteilen abgelüftet. |
| **Vorbehandlung** | ■ Die Vorbehandlungsart und -parameter werden in Vorversuchen auf das Substrat und die Werkstoffart bzw. den Verunreinigungsgrad abgestimmt. |
| **Überprüfung der Klebstoffauswahl** | ■ Die Klebstoffkennwerte werden reproduzierbar ermittelt. Klebstoffe, deren Kennwerte den Anforderungen nahe kommen, werden in Auswahltests einbezogen. Die Klebstoffeignung wird für die Anwendung an Originalbauteilen praxisgerecht und einsatzspezifisch nachgewiesen. |
| **Überprüfung der Applikationstechnik** | ■ Applikationstechnik, -gerät und -parameter sind auf das Fließverhalten, das erforderliche Mischungsverhältnis des Klebstoffs und auf die zu benetzende Oberfläche abgestimmt und werden ständig überwacht. Die Geräte funktionieren störungsfrei. |
| **Klebstoffverarbeitung** | ■ Die Gebrauchsanweisung und das Technische Datenblatt sowie das Sicherheitsdatenblatt des einzusetzenden Produkts liegen vor. |
| | ■ Die Verarbeitung des Klebstoffs erfolgt entsprechend der Gebrauchsanweisung, der Verarbeitungsvorschrift des Herstellers sowie der R- und S-Sätze im Sicherheitsdatenblatt. |
| | ■ Die vom Hersteller vorgegebenen Verarbeitungshinweise und -parameter werden eingehalten, wie z. B. richtiges Mischungsverhältnis sowie eine homogene und blasenfreie Mischqualität. |
| | ■ Die Klebstoffe, insbesondere Chipvergussmassen, werden rolliert bzw. gefüllte Produkte aufgerührt, 2-K-Produkte werden homogenisiert. Die Mischqualität ist absolut schlieren- und blasenfrei, Füllstoffe und andere feste Rezepturbestandteile liegen im verarbeitungsfertigen Ansatz homogen verteilt vor. |
| | ■ Die Verarbeitung von Klebstoffen erfolgt innerhalb der angegebenen Verarbeitungszeit. |
| | ■ Die Ansatzmenge ist dem exothermen Verlauf der Reaktion angepasst. Lokale Überhitzungen, z. B. verursacht durch zu hohe Klebschichtdicken und Temperaturstau in der Klebschicht, werden durch bessere Wärmeableitung, gezielte Temperaturführung während der Aushärtung und optimale Klebschichtdicke optimiert. |
| | ■ Die Fertigungsräume sind für die Ausführung von Klebarbeiten geeignet; Temperatur und Luftfeuchtigkeit sind darauf abgestimmt. Es werden keine Arbeiten im Umfeld ausgeführt, die Absonderungen oder Niederschläge auf den Bauteilen verursachen bzw. mit dem Klebstoff in Wechselwirkung treten. |

# Einführung in die Klebtechnik

| | Maßnahmen |
|---|---|
| Klebstoffverarbeitung | ■ Die Dauer und Art der Fixierung der Fügeteile werden dem Aushärtungsverlauf des Klebstoffs und der Belastung während des Aushärtens angepasst.<br>■ Die Taktzeit bzw. die Zeit für die Mischung und Applikation des Klebstoffs sowie die Fügezeit sind insbesondere bei schnell aushärtenden Klebstoffen und großen Fügeflächen oder Bauteilen auf das Einsetzen der Aushärtung abgestimmt. |
| Klebstoffauftrag, ggf. Inprozess-Kontrolle | ■ Die Klebfläche ist entsprechend der auftretenden Belastungen richtig dimensioniert.<br>■ Die Klebschichtdicke ist auf die Belastung der Bauteile im Einsatz hinsichtlich ertragbarer Dehnungen abgestimmt. Faustformel: Die maximale Verschiebung der Substrate gegeneinander dividiert durch die Klebschichtdicke sollte nicht mehr als ein Zehntel der Bruchdehnung betragen.<br>■ Eine optimale Benetzung und vollflächige Klebstoffauftragung auf die Fügeteile sind erfolgt.<br>■ Die Einhaltung der Verfahrensschritte und ordnungsgemäße Ausführung wird überwacht und anhand von entnommenen Proben (z. B. Festigkeitsermittlung an verklebten ausgehärteten Bauteilen) überprüft. |

## Optimierungshinweise

Sind Abweichungen vom Optimum erkennbar, bestehen folgende Verbesserungspotenziale:
- Oberflächenbehandlung wiederholen
- Oberflächenbehandlungsparameter optimieren
- Druckluft zum 📖 *Strahlen* bzw. Abblasen auf Öl- und Feuchtigkeitsfreiheit überprüfen, Bauteil ggf. danach nochmals mit Lösungsmittel reinigen
- Oberfläche nicht mit bloßen Händen berühren, Schutzhandschuhe tragen
- Keine silikonhaltigen Hautschutzcremes verwenden und sonstige Kontaminationen mit Silikonen strikt vermeiden
- Lösungsmittel auf Rückstandsfreiheit und Fügeteileignung prüfen, ggf. Lösungsmittelaustausch
- 📖 *Topfzeit* und Verarbeitungstemperatur beachten und einhalten, ggf. Prozesszeit verkürzen
- Ggf. Fügeteile vorwärmen; dabei Wärmebeständigkeit der Kunststoffe und Aushärtungstemperatur berücksichtigen
- Vorbehandlung überprüfen
- Vorbehandlungsbäder häufig erneuern
- Fügeteile und Klebstoff konditionieren / vorwärmen (Kondensniederschläge vermeiden). Dabei sind die Temperaturbeständigkeit der Kunststoffe und die Aushärtungstemperatur der Klebstoffe bzw. die Eigenschaftsänderungen zu beachten, die durch die Aushärtung unter der konkreten Temperatur eintreten können
- Klebstoff ggf. auf beide Fügeteile auftragen
- Füll- bzw. feststoffhaltige Klebstoffe erneut aufrühren oder aus Vorratsbehältern verarbeiten, die mit einem Rührwerk ausgestattet sind
- 📖 *Primer* bzw. Haftvermittler entsprechend den Vorversuchen einsetzen, dünn auftragen und 📖 *Ablüftungszeit* einhalten
- Arbeitsplätze hinsichtlich der Sauberkeit und Abschirmung gegenüber Fremdmedien optimieren
- Eingesetzte Komponenten überprüfen
- Aushärtungstemperatur durch direktes Messen in der Klebfuge ermitteln und durch gezielte Temperaturführung sicherstellen
- Unterschiede zwischen Gewichts- und Volumendosierung beachten und einhalten
- Misch- und Dosieranlage überprüfen und ggf. reinigen
- Lufteinschlüsse durch Anpassung der Rührgeschwindigkeit, ggf. Druckerhöhung, sorgfältige Entlüftung beim Behältniswechsel, 📖 *Ausgasungen* durch Wechselwirkung mit den Fügeteilen oder anderen Produkten vermeiden

# Einführung in die Klebtechnik

- Planheit und zentrische Passung der Fügeteile sicher stellen
- Fügespalt vollständig durch optimierte Klebstoffmenge füllen, ggf. den Fügedruck auf die Klebstoffviskosität zur vollständigen Spaltfüllung anpassen und auf mögliche Viskositätsverringerung bzw. 📖 *Kapillar*effekte während der Aushärtung achten

## Arbeits- und Gesundheitsschutz

DELO-Sicherheitsdatenblätter ermöglichen dem Anwender, die erforderlichen Maßnahmen für den Arbeits- und Gesundheitsschutz und die Sicherheit am Arbeitsplatz sowie für den Umweltschutz zu ergreifen. Diese Angaben erfüllen die Richtlinien des Rats zum Schutz von Gesundheit und Sicherheit. Der Arbeitgeber kann damit Risiken feststellen, die sich für den Arbeitnehmer ergeben könnten, und eine Bewertung vornehmen.

## Gebrauchsanweisung

Von allen Klebstoffen liegen ausführliche Gebrauchsanweisungen vor, die einzuhalten sind. Es empfiehlt sich, an geeigneten Schulungen teilzunehmen, die helfen, eine fachgerechte Klebstoffverarbeitung umzusetzen.

## Betriebsanweisung

Der Gesetzgeber schreibt vor, dass dem verarbeitenden Unternehmen Betriebsanweisungen vorliegen müssen, so dass jeder Arbeitnehmer die Möglichkeit hat, sich über Gefahren, die von Maschinen, Geräten oder Produkten ausgehen können, zu informieren. Damit kann aktiv die Unfallwahrscheinlichkeit in den Betrieben durch jeden Einzelnen reduziert werden.

## 7.1 Hinweise zur Verarbeitung von photoinitiiert härtenden Klebstoffen

Photoinitiiert härtende Klebstoffe sind aus vielen High-Tech-Anwendungen, insbesondere in der Elektronik- und Mikroelektronik, nicht mehr wegzudenken. Um optimale Ergebnisse bei der Verklebung zu erzielen, hilft die Beachtung einiger Grundregeln:

### Auswahl des für die Anwendung geeigneten Klebstoffs

Die Beantwortung folgender Fragen hilft bei der Auswahl:
- Welche Werkstoffe werden verklebt? Ist Vorbehandlung notwendig?
- Welche fertigungstechnischen Parameter müssen berücksichtigt werden? Wie wird dosiert? Welche Taktzeiten sind zu erreichen?
- Welchen Beanspruchungen müssen die verklebten Bauteile standhalten?

### Undurchstrahlbare Fügeteile bzw. Schattenzonen am Bauteil

Bei undurchstrahlbaren Fügeteilen bzw. Schattenzonen am Bauteil werden lichtaktivierbare Klebstoffe, DELO-KATIOBOND (❖ S. 64), bzw. Klebstoffe mit kombinierter Licht- und Warmhärtung, DELO-DUALBOND (❖ S. 66), eingesetzt. Bei der Voraktivierung wird die gesamte Klebstoffmenge nach dem Klebstoffauftrag auf dem Bauteil mit sichtbarem Licht bestrahlt und anschließend innerhalb der 📖 *Offenzeit* gefügt.

### Ausreichend Strahlung an der Klebstelle

Die Klebstelle muss genügend Strahlung erreichen. Manche Werkstoffe, v. a. Kunststoffe wie PC oder PMMA, absorbieren UV-Licht. In diesem Fall eignen sich DELO-PHOTOBOND- (❖ S. 62) oder DELO-KATIOBOND-Produkte, die im Bereich des sichtbaren Lichts (> 380 nm) aushärten.

# Einführung in die Klebtechnik

### Vermeiden ungewollter Klebstoffaushärtung
Bei der Verarbeitung kann ungewollte Klebstoffaushärtung vermieden werden, indem die Materialien aller klebstoffführenden Teile, wie z.B. Schläuche von Dosieranlagen, auf UV- bzw. Lichtdichtheit für den Aushärtungsbereich des gewählten Klebstoffs überprüft werden. Umfüllen oder andere Vorgänge, die den Klebstoff mit Licht in Kontakt bringen, müssen unter Dunkelkammerbedingungen erfolgen, bei der die Wellenlänge des verwendeten Lichts z.B. > 680 nm ist.

### Fließverhalten des Klebstoffs
Gleich bleibendes, definiertes Fließverhalten des Klebstoffs wird erreicht, indem während der Auftragung wechselnde Temperaturen vermieden werden. Bei zu hoher Verarbeitungstemperatur wird der Klebstoff dünnflüssiger und fließt u. U. aus der Klebfuge. Eine kostengünstige Möglichkeit für ein gleich bleibendes Fließverhalten ist, die Dosierventile auf eine definierte Temperatur von z.B. +30 °C zu erwärmen.

### Aushärtungslampen
Für die Klebstoffaushärtung werden Lampen (S. 80) verwendet, deren *Emissionsspektrum* auf den jeweiligen Klebstoff abgestimmt ist. Je nach Anwendung werden Flächen- oder Punktstrahler bzw. *LED*-Lampen eingesetzt.

### Einrichten der Aushärtungslampen
Der Abstand von Lampe zu Verklebung sollte so groß wie nötig und so klein wie möglich sein. Die gesamte Klebfläche, d. h. der gesamte Klebstoff, muss bestrahlt werden. Je geringer der Abstand, desto schneller die Aushärtung.

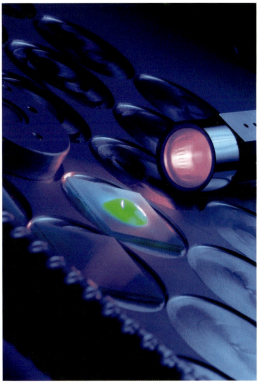

*LED-Lampenkopf*

### Strahlungsintensität
Aushärtungslampen sollten regelmäßig gewartet und überprüft werden. Schwankende oder abnehmende Intensität der Lampe beeinflusst den Aushärtungsprozess und kann sich negativ auf die Qualität der Verklebung auswirken. Deshalb sollte die Intensität regelmäßig, z.B. mit dem Messgerät DELOLUXcontrol (S. 81), überprüft werden.

### Belichtungszeit
Die Aushärtungs- bzw. Belichtungszeit ist abhängig vom Klebstoff, den Fügeteilwerkstoffen, den Parametern der Lampe und den Vorgaben im Produktionsprozess. Bei einer optimalen Abstimmung können Aushärtungszeiten im Sekundenbereich erzielt werden.

# Einführung in die Klebtechnik

## 8. Konstruktive Gestaltung von Klebverbindungen

Bei der Auswahl des geeigneten Klebstoffs für eine gegebene Materialpaarung in einer festgelegten Fugengeometrie ergeben sich mitunter Schwierigkeiten, die sich durch eine frühzeitige klebstoffgerechte Gestaltung vermeiden lassen. Um die Vorteile der Klebverbindung (s. S. 12, "Welche Möglichkeiten bietet die Klebtechnik") voll ausspielen zu können, muss die Formgebung an die Verbindungstechnik Kleben angepasst sein.

Ziel einer optimalen Klebfugengestaltung ist, eine gleichförmige Spannungsverteilung zu erzielen. Die Schichtdicke des Klebstoffs trägt entscheidend zur Spannungsverteilung im Klebspalt bei.

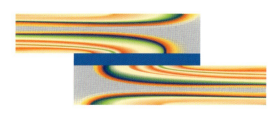

*Bei flexiblen, spannungsausgleichenden Klebstoffen kann eine richtig dimensionierte Schichtdicke des Klebstoffs die eingeleitete Spannung über die gesamte Verbindungsfläche gleichmäßig verteilen.*

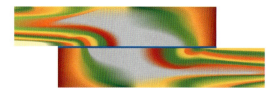

*Harte, hochfeste Klebstoffe sind weniger spannungsausgleichend, so dass an den Überlappungsenden Spannungsspitzen entstehen. Die Abbildung zeigt, dass in der Mitte der Klebfläche vom Klebstoff keine Spannungen mehr übertragen werden können. Es ist daher nicht sinnvoll, die Überlappungslänge zu vergrößern, da die Festigkeit sich damit nicht weiter steigern lässt.*

Klebgerechte Konstruktion heißt:
- Ausreichend große Klebflächen vorsehen
- Gleichmäßige Spannungsverteilung
- Möglichst nur Druck-, Zug- und Scherbeanspruchung
- Schäl- und Biegebeanspruchung vermeiden
- Vermeidung exzentrischer Krafteinleitung
- Vermeidung plastischer Fügeteilverformung

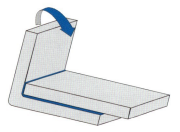

*Anzustreben:*
*Über die Formgebung wird die Schälbeanspruchung verringert*

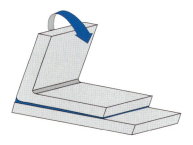

*Zu vermeiden:*
*Ungünstige Schälbeanspruchung, Spannungskonzentration an Außenfuge*

Geklebte Verbindungen können eine Eigenschaft haben, die von Entwicklern sehr geschätzt wird: sie können dicht sein. Gerade bei Konstruktionen, die später nicht mehr getrennt werden müssen, bietet es sich an, diese dicht zu kleben.

Vorteile von Dichtklebungen
- Wegfall mechanischer Verbindungselemente
- Einsparung des Dichtelements und somit Wegfall eines Prozessschritts
- Bessere Platzausnutzung für integrierte Komponenten
- Kompaktere und leichtere Bauweise des Bauteils

# Einführung in die Klebtechnik

**Dichtkleben:**
*Definierte Auflagefläche (kein Klebstoffaustritt), große Klebfläche, Zug-/Scherbelastung*

Eine definierte Auflagefläche stellt eine konstante Klebstoffschichtdicke sicher und vermeidet somit Spannungskonzentrationen an dünnen Schichten oder Undichtigkeiten.

Eine weitere Möglichkeit für eine einfache Spalteinstellung ist die Beimischung von Abstandshaltern (*Spacer*) in den Klebstoff. Die Schichtdicke des Klebstoffs sollte so dimensioniert sein, dass die Flexibilität des Klebstoffs optimal ausgenutzt wird.

Wird eine bestehende Fügeverbindung, z.B. eine Schweißverbindung, ersetzt, dabei aber die Geometrie nicht angepasst, kann es zu Schwierigkeiten bei der Dosierung, dem Fügen und der Festigkeit der Verbindung kommen.

**Beispiel: Nachträgliches Abdichten und Verkleben einer Nut-Feder-Verbindung**

Fügt man die beiden Teile nach Variante 1, verdrängt die eingeschlossene Luft den Klebstoff unkontrolliert beim Entweichen. Der Klebstoff wird zudem durch den Fügeprozess abgeschert.

Eine gesicherte Klebverbindung kann in dieser Form nicht gewährleistet werden.

Variante 2 vermindert die Gefahr des Abscherens, das Auspressen der eingeschlossenen Luft wird aber weiterhin zu Fehlstellen in der Verklebung führen. Für eine sichere Benetzung beider Fügepartner muss eine sehr genaue Passung der Teile zueinander und eine exakte Dosierung des Klebstoffs sichergestellt sein. Die Viskosität des Klebstoffs muss in engen Grenzen gehalten werden, um ein Ablaufen zu verhindern, gleichzeitig jedoch ein Anfließen zu ermöglichen. Dies verteuert den Fügeprozess und kann dennoch keine sichere Fügequalität herstellen.

Variante 3 hingegen, die in Zusammenarbeit des Kunden mit DELO entstand, stellt eine gelungene konstruktive Veränderung der Bauteilgeometrie dar. Statt Luft wird der Klebstoff in einen definierten Klebspalt verdrängt. Die Dosierung ist wesentlich vereinfacht und ein nur kleiner Absatz stellt über eine Passung die Positionierung sicher.

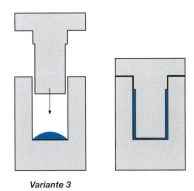

*Variante 3*

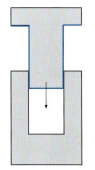
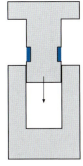

*Variante 1*      *Variante 2*

Das gezeigte Beispiel verdeutlicht, dass eine frühzeitige konstruktive Auslegung der Fügeteile auf das Verfahren Klebtechnik
- Kosten vermeiden kann,
- Produktionsprozesse beschleunigt und
- die Klebstoffauswahl wesentlich erweitert.

Bond it 55

# Einführung in die Klebtechnik

Gegenüberstellung von ungünstiger bzw. klebgerechter Gestaltung von Konstruktionen

| Ungünstige Gestaltung von Konstruktionen | Klebgerechte Gestaltung von Konstruktionen |
|---|---|

# Einführung in die Klebtechnik

| Ungünstige Gestaltung von Konstruktionen | Klebgerechte Gestaltung von Konstruktionen |
|---|---|

# Teil II
## Produktgruppen

1. Photoinitiiert härtende Acrylate — 62
2. Photoinitiiert härtende Epoxidharze — 64
3. Dualhärtende Klebstoffe — 66
4. Einkomponentige Epoxidharzklebstoffe — 67
5. Zweikomponentige Epoxidharzklebstoffe — 70
6. Anaerob härtende Methacrylate — 72
7. Cyanacrylate — 74
8. Silikone — 76
9. Polyurethane — 78
10. Dosiersysteme — 79
11. Lichtsysteme — 80

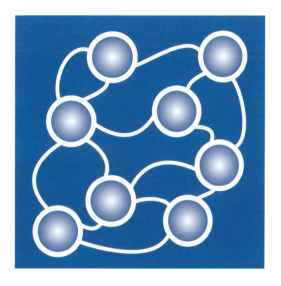

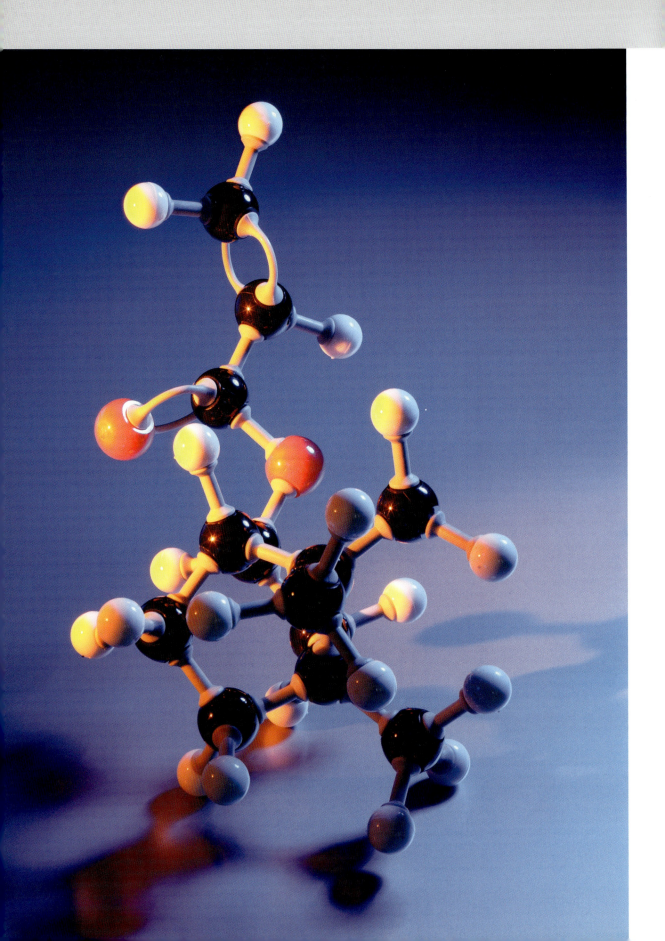

# Produktgruppen

## Intelligente Klebstoffe für wachsende Anforderungen

Die Trends in der Industrie sind eindeutig: Immer kleiner, immer schneller, immer wirtschaftlicher und dabei höchste Anforderungen an die Qualität. Die Klebtechnik wird hier als modernes Fügeverfahren immer wichtiger, da sie Entwickler, Designer und Konstrukteure bei der Umsetzung höchster Innovationspotentiale unterstützt. Moderne Hochleistungsklebstoffe zeichnen sich dadurch aus, dass sie die technologischen Entwicklungsschritte nicht nur mitgehen, sondern idealerweise mitgestalten oder überhaupt ermöglichen.

Durch die rasante Entwicklung im Bereich der Werkstoffe, insbesondere im Kunststoffsektor, steigt die Vielfalt der zu fügenden Substrate immer weiter an. Auch durch die Forcierung der Hybridbauweisen wachsen die Anforderungen an die Fügetechniken. So lassen sich viele Verbindungen nicht mehr oder nur sehr aufwändig durch Schweißverfahren realisieren. Hier gewinnt die Klebtechnik immer mehr an Bedeutung.

DELO nutzt seine mehr als 45-jährige Erfahrung, Kreativität und Innovationskraft für die Entwicklung und Produktion neuer wegweisender Hightech-Klebstoffe und engagiert sich erfolgreich bei der Lösung ständig wachsender Anforderungen auf verschiedenen nationalen und internationalen Märkten. Zu den Schwerpunkten zählen beispielsweise die Chipkarten-Branche, die Consumer- und Kommunikationselektronik und der Automotive-Bereich. Durch enge Kooperationen zwischen dem Klebstoff-Hersteller und führenden Unternehmen in dem jeweiligen Marktsegment wird der technologische Fortschritt vorangetrieben.

Das DELO-Produktspektrum umfasst eine umfangreiche Palette an Spezialklebstoffen, die in unterschiedlichsten Industriebereichen – von der Mikroelektronik bis zum Glasdesign – im Einsatz sind. Des Weiteren bietet DELO als Systemlieferant eine Reihe von Dosiergeräten zur Klebstoffverarbeitung, sowie Lampensysteme zur Aushärtung von photoinitiiert härtenden Klebstoffen an.

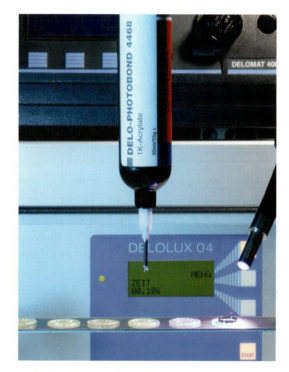

*DELO - Partner für Systemlösungen:*
*Neben Klebstoffen bietet DELO auch Dosier- und Lichtsysteme und ermöglicht dem Anwender damit einen sicheren Produktionsprozess.*

# Produktgruppen

## 1. Photoinitiiert härtende Acrylate

Photoinitiiert härtende Acrylate sind einkomponentige, bei Raumtemperatur härtende Reaktionsharze, deren radikalische Polymerisation durch UV- oder sichtbares Licht erfolgt.

**DELO-PHOTOBOND**
Die lichthärtenden Acrylate werden für Verklebungen eingesetzt, bei denen mindestens ein Fügeteil aus einem durchstrahlbaren Werkstoff besteht. DELO-PHOTOBOND zeichnet sich durch eine abgestufte Elastifizierung von hart bis spannungsausgleichend aus und ermöglicht eine dauerhafte Verklebung bei unterschiedlichsten Anforderungen.

**Produkteigenschaften**
- Sekundenschnelle Aushärtung für kurze Taktzeiten in der Fertigung
- Verbindung unterschiedlicher Werkstoffe wie Glas, Keramik, Metalle, Kunststoffe und Holz
- Geeignet für optisch anspruchsvolle Verklebungen
- Hohe Ionenreinheit
- Weiter Elastizitätsbereich

**Einsatzbereiche**
- Kommunikationselektronik
- Consumerelektronik
- Glas- und Kunststoffindustrie
- Medizintechnik

**Anwendungsbeispiele**
- Spulendraht- und Bauteilfixierung (S. 97)
- Lautsprecherverklebung (S. 94)
- Gehäuseverklebung an Mobiltelefonen (S. 94)
- Glasmöbel- und Vitrinenbau
- Verklebung von Scharnieren an Duschkabinen (S. 84)
- Folienverklebungen

*Strukturelle Glas-Metall-Verklebung*
*Um Bohrungen im Glas oder unschöne Klemmvorrichtungen zu vermeiden, werden bei neuen Generationen von Design-Duschkabinen die Türscharniere auf das Glas geklebt.*

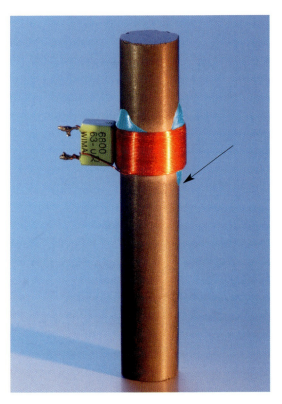

*Fixieren einer Spule auf einem Ferritkern (Klebstoff zur Verdeutlichung im Bild blau eingefärbt).*
*Die kurze Aushärtezeit des DELO-PHOTOBOND Klebstoffs ist ideal für Serienanwendungen.*

# Produktgruppen

## Case Study
## Herstellung von Handy-Kleinstlautsprechern mit DELO-PHOTOBOND

Material der Fügeteile: Kupfer belackt, Polycarbonat (PC), Polyamid (PA), Metall

Anforderungen an den Klebstoff:
- Einfache Dosierbarkeit
- Schnelle Aushärtung mit Fixierzeiten ≤ 1,5 s
- Hohe Flexibilität und 📖 *Schlagfestigkeit*

Vorteile:
- Kostengünstige, vollautomatische Fertigung mit kürzesten Taktzeiten
- Hohe Qualität der Lautsprecher durch optimale akustische Eigenschaften
- Hoher Grad an Miniaturisierung möglich

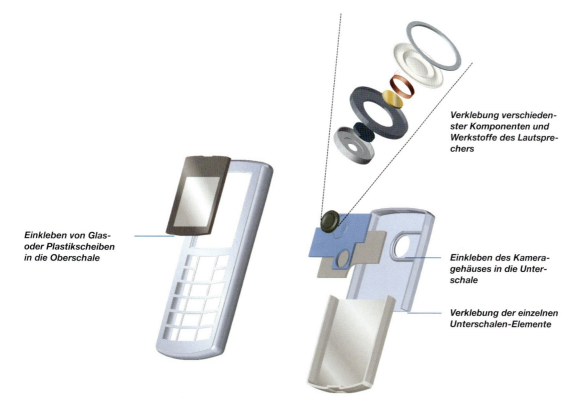

*Einkleben von Glas- oder Plastikscheiben in die Oberschale*

*Verklebung verschiedenster Komponenten und Werkstoffe des Lautsprechers*

*Einkleben des Kameragehäuses in die Unterschale*

*Verklebung der einzelnen Unterschalen-Elemente*

Bei Handys werden verschiedenste Einzelkomponenten sekundenschnell mit den photoinitiiert härtenden Acrylaten DELO-PHOTOBOND verklebt.

| siehe auch… |
|---|
| Seite 34  **Verarbeitung von Klebstoffen** |

Bond it    63

# Produktgruppen

## 2. Photoinitiiert härtende Epoxidharze

Diese Produkte sind einkomponentige, bei Raumtemperatur härtende Reaktionsklebstoffe auf Basis von Epoxidharzen, deren kationische Polymerisation durch UV- oder sichtbares Licht aktiviert wird.

### DELO-KATIOBOND

Eine herausragende Eigenschaft ist die Voraktivierbarkeit – ein von DELO patentiertes Verfahren – mit der auch nicht durchstrahlbare Bauteile schnell und sicher mit Hilfe der Lichthärtung verklebt werden können. Zum Tragen kommt hier eine deutliche Trennung zwischen der Aktivierung des *Photoinitiators* und dem Beginn der Vernetzung. Die Erhöhung der Temperatur während oder nach der Belichtung beschleunigt die Aushärtung.

### Produkteigenschaften
- Sekundenschnelle Aktivierung für kurze Taktzeiten in der Fertigung
- Für lichtundurchlässige Materialien geeignet
- Beeinflussbare Verarbeitungszeit durch Voraktivierung
- Oberflächentrocken
- Sehr geringer Ionengehalt
- Großer Temperatureinsatzbereich; kurzzeitig bis +180 °C

### Einsatzbereiche
- Elektrotechnik
- Automobilzulieferindustrie
- *Smart Card*

### Anwendungsbeispiele
- Chipverguss
- *Underfiller*
- Leiterplattenbeschichtung
- Kleben von Leiterplatten in Gehäuse (S. 92)
- Relais- und Schalterabdichtung (S. 99)

> siehe auch ...
> Seite 34  **Verarbeitung von Klebstoffen**

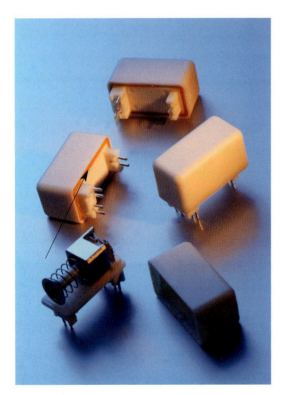

*Zuverlässige Gehäusedichtung bei Airbag-Sensoren. DELO-KATIOBOND ermöglicht einen einfachen, kostengünstigen Prozess durch kurze Taktzeiten.*

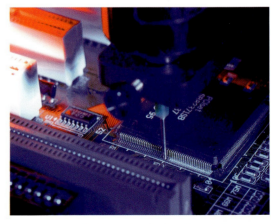

*Sicherung von Lötkontakten bei elektronischen Bauteilen.*

# Produktgruppen

## Case Study
### Die Innovation für Prozessorchips: Dam&Fill-Klebstoffe DELO-KATIOBOND

Bei der Produktion von Speicherchips mit Größen von 1 bis 4 mm² wird die Vergussmasse zum Schutz des Chips hauptsächlich als 📖 *Glob-Top* aufgebracht. Die ständig wachsenden Anforderungen an die Funktionalität elektronischer Komponenten führen zu einem stark steigenden Einsatz „intelligenter" Prozessorchips, für die auf Grund ihrer Größe Glob-Top nicht geeignet ist.

📖 *Dam&Fill*-Klebstoffe DELO-KATIOBOND bieten hier ideale Eigenschaften:
- Definierte Vergussgeometrie
- Minimale Höhe der Abdeckung
- Verringerte Belastung an den Bonddrähten

Im ersten Schritt wird ein Dam (siehe Grafik) aus einer hochviskosen Vergussmasse um den Chip dosiert. Dann wird im sogenannten Nass-in-Nass-Verfahren die niedrigviskose Fill-Masse innerhalb des Dam aufgetragen.

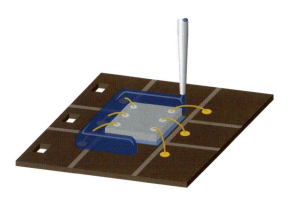

*Auftragen des Dam*

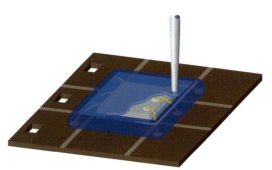

*Auffüllen des Dam mit der Fill-Masse*

**Optimal abgestimmt – Dam&Fill mit DELO-KATIOBOND**

|  | Dam<br>DELO-KATIOBOND 4696 | Fill<br>DELO-KATIOBOND 4670 |
|---|---|---|
| Viskosität [mPas] | 180.000 thixotrop | 4.800 |
| Reißdehnung [%] | 17 | 6 |
| Glasübergangstemperatur $T_G$ [°C] | +35 | +62 |
| Shore Härte D | 57 | 79 |
| Extrahierbarer Ionengehalt [ppm] | $Na^+$, $K^+$, $Cl^-$ jeweils ≤ 10<br>$F^-$ ≤ 100 | $Na^+$, $K^+$, $Cl^-$ jeweils ≤ 10<br>$F^-$ ≤ 100 |
| Aushärtung<br>(Schichtdicke 0,4 mm) | 30 s bei 120 mW/cm² UVA, +70 bis +90 °C unter der Lampe<br>60 s bei 60 mW/cm², +70 bis +90 °C unter der Lampe | |
| Lagerstabilität bei +5 °C | 6 Monate | 6 Monate |

# Produktgruppen

## 3. Dualhärtende Klebstoffe

Diese Klebstoffe sind eine chemische Modifikation strahlungshärtender Klebstoffe mit der Möglichkeit einer kombinierten Licht- und Wärmehärtung.

**DELO-DUALBOND**
In manchen Anwendungsbereichen ist eine Aushärtung der Klebstoffe nur durch Licht nicht möglich. Insbesondere bei Bauteilen mit größeren Schattenzonen hat die kombinierte Aushärtung daher einen erheblichen Vorteil, da sie alle Möglichkeiten der photoinitiiert härtenden Klebstoffe mit einer sicheren Schattenhärtung verbindet.

**Produkteigenschaften**
- Besonders guter Spannungsausgleich
- Geeignet bei Anwendungen mit hohen Temperaturschwankungen
- Gute chemische Beständigkeit

**Einsatzbereiche**
- Metallverarbeitung
- Glas- und Kunststoffindustrie
- Elektronik

**Anwendungsbeispiele**
- Beschichten,
- Fixieren und
- Abdichten elektronischer Bauteile

**Case Study**
Sicherung gelöteter Spulenträger auf Leiterplatten gegen Beschädigung durch Vibration.

Im ersten Schritt wird durch Licht die Kehlnaht der Spule in 10 s fixiert, damit die Spule bei den nachfolgenden Lötprozessen nicht verrutscht. Die eigentliche Aushärtung unter dem Bauteil erfolgt am Schluss der Produktion durch Warmhärtung in 2 Minuten bei +130 °C. Der Klebstoff wirkt stark spannungsausgleichend und vermindert die Beanspruchung der Lötverbindung durch Vibration.

*Der Klebstoff (hier blau eingefärbt) sichert die Spule gegen Verrutschen*

# Produktgruppen

## 4. Einkomponentige Epoxidharzklebstoffe

Einkomponentige (1-K) Epoxidharzklebstoffe sind warmhärtende, lösungsmittelfreie Reaktionsharzmassen, die sich auf Grund der guten Haftung, der hohen Beständigkeit gegenüber Chemikalien sowie den ausgezeichneten mechanischen und elektrischen Eigenschaften in vielen unterschiedlichen Einsatzgebieten bewährt haben.

### Klassische DELO-MONOPOX-Klebstoffe und -Gießharze

Diese Epoxidharze härten typischerweise bei Temperaturen zwischen +100 und +180 °C aus. Sie erzielen höchste Festigkeiten und schaffen strukturfeste, langzeitbeständige Verbindungen, die häufig als Ersatz für konventionelle Fügeverfahren wie Nieten, Schweißen oder Hartlöten eingesetzt werden. DELO-MONOPOX-Klebstoffe sind 📖 *zähhart* und besonders widerstandsfähig gegen wechselnde Belastungen. Sie werden auch dann vorteilhaft eingesetzt, wenn Einsatztemperaturen von bis zu +200 °C sowie einfache Verarbeitung gefordert sind.

### Produkteigenschaften
- Geringer 📖 *Schrumpf* und dadurch ausgezeichnete Maßstabilität
- Langzeitbeständige Alternative zum Löten oder Schweißen durch hohe Festigkeit
- Hohe Beständigkeit gegenüber Chemikalien und Wärme

### Einsatzbereiche
- Elektronik
- Automobilzulieferindustrie
- Metallverarbeitung
- Maschinenbau und Konstruktion

### Anwendungsbeispiele
- Magnesiumverklebung an Saugrohrmodulen von Motoren
- Kleben von Magneten in Statorgehäuse eines Elektromotors (S. 89)
- Deckel-/Gehäuseverklebung bei einer Kfz-Elektroniksteuereinheit (S. 98)

*Magnesiumverklebung an Saugrohrmodulen von Motoren mit DELO-MONOPOX. Die Verklebung trägt zum Leichtbau im Automotivebereich bei.*

### Elektronikklebstoffe DELO-MONOPOX
### DELO-MONOPOX AC, DELO-MONOPOX NU

Auf Basis der klassischen einkomponentigen Epoxidklebstoffe wurden DELO-MONOPOX-Klebstoffe für den Elektronikbereich sowie 📖 *anisotrop elektrisch leitfähige Klebstoffe* DELO-MONOPOX AC und 📖 *No-Flow-Underfiller* DELO-MONOPOX NU für den 📖 *Smart Card / Smart Label* Bereich entwickelt.

Als Füllstoff für die Erzielung der elektrischen Leitfähigkeit werden bei DELO-MONOPOX AC standardmäßig vergoldete Nickel-Partikel oder Silberpartikel eingesetzt. Das Produkt ist im Grundzustand in keiner Raumrichtung leitfähig, da sich die leitfähigen Partikel auf Grund der geringen Größe und Anzahl nicht berühren. Die Leitfähigkeit in nur einer Raumrichtung erfolgt erst, wenn die Partikel im Klebstoff zwischen zwei Kontaktflächen eingeklemmt werden und so der Kontakt hergestellt wird.

DELO-MONOPOX NU ist ungefüllt und elektrisch isolierend. Die elektrische Leitfähigkeit kommt durch Verpressen der 📖 *Bumps* auf die Pads zu Stande, der Klebstoff fixiert den 📖 *Chip* dauerhaft in dieser Position.

# Produktgruppen

## Produkteigenschaften
- Bis zu 10-mal kürzere Aushärtungszeiten als marktübliche Produkte, daher besonders geeignet für die Inline-Fertigung
- Niedrige Prozesstemperaturen sichern eine minimale Temperaturbelastung der Bauteile
- Hohe Beständigkeit gegenüber Chemikalien und Wärme
- DELO-MONOPOX AC können sowohl direkt aus der Kleinkartusche dosiert als auch mittels Sieb oder Schablone gedruckt werden
- Im Vergleich zu elektrisch leitfähigen Klebfolien können flüssige DELO-MONOPOX AC schnell und flexibel an unterschiedliche Leiterplatten-Layouts angepasst werden

## Einsatzbereiche
- Smart Card
- Smart Label
- (Mikro-)Elektronik
- Automobilelektronik

## Anwendungsbeispiele
- *Die Attach* (S. 103)
- *Flip-Chip*-Kontaktierung (S. 86, S. 106)
- Fixierung von *SMD*-Bauteilen (S. 102)
- Chipverguss im Automotive-Bereich und bei hochwertigen Industrieprodukten (S. 104)

*Chipverguss im Automotivebereich und bei hochwertigen Industrieprodukten. Extrem gute thermische und chemische Beständigkeit. Für anspruchsvolle Industrieanwendungen geeignet.*

---

siehe auch ...

Seite 37  **Verarbeitung von Klebstoffen**

---

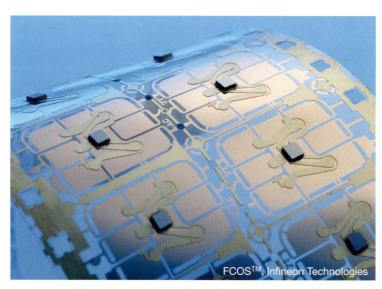

*Smart Card Modul - Flip-Chip-Kontaktierung. DELO-MONOPOX NU wird als nicht leitender No-Flow-Underfiller eingesetzt und hält den elektrischen Kontakt geschlossen.*

*Elektrisch leitfähige Klebstoffe spielen insbesondere in der Smart-Label-Technologie eine wichtige Rolle.*

# Produktgruppen

## 5. Zweikomponentige Epoxidharzklebstoffe

Diese Produke sind bei Raumtemperatur härtende, lösungsmittelfreie Reaktionsharzmassen, die sich wie die einkomponentigen Epoxidharzklebstoffe auf Grund der guten Haftung, der hohen Beständigkeit gegenüber Chemikalien sowie den ausgezeichneten mechanischen Eigenschaften eine große Zahl von Einsatzgebieten erobert haben.

### DELO-DUOPOX-Klebstoffe und -Gießharze

Diese zweikomponentigen (2-K) 📖 *Strukturklebstoffe* härten nach dem Vermischen von Harz und Härter bereits bei Raumtemperatur aus. Sie werden bevorzugt dann eingesetzt, wenn eine Erwärmung der Fügeteile aus technischen oder wirtschaftlichen Erwägungen nicht durchführbar ist. Ihre Eigenschaften bewähren sich bei unzähligen Anwendungen, besonders auch bei sehr großen oder temperaturempfindlichen Bauteilen.

Durch das 📖 *DELO-AUTOMIX*-System erfolgt die Verarbeitung wie bei 1-K-Produkten. Spezielle Handpistolen oder pneumatische Pistolen erleichtern die Handhabung zusätzlich.

### DELO-DUOPOX-Spachtelmaterialien

Die DELO-DUOPOX-Spachtelmaterialien sind im Vergleich zu anderen zweikomponentigen Epoxidklebstoffen besonders hoch mit Füllstoffen angereichert. Die Gründe hierfür sind vor allem folgende:

- Erhöhung der Viskosität und somit Verbesserung der Ablaufeigenschaften durch pastöse Konsistenz.
- Farbliche Anpassung an das Fügematerial (z. B. Stahl, Aluminium).
- Verbesserung mechanischer Eigenschaften der ausgehärteten Spachtelmaterialien. Hierzu zählen vor allem 📖 *Abriebfestigkeit*, 📖 *Druckfestigkeit* und Härte.
- Verbesserung der Beständigkeit gegenüber aggressiven Substanzen.

### Produkteigenschaften von Epoxidharzen

- Geringer 📖 *Schrumpf* und dadurch ausgezeichnete Maßstabilität
- Langzeitbeständige Alternative zum Löten oder Schweißen durch hohe Festigkeit
- Hohe Beständigkeit gegenüber Chemikalien und Wärme

### Einsatzbereiche

- Automobilzulieferindustrie
- Metallverarbeitung
- Maschinenbau und Konstruktion

*DELO-DUOPOX im 50 ml DELO-AUTOMIX-System*

*Reibbelag*

*Bei Kupplungselementen, die mit Reibbelägen verklebt werden, spielt die hohe Temperaturbeständigkeit der Epoxidharze, hier bis +140 °C, eine entscheidende Rolle.*

# Produktgruppen

## Anwendungsbeispiele

- Fertigung von Metallkonstruktionen, Bremsen und Kupplungen
- Verbindung verschiedenartiger Gestänge für den Innen- und Außenbereich
- Winkelverfugungen von Gehäusen
- Verguss von Schaltungsträgern (S. 99)
- Elektronikverguss im Sicherheitssensor (S. 100)

## Case Study

Im Geländerbau sind eine Vielzahl von verschiedenen Zuschnitten notwendig und oftmals keine Schweißarbeiten möglich. Als zeitsparende, alterungsbeständige Alternative wird z.B. DELO-DUOPOX AD895 eingesetzt.

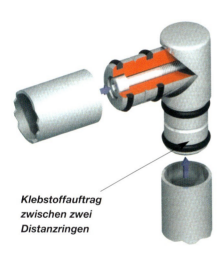

*Klebstoffauftrag zwischen zwei Distanzringen*

|  | DELO-DUOPOX AD895 |
|---|---|
| **Viskosität im Gemisch** | 90.000 mPas thix. |
| **Verarbeitung/Topfzeit** | 25 min bei +23 °C |
| **Aushärtung** | Handfest nach 5,5 h bei RT |
| **Temperaturfestigkeit** bei +100 °C | 2,5 MPa |
| **Zugfestigkeit** | 40 MPa |

*Die Firma haboe Edelstahlsysteme verklebt Geländerelemente mit DELO-DUOPOX. Das ist zeitsparend in der Montage und gibt durch das Überbrücken eines großen Fügespalts zusätzliche Festigkeit*

---

siehe auch ...

Seite 39 **Verarbeitung von Klebstoffen**

Seite 41 **Dosierung von Klebstoffen**

# Produktgruppen

## 6. Anaerob härtende Methacrylate

Anaerob härtende Klebstoffe sind einkomponentig, lösungsmittelfrei und bei Raumtemperatur härtend, auf der Basis von modifizierten Methacrylatestern. Die Aushärtung erfolgt unter Sauerstoffabschluss, also anaerob, und unter dem katalytischen Einfluss von Metallionen. Die radikalische Polymerisationsreaktion kann durch Zufuhr von Wärme beschleunigt werden.

### DELO-ML

Die anaerob härtenden DELO-Klebstoffe werden vorzugsweise als Schraubensicherung, Gewindedichtung, Flächendichtung und für Welle-Nabe-Verbindungen eingesetzt.

Die Fügeteile sind bereits nach wenigen Minuten handfest verklebt. Je kleiner dabei der Klebspalt ist, desto schneller erfolgt die Fixierung der Bauteile. Des Weiteren verläuft die Aushärtungsreaktion umso schneller je mehr Metallionen zur Verfügung stehen. Oxidschichten hingegen behindern die Polymerisation.

Anaerob-lichthärtende DELO-Klebstoffe härten sowohl unter Sauerstoffabschluss als auch durch die Bestrahlung mit Licht im geeigneten Wellenlängenbereich aus (z. B. DELO-ML 5849). Ihr Vorteil ist die sehr schnelle Aushärtung des aus dem Fügespalt ausgetretenen Klebstoffs innerhalb weniger Sekunden. Somit kann eine umgehende Handfestigkeit und Weiterverarbeitbarkeit der Teile erreicht werden.

### Produkteigenschaften

- Einfache Verarbeitung durch einkomponentige Produkte
- Hohe 📖 *Druck-* und 📖 *Druckscherfestigkeit*
- Gute Temperaturbeständigkeit (Temperatureinsatzbereich von –60 bis +200 °C)
- Vibrationsfest und beständig gegen dynamische Dauerbelastung
- Einsetzbar in Gasverbrauchsanlagen (DVGW-Zulassung)
- Wählbare Festigkeitsklassen (z. B. gezielte Wiederlösbarkeit) und Viskositätsbereiche

### Einsatzbereiche

- Maschinenbau
- Metallverarbeitung
- Elektronik/Elektrotechnik

### Anwendungsbeispiele

- Schraubensicherung, z. B. Sichern von Achsverschraubungen an Rollen gegen selbsttätiges Lösen
- Gewindedichtung, z. B. Abdichten von Verschraubungen an Druckluftverschlüssen und Rohrverbindungen
- Welle-Nabe-Verbindung, z. B. Verklebung von Zahnrädern auf Antriebswellen
- Flächendichtung von Flanschen gegen Eindringen und/oder Austreten von Medien

*Im Installationsbereich werden z.B. Handbrausen mit DELO-ML 5249 verklebt, gedichtet und gegen Verdrehen gesichert.*

siehe auch...
Seite 38  **Verarbeitung von Klebstoffen**

# Produktgruppen

**Einfluss der Fügeteiloberfläche auf die Aushärtung**

|  | Materialien | Aushärtung | Abhilfe durch |
|---|---|---|---|
| **Aktive Oberflächen** | Buntmetalle, z. B. Kupfer, Messing, Bronze Niedriglegierte Stähle | Schnell, handfest ab 2 Min. |  |
| **Passive Oberflächen** | Hochlegierte Stähle, Edelmetalle, Aluminium, Zinn, Zink, Chromatschichten, Oxidschichten, Kunststoffe, Keramik, nichtrostender Stahl, lackierte Metalle | Verzögert bzw. keine Aushärtung | ■ Aktivatoren<br>■ Entfernen der passiven Schichten, z. B. durch Schmirgeln<br>■ Messingbürsten |

## Case Study

Beim Differentialgetriebe von Mähdreschern dient DELO-ML als Schraubensicherung.

Die mit dem Klebstoff DELO-ML 5349 eingeklebten Schrauben (oberes Bild) sind Teil des Differentialgetriebes und dürfen sich in eingebautem Zustand nicht lösen. Im Betrieb sind die Schrauben und der Klebstoff bis zu +90 °C heißem Öl ausgesetzt.

Die Ölstandkontrollschraube (unteres Bild) ist mit dem niedrigfesten Klebstoff DELO-ML 5149 eingeklebt. Der Klebstoff hat hier die Funktion einer Dichtung. Bei Bedarf muss die Schraube auch wieder gelöst werden können.

*Oben: Schrauben im Differentialgetriebe, gesichert mit dem hochfesten Klebstoff DELO-ML 5349.*
*Unten: Ölstandkontrollschraube, abgedichtet mit dem sehr gut wieder lösbaren Klebstoff DELO-ML 5149.*

# Produktgruppen

## 7. Cyanacrylate

Cyanacrylate sind einkomponentige, bei Raumtemperatur härtende Klebstoffe auf Basis von Estern der Cyanacrylsäure. Der Start der Aushärtungsreaktion erfolgt durch vorhandene polare Gruppen. Diese sind meist OH⁻-Ionen, die in der Luftfeuchtigkeit bzw. in der auf den Fügeteilen befindlichen Oberflächenfeuchte enthalten sind.

Infolge der hohen Reaktionsgeschwindigkeit kann bereits nach wenigen Sekunden eine Fixierung der Bauteile erreicht werden. Aus diesem Grund sind Cyanacrylate auch unter dem Namen "Sekundenklebstoffe" bekannt. Die Endaushärtung ist nach einer Zeit von ca. 20 h abgeschlossen.

Ideale Aushärtebedingungen herrschen bei einer relativen Luftfeuchtigkeit von 40 bis 70 %. Bei geringerer relativer Luftfeuchtigkeit wird die Aushärtung verzögert und kann im Extremfall sogar verhindert werden. Höhere Luftfeuchtigkeiten beschleunigen die Aushärtereaktion, können aber die Endfestigkeiten beeinträchtigen, da es auf Grund der schlagartigen Reaktion zu hohen inneren Spannungen in der Verklebung kommen kann.

Auf Grund der äußerst schnellen Aushärtung ist ein Justieren der Teile nach dem Fügen nicht mehr möglich. Daher sind Cyanacrylatklebstoffe besonders für das Verkleben kleiner Klebflächen geeignet.

## DELO-CA

Diese Klebstoffe sind lösungsmittelfrei und härten bei Raumtemperatur aus. Mit DELO-CA-Klebstoffen können hohe Festigkeiten auch beim Verkleben von 📖 *Elastomeren* erzielt werden. Sie sind universell für fast alle Materialien einsetzbar und ideal für ein sekundenschnelles Verkleben und Fixieren. DELO-CA gibt es in verschiedenen Viskositätsbereichen, von niedrig- bis hochviskos. Wenn die im Normalfall sehr schnell ablaufende Aushärtung durch Faktoren wie z.B. zu geringe Luftfeuchtigkeit, poröse Oberfläche oder offene Verklebung verzögert bzw. gestört wird, ist der Einsatz des Aktivators DELO-QUICK 2002 zu empfehlen.

Zur Erhöhung der Verbundfestigkeit beim Einsatz von schlecht oder nur bedingt verklebbaren Kunststoffen wie z.B. Polyoxymethylen (POM), Polypropylen (PP) oder Polyethylen (PE) empfiehlt sich eine Vorbehandlung mit dem 📖 *Primer* DELO-PRE 2005.

> siehe auch ...
> Seite 38  **Verarbeitung von Klebstoffen**

**Typenwahlkarte (Auszug) für DELO-CA**

|  | DELO-CA 2256 | DELO-CA 2262 | DELO-CA 2505 | DELO-CA AD250 |
|---|---|---|---|---|
| Viskosität [mPas] | 3.000 | 7.000 thix. | 20 | 4.000 |
| Farbe | Farblos | Schwarz | Farblos | Farblos |
| Max. Spaltfüllvermögen [mm] | 0,1 – 0,2 | 0,2 | 0,03 | 0,1 – 0,2 |
| Produktbesonderheiten | Universell einsetzbar  Hochviskos | Hohe Festigkeit auf Metall | Spezialtyp für Gummi wie EPDM, Viton, NBR, CR, SBR, NR  Sehr dünnflüssig | Hochviskos  Sehr gute Feuchtebeständigkeit  Sehr gute Temperaturbeständigkeit |

# Produktgruppen

## Produkteigenschaften
- Schnelle Aushärtung im Sekundenbereich
- Hochfeste Verklebung fast aller Materialien
- Einfache Handhabung und problemlose Dosierung
- Dauereinsatztemperatur –30 bis +100 °C
- Nicht geeignet für Glasverklebungen

## Einsatzbereiche
- Kunststoffindustrie
- Consumer Produkte
- Elektronik/Elektrotechnik
- Medizintechnik

## Anwendungsbeispiele
- Verklebung von Schwingungsdämpfern bei Hi-Fi-Anlagen
- Einkleben von Libellen in Wasserwaagen
- Spulendrahtfixierungen
- Fixierung von Abdeckkappen
- Verklebung von O-Ringen

*Für die schnelle Fixierung von Abdeckkappen auf Verschraubungen wird DELO-CA-Klebstoff eingesetzt. Die Abdeckkappe ist aus Kunststoff. Anforderungen an den Klebstoff: Sehr gute Haftung und einfache Handhabbarkeit.*

*Für die schnelle Fixierung einer Diode im Gehäuse eines optischen Wandlers wird DELO-CA-Klebstoff eingesetzt. Die schnelle Aushärtung ermöglicht kurze Taktzeiten.*

# Produktgruppen

## 8. Silikone

Silikone sind Kleb- und Dichtstoffe auf Basis von Silikonkautschuk. Man unterscheidet dabei einkomponentige und zweikomponentige Produkte, die bei Raumtemperatur (**R**oom-**T**emperature-**V**ulcanizing RTV-1 und RTV-2), oder durch Wärmezufuhr (**H**igh-**T**emperature-**V**ulcanizing HTV-1 und HTV-2) aushärten.

### DELO-GUM

Zu dieser Produktgruppe gehören einkomponentige Silikonklebstoffe und Silikondichtungsmassen, sowie ein zweikomponentiger Silikonkautschuk, der als Abformmasse für den Modell- und Formenbau eingesetzt werden kann.

Die Aushärtung der einkomponentigen Produkte erfolgt durch die Einwirkung von Feuchtigkeit, wobei sauer oder basisch wirkende bzw. neutrale Abspaltprodukte (Essigsäure, Amine oder Oxime) freigesetzt werden. Sie beginnt an der Oberfläche des Silikonklebstoffs. Die Durchhärtung in die Tiefe erfolgt mit ca. 2 mm je 24 Stunden bei einer relativen Luftfeuchtigkeit von 50 %.

Große Schichtdicken und Flächenverklebungen erfordern längere Aushärtungszeiten, da die 📖 *Diffusion*sgeschwindigkeit der Feuchtigkeit in das Produkt mit der größer werdenden, ausgehärteten Schicht abnimmt. Erhöhte Luftfeuchtigkeitskonzentrationen beschleunigen die Reaktion, geringere Konzentrationen verlangsamen die Aushärtung.

Das zweikomponentige Silikon DELO-GUM 3397 härtet ohne Einfluss von Luftfeuchtigkeit innerhalb von wenigen Minuten aus.

DELO-GUM Klebstoffe erzielen – z. B. auf Grund höherer Temperaturbeständigkeit oder der Abspaltung neutraler Kondensate – deutlich bessere Klebeigenschaften als Silikone, die üblicherweise im Haushalt oder Sanitärbereich eingesetzt werden.

### Produkteigenschaften

- Dauereinsatztemperatur von −50 bis +180 °C bzw. +300 °C
- Hervorragende Witterungs- und Alterungsbeständigkeit
- Gleichbleibend hohe Flexibilität; bis zu 600 % 📖 *Reißdehnung*

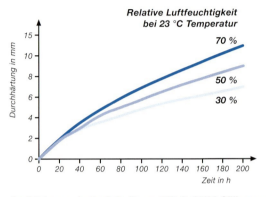

**Aushärtegeschwindigkeit von DELO-GUM-Silikonen**

**DELO-GUM wird beispielsweise zum Verkleben und Abdichten von Küchen-Spülen eingesetzt.**

# Produktgruppen

### Einsatzbereiche
- Elektronik/Elektrotechnik
- Maschinen- und Werkzeugbau
- Glasindustrie

### Anwendungsbeispiele
- Abdichten von Klimaschränken oder Umluftöfen
- Abdichten von Mikroschaltern
- Abdichten von Widerständen
- Leiterplattenbeschichtung
- Hitze- und kältebeständige Verklebung von Metallen, Glas, Keramik und Kunststoffen.

*Fixierung / Abdichtung einer Platine in einem Gehäuse. DELO-GUM SI480 ist oximvernetzend und bietet einen optimalen Schutz der Baugruppen gegen äußere Einflüsse.*

| siehe auch ... |
| --- |
| Seite 38  **Verarbeitung von Klebstoffen** |

### Typenwahlkarte (Auszug) für DELO-GUM

|  | DELO-GUM SI480 | DELO-GUM 3697 | DELO-GUM 3699 |
| --- | --- | --- | --- |
| Viskosität [mPas] | 17.000 | 350.000 | Pastös |
| Hautbildung [min] | 10–20 | 10–20 | ~5 |
| Reißfestigkeit [MPa] | 1,6 | 5 | 3 |
| Temperatureinsatzbereich [°C] | –50 bis +180 | –50 bis +180 | –50 bis +300 |
| Besonderheiten | Neutral vernetzend  Niedrigviskos  Für Elektronik- anwendungen | Höchste Klebfestigkeit  Selbstnivellierend | Hochtemperatur- beständig  Standfest |

# Produktgruppen

## 9. Polyurethane

Polyurethan-Klebstoffe sind ein- oder zweikomponentige Reaktionsklebstoffe. Als 1-K-Klebstoffe können sie z.B. mit der Luftfeuchtigkeit chemisch aushärten. 2-K-Polyurethane härten durch Mischen von *Isocyanaten* mit Polyolen aus.

### DELO-PUR

DELO-PUR-Produkte sind zweikomponentige, bei Raumtemperatur härtende Polyurethane, die zum Teil mit Mineralien gefüllt sind. Sie sind in Doppel-kammerkartuschen abgefüllt und können mit Hilfe des *DELO-AUTOMIX*-Systems (S. 43) einfach gemischt und dosiert werden. DELO-PUR eignet sich besonders zur Verklebung von Metallen, Kunststoffen und Elastomeren.

### Produkteigenschaften
- Gute zähelastische Eigenschaften
- Sehr gute Festigkeiten unter statischen und dynamischen Bedingungen
- Auf Grund der ablauffesten Konsistenz geeignet für größere Klebspalte
- Gute spannungsausgleichende Eigenschaften

### Einsatzbereiche
- Elektronik/Elektrotechnik
- Maschinenbau
- Werkzeug- und Aggregatebau

### Anwendungsbeispiele
- Dichten von Gehäusen
- Verkleben von Eckverbindern an Solarkollektor-Panels
- Verklebungen von Frontspoilern an Pkw
- Einkleben von Metallwinkeln in Holzbilderrahmen
- Beschichten

### Case Study

Die Firma Halbe ist ein bedeutender Hersteller von Magnetrahmen, die einen schnellen Wechsel der Bilder erlauben. Der eigentliche Rahmen wird dabei durch einen Magnetstreifen auf der Unterplatte gehalten. Um der, bei den häufigen Wechseln auftretenden, Belastung standhalten zu können, braucht der Bilderrahmen eine hohe mechanische Stabilität, die durch eingeklebte Eckverbinder aus verzinktem Blech erreicht wird. Die gute Haftung wird durch die Verwendung von DELO-PUR 9694 erreicht.

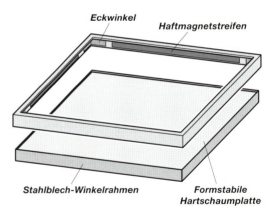

*Eckwinkel* — *Haftmagnetstreifen*
*Stahlblech-Winkelrahmen* — *Formstabile Hartschaumplatte*

*DELO-PUR wird z. B. verwendet um Kameragehäuse im Automotivebereich wasserdicht zu verschließen.*

# Produktgruppen

## 10. Dosiersysteme

Klebstoffe werden mit Hilfe unterschiedlichster Systeme, wie z.B. Dosierpistolen, -ventilen oder Drucktanks, aufgebracht.

### DELO-Dosierpistolen und Dosiergeräte
DELO-Geräte zur Dosierung sind exakt auf die Hightech-Klebstoffe abgestimmt und ermöglichen den optimalen Produktionsprozess. Der Anwender profitiert von einer kostengünstigen Klebstoffverarbeitung, die flexibel in den Prozess integrierbar ist.

### DELO-XPRESS-Dosierpistolen
DELO-XPRESS-Dosierpistolen werden für das manuelle oder pneumatische Verarbeiten von *DELO-AUTOMIX*-Produkten in 50 und 200 ml Doppelkammerkartuschen eingesetzt.

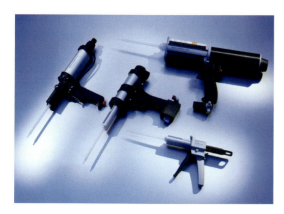

*Dosierpistolen DELO-XPRESS*

### Dosierventile
Mit Dosierventilen können einkomponentige Klebstoffe mit hoher Taktfrequenz kontaktlos dosiert werden. Das DELO-Produktprogramm beinhaltet Schlauchquetschventile und das *Mikrodosierventil DELO-DOT*.

### DELO-XPRESS-Drucktanks
DELO-XPRESS-Drucktanks dienen der pneumatischen Klebstoffförderung aus Kleinkartuschen, Eurokartuschen sowie 1 l Gebinden.

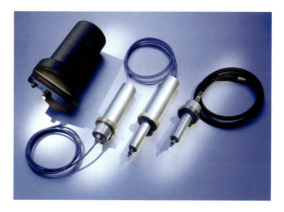

*Drucktanks DELO-XPRESS*

### Steuergeräte DELOMAT
Mit den Steuergeräten der Reihe DELOMAT kann universell aus Drucktanks, Euro- oder Kleinkartuschen dosiert werden. Sie sind für den flexiblen Einsatz an halb- oder vollautomatischen Arbeitsplätzen geeignet. Dosier-, Takt- und Verzögerungszeit können frei programmiert werden.

*Steuergerät DELOMAT 400*

---

siehe auch...

Seite 41 **Dosierung von Klebstoffen**

# Produktgruppen

## 11. Lichtsysteme

Lichthärtende Klebstoffe werden mit Lampen ausgehärtet, die eine 100- bis 1.000-fache Intensität des normalen Tageslichts erzeugen.

### DELOLUX

DELO bietet modernste Lampentechnologie: die Aushärtungslampen der Reihe DELOLUX. Die Flächen- und Punktstrahler sowie 📖 *LED*-Lichtquellen ermöglichen ein einfaches und sicheres Aushärten von photoinitiiert härtenden Klebstoffen. Die 📖 *Emissionsspektren* sind speziell auf die licht- bzw. UV-härtenden Acrylat- und Epoxidharzklebstoffe DELO-PHOTOBOND, DELO-KATIOBOND und DELO-DUALBOND abgestimmt. Die erzeugten Intensitäten der Aushärtungslampen ermöglichen sehr schnelle Prozesse sowie zuverlässige und reproduzierbare Ergebnisse.

### Flächenstrahler DELOLUX 03 S

DELOLUX 03 S ist ein hochintensiver, einbaufähiger Flächenstrahler. Durch die große Strahlungsaustrittsfläche ist er auch für größere Bauteile geeignet. Die Lampe besteht aus zwei Baugruppen: Strahlerteil und Vorschaltgerät.

*Flächenstrahler DELOLUX 03 S*

### Produkteigenschaften

- Emissionsspektrum: 325 - 600 nm
  Strahlungsaustrittsfläche: 212 x 170 mm
  Lebensdauer Brenner: 1.000 h
  Leistungsaufnahme: 400 W (Vorschaltgerät)
- SPS-kompatibel
- Intensität in einem Arbeitsabstand von 100 mm: 70 mW/cm² (UVA) ± 10 %

### Punktstrahler DELOLUX 04

DELOLUX 04 ist ein hochintensiver Punktstrahler, der flexibel in den Produktionsprozess integriert werden kann. An die Aushärtungslampe können verschiedene Lichtleiter (einfach, doppelt oder vierfach) angeschlossen werden.

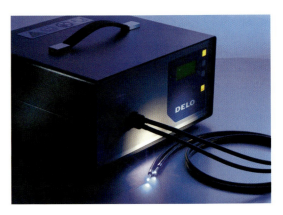

*Punktstrahler DELOLUX 04*

### Produkteigenschaften

- Emissionsspektrum: 315 - 500 nm
  Lebensdauer Brenner: 1.500 h
  Leistungsaufnahme: 380 W
- Mehrsprachiges LCD-Display mit einfacher Menüführung
- Hohes Maß an Prozesssicherheit durch Überwachung der Strahlungsintensität und Festlegung eines unteren Grenzwerts
- Programmierbare Blendenöffnungszeit (kürzestmögliche Belichtungszeit: 0,05 s) ermöglicht konstante Belichtungszeiten
- Intensität am Ausgang des 5 mm Lichtleiter: > 8.000 mW/cm² (UVA)

### LED-Lichtquelle DELOLUX 80

LED-Lampen stellen eine neue Generation von Aushärtelampen dar. DELO hat die LED-Technologie weiter optimiert und eine Lampe entwickelt, die die schnelle Aushärtung licht- und UV-härtender Klebstoffe bei gleichzeitig sicherem Prozess ermöglicht: DELOLUX 80.

# Produktgruppen

**Produkteigenschaften**

- Einbaufähig; flexible Einbindung in den Prozess
- Lebensdauer LED (entspricht der aktiven Einschaltdauer/Belichtungszeit): > 10.000 h
- Emissionswellenlänge: 405 nm oder 460 nm
  Strahlungsaustrittsfläche: Ø 16,9 mm
  Flexibler Versorgungsschlauch, Länge: 1,5 m
  Leistungsaufnahme: max. 200 W
- Ansteuerung über DELO-UNIPRO oder SPS
- Hohes Maß an Prozesssicherheit durch überwachte Funktionen
- Stabile Intensität bereits nach 0,1 s nach dem Einschalten
- Intensität am Ausgang des Lampenkopfs: > 1.000 mW/cm² (LED)

**DELOLUXcontrol**

Die am Klebstoff anliegenden Strahlungsintensitäten hängen von Parametern wie z.B. Lampensystem (LED-Lichtquelle, Flächenstrahler, Punktstrahler), Lebensdauer der Aushärtungslampe, Abstand zur Klebfläche, Durchstrahlbarkeit der Bauteile, etc. ab.

Um die vollständige Aushärtung des Klebstoffs und somit den Produktionsprozess zu sichern, ist es wichtig, regelmäßig die Strahlungsintensität der Lampen zu überprüfen. DELO bietet passend zum Lampenprogramm der Reihe DELOLUX das Intensitätsmessgerät DELOLUXcontrol an.

Dabei stehen drei verschiedene Messköpfe zur Verfügung:

- Für den UVA-Anteil der Emission von Hg-Strahlern zwischen 315 und 400 nm
- Für den sichtbaren Strahlungsanteil von Hg-Strahlern zwischen 400 und 460 nm
- Für LED-Lampen mit schmalbandiger Emission zwischen 350 und 480 nm, wobei die Anzeige auf die jeweilige Peak-Wellenlänge kalibriert wird

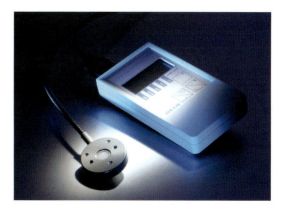

*Intensitätsmessgerät DELOLUXcontrol*

> siehe auch …
> Seite 34  **Verarbeitung von Klebstoffen**

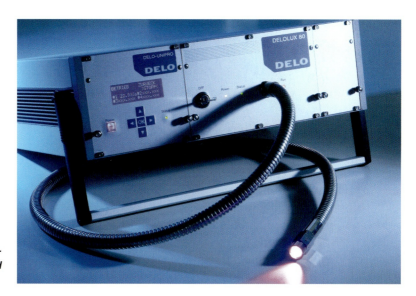

*Hochintensive LED-Lichtquelle DELOLUX 80 und Steuergerät DELO-UNIPRO*

# Teil III
## Prozesstechnik

Dieses Kapitel bietet dem Anwender an Hand von Praxisbeispielen Hinweise, wie Klebstoffe in Fertigungen integriert werden können, um reproduzierbare und qualitativ hochwertige Klebergebnisse zu erzielen.

1. **Konstruktiver Glasbau – Duschkabinen** 84

2. **Mikroelektronik – Flip-Chip-Kontaktierung bei Smart Label Anwendungen** 86

3. **Elektromotorenbau – Magnetverklebung** 89

# Prozesstechnik

## Kooperative Projektbearbeitung

Eine erfolgreiche Projektbearbeitung hängt entscheidend von der engen Zusammenarbeit zwischen dem Anwender, der das Know-how über sein Produkt und die Anforderungen daran mitbringt, und dem Klebstoffhersteller, der über das Ingenieurwissen zu den zu verklebenden Materialien und den Füge- und Produktionsprozessen verfügt, ab. DELO bietet seinen Kunden ein umfassendes Beratungs-, Dienstleistungs- und Supportpaket als Bestandteil eines erfolgreichen Prozesses.

> siehe auch…
> Seite 14  Welche Möglichkeiten bietet die Klebtechnik und wie kann man sie nutzen?

*Linienverklebung:*
*Anschlagleisten auf Glas-Duschkabinen*

## 1. Konstruktiver Glasbau – Duschkabinen

Scharniere, Leisten oder Punkthalter mit Glas zu verkleben, statt zu schrauben bietet Herstellern und Endkunden klare Vorteile:
- Einsparen von Bohrungen und Schrauben
- Formschöne und pflegeleichte Designs
- Kein Schwächen oder Schädigen des Glases

**DELO bietet**
- Die passenden Klebstoffe:
  DELO-PHOTOBOND 4468, als Standardprodukt für Scharniere
  DELO-PHOTOBOND PB493, als Standardprodukt für Leisten, Türbänder und Trennwände
- Projekt- und kundenspezifische, technische Lösungen für Applikation und Aushärtung

**Produkteigenschaften**
**DELO-PHOTOBOND Glasklebstoffe**
- Einkomponentige Acrylate
- Sekundenschnelle Aushärtung
- Hohe, dauerhafte Transparenz
- Lösungsmittelfrei

- Weiter Elastizitätsbereich
- Großer Viskositätsbereich
- Gute Haftung auf Glas, Metall, Kunststoff u.a.

**Vorbereitung der Fügeteile**
- Auswählen der Fügefläche: Atmosphärenseite des Glases ist besser geeignet als Badseite
- Klimatisieren: Kondensniederschlag vermeiden
- Reinigen: DELOTHEN EP; rückstandsfreie Ablüftung
- Positionieren: Planparallele Lage der Fügeflächen, Toleranzen beachten

*Strukturelle Punktverklebung:*
*Alu-Türscharniere auf Glas-Duschkabinen*

# Prozesstechnik

## Klebstoffauftrag

Die volumetrische Klebstoffdosierung hat den Vorteil der hohen Prozesssicherheit und der Möglichkeit, durch Exzenterschneckenpumpen reproduzierbare Klebstoffvolumen aufzubringen.

Bei der Wahl der Dosieranlage ist auf die Verwendung einer optimierten Folgeplatte, eines geeigneten Innenschlauchs und spezielle Absperrhähne ohne Totvolumen zu achten.

## Spalteinstellung, z. B. über

- 📖 *Spacer*
- Positionierhilfen
- Abstandshalter am Bauteil
- Ausgehärteten Klebstoff als punktförmige Abstandshalter

*Verkleben von Leisten auf Glas-Duschkabine in einer halbautomatischen Fertigungsanlage*

## Fügen

- Verdrängen der Luft für eine vollflächige, blasenfreie Klebfläche (durch langsames Absetzen und evtl. Kippen)
- Vermeiden von Toträumen (Ecken abrunden)

## Aushärtung

| Aushärtelampe | Beispielabstand [mm] | Intensität [mW/cm²] UVA | Intensität [mW/cm²] VIS | Bestrahlte Fläche [cm²] |
|---|---|---|---|---|
| DELOLUX 04 | 25 | 335 | 380 | 17 |
| DELOLUX 03 S | 115 | 55 | 35 | 378 |
| DELOLUX 80 | 25 | 0 | 330 | 5,3 |
| Langfeldröhre (Cosmedico High Intensive) | 20 | 25 | 5 | – |

## Prozesshinweise

| | Einzelscharniere | Leistenscharniere |
|---|---|---|
| Klebstoff | DELO-PHOTOBOND 4468 | DELO-PHOTOBOND PB493 |
| Spalt [µm] | 100 – 200 | 500 |
| Aushärtung | DELOLUX 03 S<br>20 s bei 15 mW/cm² gemessenem UV-Anteil danach 50 s bei 35 - 50 mW/cm² gemessenem UV-Anteil | ■ LED-Modul: 60 s bei 120 mW/cm² bei 405 nm; 2 cm Abstand<br>■ Röhrenlampe: 180 s bei 25 mW/cm² UV-Anteil + 5 mW/cm² Blue-Anteil |

## Nachbearbeitung

- Ggf. überschüssigen Klebstoff entfernen
- Reinigen
- Imprägnieren

# Prozesstechnik

## 2. Mikroelektronik – Flip-Chip-Kontaktierung bei Smart Label Anwendungen

Intelligente Etiketten werden in verschiedensten Bereichen verstärkt Bestandteil des öffentlichen Lebens.
Ob Produkte im Supermarkt, Eintrittskarten für Veranstaltungen wie die Fußball-WM, Gepäckanhänger im Flugverkehr oder Aufkleber auf Poststücken – überall müssen verschlüsselte Informationen wie z. B. persönlich Daten, Preise oder Adressen speicher- und auslesbar sein.

Von der 📖 *RFID*-Technik profitiert vor allem das Warenmanagement in verschiedenen Bereichen durch eine maßgebliche Vereinfachung des gesamten Handlings: Unternehmen haben durch diese neue Technologie z.B. jederzeit einen detaillierten Überblick über ihren aktuellen Lagerbestand, da ein automatisches, berührungsloses Ein- und Ausbuchen der Ware im Lager ermöglicht wird.

Mit dem so genannten Smart Label, einem Etikett mit Halbleiterchip und Antenne, werden Daten im HF- (Hochfrequenzbereich: 13,56 MHz) oder UHF-Bereich (Ultrahochfrequenzbereich: 860-930 MHz) übertragen.

Klebstoffe sind für die RFID-Technik wesentliche Funktionsträger und werden in vollautomatische Prozesse integriert. Sie zeichnen sich durch extrem kurze Taktzeiten und sehr hohe Zuverlässigkeit aus. Das System
📖 *Chip* → 📖 *Substrat* → Klebstoff → Anlage
muss reproduzierbar aufeinander abgestimmt sein.

**Anforderungen an den Klebstoffhersteller**
Als Spezialist für schnelle, prozesssichere Systemlösungen bietet DELO dem Smart Label-Hersteller durch eine enge, partnerschaftliche Zusammenarbeit offenkundige Vorteile:
- Hohe Verlässlichkeit für den neuen Markt und langlebige Marken
- Schnelle Aushärtung, um den Prozessfluss zu gewährleisten. Ziel: 20.000 – 30.000 Uph
- Außergewöhnlich hohe Haftung auf den verwendeten Substrattypen. Ziel: noch niedrigere Aushärtetemperaturen um billigere Substratfolien zu nutzen
- Kundenspezifische, optimierte Lösung in enger Zusammenarbeit mit dem Anlagenhersteller
→ Motivation für weitere Forschungsarbeit und Produktweiterentwicklung bei DELO

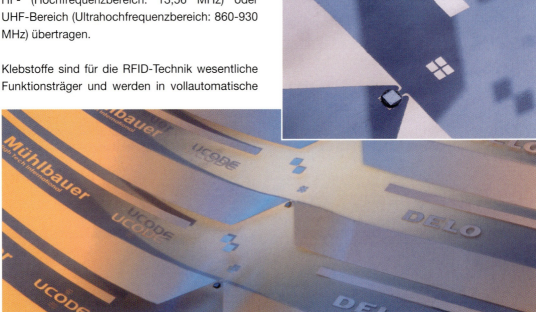

*Smart Inlay – Flip-Chip-Kontaktierung*

# Prozesstechnik

**Klebstoffverarbeitung in der Wertschöpfungskette von RFID-Anwendungen**

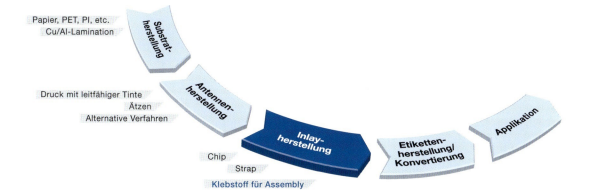

Der für die Anwendung ausgewählte 📖 *Flip-Chip* kann unterschiedlich passiviert und mit verschiedenen 📖 *Bumps* ausgerüstet sein.

Passivierungsarten des Silizium-Chips:
- PI (Polyimid)
- $SiO_2$ (Siliziumoxid)
- PSG (Phosphorsilikatglas)
- $Si_3N_4$ (Siliziumnitrid)

Im Vorfeld wird geklärt, auf welchen Substraten der Flip-Chip kontaktiert wird.

Substrat: Interposer oder Antenne
- PET + Aluminium oder Kupfer:
  Laminiertes/geätztes Aluminium oder Kupfer
  Aufgesputtertes Kupfer
- PET + Silberpaste
- Papier + Silberpaste

| Bump-Typen | Bump-Höhe | |
|---|---|---|
| galv. Au | ca. 18 µm | |
| Ni/Au | 20 - 25 µm | |
| Pd | 20 - 25 µm | |
| Au Stud Bump | 30 - 40 µm | |

Bond it

# Prozesstechnik

**Beispiel Flip-Chip-Prozess**

Smart Label werden im so genannten Rolle-zu-Rolle-Prozess gefertigt. Das heißt: Auf einer Anlage laufen alle Prozessschritte nacheinander ab. Sie müssen daher optimal aufeinander abgestimmt sein.

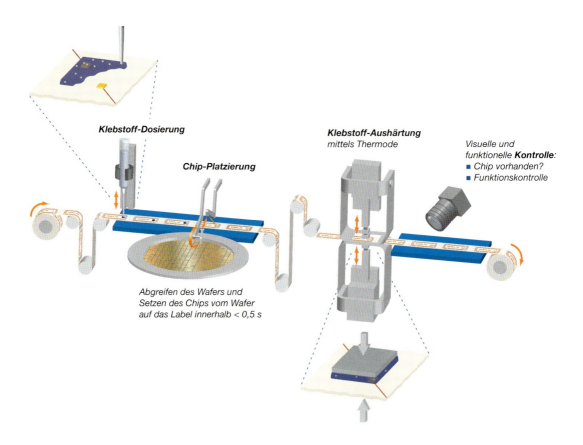

*Klebstoff-Dosierung*

*Chip-Platzierung*

*Abgreifen des Wafers und Setzen des Chips vom Wafer auf das Label innerhalb < 0,5 s*

*Klebstoff-Aushärtung mittels Thermode*

*Visuelle und funktionelle Kontrolle:*
- Chip vorhanden?
- Funktionskontrolle

Klebstoff: DELO-MONOPOX AC163
Chip: 1 x 1 mm²

Der Klebstoffauftrag erfolgt z. B. über Dispensen oder Drucken. Dabei härten 0,1 mg Klebstoff pro Chip z. B. bei +180 °C Klebstofftemperatur innerhalb von 8 s aus. Schnellere Prozesse laufen mit der neuesten DELO-Produktgeneration derzeit bereits bei +140 °C in 5 s ab. Weitere Produktentwicklungen zielen darauf ab, noch kürzere Taktzeitforderungen zu erfüllen.

Die konkreten Anlagenparameter müssen für jede Anwendung entsprechend der speziellen Voraussetzungen ermittelt werden:
Die Aushärtezeit ist abhängig von der Wärmeübertragung zwischen den Thermoden und dem Klebstoff. Sie wird beeinflusst von:
- Klebstofftyp
- Distanzpapiertyp und -dicke
- Dicke und Größe des Chips
- Substratmaterial und -dicke (wie z. B. PET, Papier, PI)
- Antennendesign (metallisierter Bereich)

> siehe auch …
> Seite 106 **Flip-Chip-Kontaktierung**

# Prozesstechnik

## 3. Elektromotorenbau – Magnetverklebung

Magnete in einen Stator oder auf einen Rotor zu kleben ist Stand der Technik im Elektromotorenbau.

DELO hat speziell für diesen Anwendungsbereich DELO-MONOPOX-Klebstoffe qualifiziert, die durch Induktion ( *Induktive Erwärmung*) sehr schnell ausgehärtet werden können und dadurch kurze Taktzeiten ermöglichen ( S. 96).
Weitere Produktvorteile:

- Hohe Verbundfestigkeiten: Gute Haftung auf Metallen und Magneten bzw. Ferriten
- Hohe Temperaturfestigkeit und -beständigkeit
- Gute Feuchtebeständigkeit
- Gute Klimawechselbeständigkeit
- Minimiertes Korrosionspotenzial durch säurefreie oder mineralisch gefüllte Klebstoffe
- Spannungsausgleichende Varianten verfügbar
- Klebspalte ab 0,1 mm möglich

### Fügeteile
Statorrohr: Stahl, schwarz verzinkt, Ø 80 mm
Magnetmaterial: HF8 (8-poliger, diametral magnetisierter Hartferrit), H x B x T= 60 x 40 x 7 mm

*Rohre mit eingeklebten Magneten*

### Bauteilvorbereitung
Reinigung mit DELOTHEN NK 1

### Klebstoffapplikation
Raupenförmiger Auftrag auf die Stator-Innenseite

### Fügen
Die Magnete werden mittels Spreizdorn in den Statorrohren in Position gehalten. Anschließend wird die Baugruppe in die Induktionsspule eingebracht.

### Aushärtungsparameter

| Generator | 12 kW |
|---|---|
| Frequenz | 50 kHz |
| Aufheizzeit | 10 s |
| Haltezeit, gepulst | 30 s |
| Aushärtungstemperatur | +140 °C |

Nach Ende der induktiven Erwärmung ist die Handfestigkeit erreicht. Der Klebstoff hält die Magnete bereits in Position. Die Bauteile werden auf eine Abkühlstrecke abgesetzt. Hier härtet der Klebstoff durch die große Wärmekapazität der Bauteile aus.

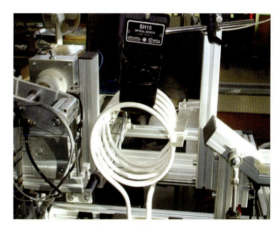

*Induktionsspule mit Pyrometer*

### Kundenvorteile
- Zeitersparnis durch schnelle, induktive Aushärtung; Handlingszeit: 40 s
- Erhöhung der Produktionsstückzahlen
- Hohe Prozessgenauigkeit durch Automatisierung der Fertigung
- Hohe Anwendungssicherheit auf Grund der hohen Temperaturfestigkeit des Klebstoffs

# Teil IV
## Anwendungen in der Elektronik

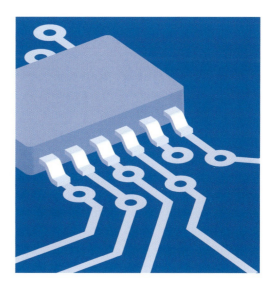

| | | |
|---|---|---|
| **1.** | **Elektronik / Elektrotechnik** | 92 |
| 1.1 | Kleben | 92 |
| 1.2 | Dichten | 98 |
| 1.3 | Vergießen | 99 |
| 1.4 | Beschichten | 101 |
| | | |
| **2.** | **Mikroelektronik** | 102 |
| 2.1 | SMT (Surface Mount Technology) | 102 |
| 2.2 | Die Attach | 103 |
| 2.3 | Chipverguss | 104 |
| 2.4 | Isotrop elektrisch leitfähiges Kleben | 105 |
| 2.5 | Flip-Chip-Kontaktierung | 106 |

# Anwendungen in der Elektronik

## 1. Elektronik / Elektrotechnik

Vorgegebene Taktzeiten und kostengünstige Realisierung der Montage sind die Rahmenbedingungen, mit denen sich Konstrukteure und Fertigungsplaner in der Elektronik auseinander setzen. Einzelne Schritte müssen sich einfach, schnell und zuverlässig in die Inline-Produktion integrieren lassen.

### 1.1 Kleben

**Kleben von Leiterplatten in Gehäuse**

**Ausgewählte Produktgruppe:**
**DELO-KATIOBOND**
- Voraktivierbar ( S. 36)
- Miniaturisierung möglich
- Gewichtsersparnis
- Kurze Taktzeiten
- Lagegenaues Fixieren
- Hohe Zuverlässigkeit

**Geprüfte Eigenschaften**
- 4 Wochen VDA- *Klimawechseltest*
- 1 Woche +80 °C Temperaturlagerung
- Abzugskräfte

*Einkleben von Leiterplatten in Gehäuse*

**Standardklebstoffe im Vergleich**

|  | DELO-KATIOBOND 45952 | DELO-KATIOBOND 4597 | DELO-KATIOBOND 4552 |
|---|---|---|---|
| **Viskosität [mPas]** | 32.000 | 48.000 | 1.200 |
| **Druckscherfestigkeit [MPa]** (mit Voraktivierung) | | | |
| PBT/PBT | 9 | 8 | 6 |
| FR4/FR4 | 15 | 11 | 24 |
| FR4/FR4 nach 1 h +80 °C | 20 | 14 | 30 |
| **Reißdehnung [%]** | 54 | 7 | 3 |

# Anwendungen in der Elektronik

## Bauteilbefestigung auf Leiterplatten

**Ausgewählte Produktgruppe:**
**DELO-MONOPOX**
- Miniaturisierung möglich
- Hohe Packungsdichte
- Hohe Zuverlässigkeit bei nachfolgenden Fertigungsschritten
- Hohe Prozesssicherheit
- Ausschussminimierung

**Geprüfte Eigenschaften**
- *Temperaturschocktest* –40 bis +105 °C
- 500 h Klimalagerung bei +85 °C/85 % r. F.
- Adhäsionstests auf PET, PBT, FR4, LCP, PA, Cu, Al, Ag
- Chemikalienbeständigkeit gegenüber Aceton, Ethanol, ATF Getriebeöl, Benzin, Diesel, Natronlauge 5 %

1  Kleben von Abdeckung auf Leiterplatte (Schutzfunktion)
2  Verkleben/Abdichten von Gehäusehälften
3  Kleben von Sensoren auf Träger
4  Manipulationsschutz für Bauteile
5  NCA/ACA für Flip-Chips
6  Fixierung von Spulen
7  Kleben von Keramik-Chipmodul (Trägermodul) in Housing und Package auf PCB
8  Vibrationsschutz für Elkos

Zur Verdeutlichung der Verklebung ist der Klebstoff hier blau eingefärbt bzw. als Linie dargestellt, auch wenn die Verklebung in der Praxis nicht sichtbar ist.

**Standardklebstoffe im Vergleich**

|  | DELO-MONOPOX MK096 | DELO-MONOPOX MK055 |
|---|---|---|
| Viskosität [mPas] | Pastös | 40.000 |
| Aushärtung | 5 min bei +150 °C | 6 bis 19 s mit Thermode bei +150 bis +210 °C |
| E-Modul [MPa] | 3.500 | 3.200 |
| Glasübergangstemperatur $T_G$ [°C] | +97 | +146 |
| Extrahierbarer Ionengehalt [ppm] Na+, Ka+, F- | jeweils < 10 | jeweils < 10 |

# Anwendungen in der Elektronik

**Kleben von Handykomponenten
(Minilautsprecher, Displays, Schalen)**

**Ausgewählte Produktgruppen:**
**DELO-MONOPOX, DELO-PHOTOBOND**
- Stetige Miniaturisierung möglich
- Sehr kurze Taktzeiten
- Gestalterische Vielfalt durch Kombination unterschiedlicher Werkstoffe
- Weiter Temperatureinsatzbereich von −40 bis +85 °C
- Hervorragende Festigkeiten auch auf speziellen Kunststoffen wie z. B. PAR, PEN, PEEK
- Hohe Zuverlässigkeit
- Hervorragende akustische Qualität der Lautsprecher
- Sehr hoher Fertigungsdurchsatz

**Geprüfte Eigenschaften**
- Biegetests
- Ausdrücktest mit Formstempel
- Random-free-fall-Test in Röhre
- Falltest aus 1,5 m Höhe
- Klimawechseltest −40 bis +80 °C
- Schwitzwassertest +40 °C/100 % r. F.

*Verklebung verschiedenster Komponenten und Werkstoffe von Handylautsprechern*

# Anwendungen in der Elektronik

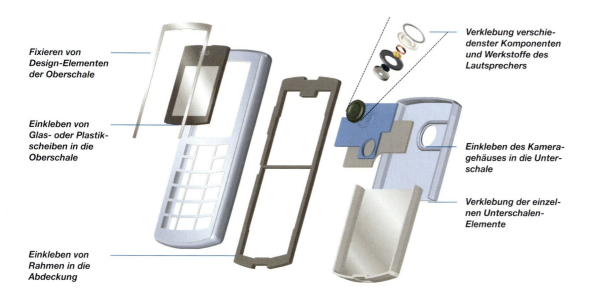

Fixieren von Design-Elementen der Oberschale

Einkleben von Glas- oder Plastikscheiben in die Oberschale

Einkleben von Rahmen in die Abdeckung

Verklebung verschiedenster Komponenten und Werkstoffe des Lautsprechers

Einkleben des Kameragehäuses in die Unterschale

Verklebung der einzelnen Unterschalen-Elemente

**Undurchstrahlbare Fügeteile - Standardklebstoffe im Vergleich**

|  | DELO-MONOPOX AD066 | DELO-MONOPOX AD481 | DELO-MONOPOX AD479 |
|---|---|---|---|
| Viskosität [mPas] | 20.000 | 80.000 | 75.000 |
| Aushärtung mit Thermode | 10 s bei +250 °C | 10 s bei +250 °C | 25 s bei +130 °C |
| **Druckscherfestigkeit [MPa]** | | | |
| PPS/PPS | 30 | 6 | 8 |
| PBT/PBT | 20 | 5 | 2 |
| FR4/FR4 | 60 | 35 | 18 |
| Magnete chromatiert | 40 | 11 | 13 |
| Magnete vernickelt | 34 | 20 | 11 |

**Mindestens ein Fügeteil ist durchstrahlbar - Standardklebstoffe im Vergleich**

|  | DELO-PHOTOBOND PB437 | DELO-PHOTOBOND PB475 | DELO-PHOTOBOND PB483 | DELO-PHOTOBOND 4496 |
|---|---|---|---|---|
| Viskosität [mPas] | 8.000 | 28.000 | 50.000 | 17.000 |
| Reißdehnung [%] | 110 | 170 | 280 | 300 |
| **Druckscherfestigkeit [MPa]** | | | | |
| PC/PC | 22 | 28 | 11 | 10 |
| PMMA/PMMA | 9 | 12 | 7 | 3 |
| PC/Al | 9 | 13 | 8 | 10 |
| PC/Gl | 14 | 20 | 9 | 5 |
| Gl/Al | 30 | 24 | 12 | 4 |

# Anwendungen in der Elektronik

## Kleben von Magneten / Ferriten

**Ausgewählte Produktgruppen:**
**DELO-MONOPOX, DELO-DUOPOX**

- Hohe Festigkeiten: Gute Haftung auf Metall und Magnet oder Ferrit
- Gute Feuchtebeständigkeit
- Temperaturfestigkeit und -beständigkeit: Dauereinsatz bis +200 °C
- Klimawechselbeständigkeit
- Kurze Taktzeiten erreichbar; beschleunigte Aushärtung der 1-K-Klebstoffe DELO-MONOPOX durch Induktion möglich
- Minimiertes Korrosionspotential durch säurefreie oder mineralisch gefüllte Klebstoffe
- Spannungsausgleichende Varianten verfügbar
- Klebspalte ab 0,1 mm möglich
- Hohe Prozesssicherheit bei rationeller Fertigung
- Hohe Zuverlässigkeit im Einsatz

*Kleben von Magneten / Ferriten*

### Geprüfte Eigenschaften

- Bestimmung der *Druckscherfestigkeit* an einer Universalprüfmaschine nach DELO-Norm 5
- Weitere Werte (s. Tabelle) nach 500 h Einlagerung bei +85 °C/85 % r. F.; 4 Wochen VDA-Klimawechseltest

**Standardklebstoffe im Vergleich**

|  | DELO-MONOPOX 1196 | DELO-MONOPOX AD295 | DELO-DUOPOX AD895 |
|---|---|---|---|
| Viskosität [mPas] | 290.000 | 230.000 | 90.000 |
| Aushärtung | 40 min bei +150 °C induktiv: 60 s bei +150 °C | 40 min bei +150 °C induktiv: 60 s bei +150 °C | 24 h bei RT |
| Druckscherfestigkeit [MPa] Magnet / St | 50 | 65 | 30 |
| Druckscherfestigkeit [MPa] Magnet / St, nach 500 h +85 °C/85 % r. F. | 40 | 42 | 25 |

# Anwendungen in der Elektronik

## Fixierung von Spulendrähten

**Ausgewählte Produktgruppe:**
**DELO-PHOTOBOND**
- Ausgezeichneter Spannungsausgleich auch bei großen Temperaturunterschieden
- Sehr guter Vibrationsschutz
- Kurze Taktzeiten
- Hoher Fertigungsdurchsatz
- Sicherstellung der Bauteilfunktion

**Geprüfte Eigenschaften**
- 4 Wochen VDA-Klimawechseltest
- 500 h Klimalagerung bei +85 °C/85 % r. F.
- Temperaturschocktest –40 bis +120 °C
- Umspritzen der Spule

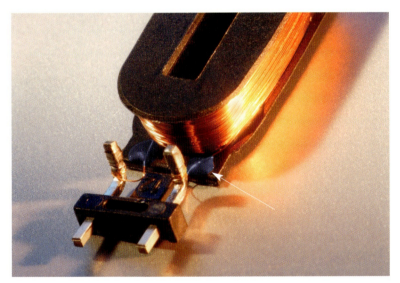

*Spulendrahtfixierung an Spulenträgern*
*(Klebstoff zur Verdeutlichung der Auftragungsfläche blau eingefärbt)*

**Standardklebstoffe im Vergleich**

|  | DELO-PHOTOBOND PB493 | DELO-PHOTOBOND 4496 | DELO-PHOTOBOND 4497 |
|---|---|---|---|
| **Viskosität [mPas]** | 50.000 thix. | 17.000 thix. | 30.000 thix. |
| **Minimale Belichtungszeit [s] bei 60 mW/cm²** | 20 | 50 | 15 |
| **Reißdehnung [%]** | 280 | 300 | 200 |

Bond it  97

# Anwendungen in der Elektronik

## 1.2 Dichten

### Deckel-/Gehäuseverklebung bei einer Kfz-Elektroniksteuereinheit

**Ausgewählte Produktgruppe:**
**DELO-MONOPOX**
- Schutz der innen liegenden Bauteile vor Medienbelastung
- Schnelle Aushärtung durch Wärmezufuhr
- Gute Haftung auf PBT
- Hohe Temperaturbeständigkeit
- Optimierte Viskosität für den Verguss

*Deckel-/Gehäuseverklebung bei einer Kfz-Elektroniksteuereinheit*

### Abdichten von PBT-Airbagsensoren

**Ausgewählte Produktgruppe:**
**DELO-KATIOBOND**
- Sehr schnelle Taktzeiten realisierbar (< 6 s)
- Gute Haftung auch auf PC, gute Abdichtung
- Gute Langzeitbeständigkeit
- Hohe Zuverlässigkeit

*Abdichten von PBT-Airbagsensoren*

### Geprüfte Eigenschaften
- 📖 *Druckscherversuch* nach DELO-Norm 5
- 📖 *Zugversuch* nach DIN EN ISO 527

Für Anwendungen, die ein flexibleres Material erfordern, lassen sich 2-K-Polyurethane (DELO-PUR) verwenden.

|  | DELO-MONOPOX 6093 |
|---|---|
| **Viskosität [mPas]** | 40.000 |
| **Aushärtung** | 30 min bei +130 °C |
| **Zugfestigkeit [MPa]** | 41 |
| **Reißdehnung [%]** | 1,6 |
| **Zersetzungstemperatur [°C]** | +240 |

### Geprüfte Eigenschaften
- Nachweis der Dichtigkeit direkt nach der Belichtung
- Prüfung der Haftung auf PBT durch Druckscherversuch nach DELO-Norm 5
- Ermittlung der minimalen Voraktivierungszeit für optimale Taktzeiten
- 📖 *Klimawechseltest* –20 bis +80 °C

|  | DELO-KATIOBOND 4591 |
|---|---|
| **Viskosität [mPas]** | 23.000 thixotrop |
| **Druckscherfestigkeit** | |
| PBT [MPa] | 7 |
| PC [MPa] | 13 |
| **Reißdehnung [%]** | 50 |

# Anwendungen in der Elektronik

## 1.3 Vergießen

### Verguss von Schaltern

**Ausgewählte Produktgruppe:**
**DELO-KATIOBOND**
- Gutes Fließverhalten durch thixotrope Einstellung
- Hohe 📖 *Glasübergangstemperatur $T_G$*
- Aushärtung bis zur Handfestigkeit in 20 s

### Verguss von Schaltungsträgern

**Ausgewählte Produktgruppe:**
**DELO-DUOPOX**
- Niedrigviskos für einfaches Gießen und gutes Umfließen
- Hohe Dauertemperaturbeständigkeit bis +150 °C
- Geringer 📖 Aushärtungs*schrumpf*
- Minimierte Wasseraufnahme
- Hohe 📖 *Kriechstrom-* und 📖 *Durchschlagfestigkeit*

*Verguss von Schaltern für die Automobilindustrie*

*Verguss eines elektronischen Schaltungsträgers*

### Geprüfte Eigenschaften
- Nachweis der Dichtigkeit nach Aushärtung
- Prüfung der Temperaturfestigkeit
- Kein Verfärben oder Vergilben
- Dosierversuche für optimales Fließverhalten

### Geprüfte Eigenschaften
- Wasseraufnahme nach DIN EN ISO 62
- Aushärtungsschrumpf
- Kriechstromfestigkeit und Durchschlagfestigkeit nach VDE 0303 Teil 1+2

|  | DELO-KATIOBOND 4578 |
|---|---|
| Viskosität [mPas] | 12.400 thixotrop |
| Belichtungszeit [s] | 20 |
| Endfestigkeit [h] | 24 |
| Zugfestigkeit [MPa] | 21 |
| Glasübergangstemperatur $T_G$ [°C] | +132 |

|  | DELO-DUOPOX 6963 |
|---|---|
| Viskosität im Gemisch [mPas] | 5.000 |
| Zugfestigkeit [MPa] | 20 |
| Kriechstromfestigkeit [M] | > 600 |
| Durchschlagfestigkeit [kV/mm] | 22,3 |

Bond it

# Anwendungen in der Elektronik

## Verguss von elektronischen Anschlüssen

**Ausgewählte Produktgruppe:**
**DELO-KATIOBOND**
- Gutes Fließverhalten
- Sehr gute Haftung auf vielen Substraten
- Hohe Glasübergangstemperatur $T_G$
- Aushärtung in 20 s

*Verguss von elektronischen Anschlüssen nach dem Lötprozess*

### Geprüfte Eigenschaften
- Druckscherversuch nach DELO-Norm 5
- Bestimmung der Glasübergangstemperatur $T_G$ am Rheometer
- Ermittlung der minimalen Voraktivierungszeit

|  | DELO-KATIOBOND 4552 |
|---|---|
| Viskosität [mPas] | 1.200 |
| Belichtungszeit [s] | 20 |
| Druckscherfestigkeit<br>PC [MPa]<br>PBT [MPa] | <br>30<br>6 |
| Glasübergangs-<br>temperatur $T_G$ [°C] | +130 |

## Elektronikverguss im Sicherheitssensor

**Ausgewählte Produktgruppe:**
**DELO-DUOPOX**
- Besonders niedrigviskos (160 mPas) und damit guter, blasenfreier Verguss möglich
- Flexibel und damit spannungsausgleichend
- Geringe Exothermie für große Vergussvolumen

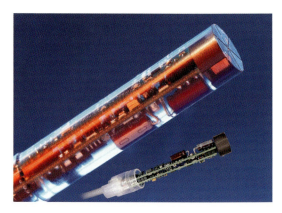

*Verguss der Elektronik in einem Sicherheitssensor*

### Geprüfte Eigenschaften
- Viskosität nach Brookfield bei Raumtemperatur
- Bestimmung der *Reißdehnung* nach DIN EN ISO 527
- Ermittlung des Temperaturverlaufs bei der Aushärtung

|  | DELO-DUOPOX 6823 |
|---|---|
| Viskosität im Gemisch [mPas] | 160 |
| Reißdehnung [%] | 70 |
| Glasübergangs-<br>temperatur $T_G$ [°C] | +37 |
| Zugfestigkeit [MPa] | 4 |

# Anwendungen in der Elektronik

## 1.4 Beschichten

### Korrosionsschutz von Lötkontakten

**Ausgewählte Produktgruppe:**
**DELO-KATIOBOND**
- Hohe Temperaturwechselbeständigkeit durch flexible Einstellung
- Sehr gute Benetzung der Lötkontakte
- Korrosionsarm
- Aushärtung in 30 s

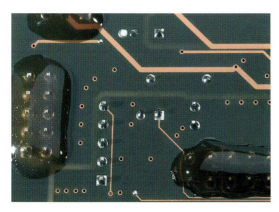

*Korrosionsschutz von Lötkontakten z. B. an Leiterplatten*

**Geprüfte Eigenschaften**
- Versuche zur Korrosion und Benetzung auf Lötkontakten
- Bestimmung der Reißdehnung nach DIN EN ISO 527
- Optimierung der Belichtungszeit bis zur Anfangsfestigkeit

|  | DELO-KATIOBOND KB554 |
|---|---|
| Viskosität [mPas] | 1.500 |
| Reißdehnung [%] | 45 |
| Druckscherfestigkeit Glas/FR4 [MPa] | 21 |

### Beschichten von Steckkontakten

**Ausgewählte Produktgruppe:**
**DELO-PHOTOBOND**
- Optimales Fließverhalten durch angepasste Viskosität und Thixotropie
- Aushärtung in 15 s möglich
- Beständig gegenüber Salzwasser
- Optimierte 📖 *Schälfestigkeit* und Flexibilität

*Beschichtung von Steckkontakten an Kfz-Spiegelheizungen*

**Geprüfte Eigenschaften**
- Viskosität nach Brookfield bei Raumtemperatur
- Bestimmung der Reißdehnung nach DIN EN ISO 527
- Optimierung der Belichtungszeit bis zur Endfestigkeit
- Nachweis der Beständigkeit in Salzwasser

|  | DELO-PHOTOBOND 4496 |
|---|---|
| Viskosität [mPas] | 17.000 thixotrop |
| Belichtungszeit [s] | 15 |
| Endfestigkeit [s] | 15 |
| Reißdehnung [%] | 300 |

# Anwendungen in der Elektronik

## 2. Mikroelektronik

Miniaturisierung, Präzision, Schnelligkeit und höchste Qualität bei ständig steigenden Anforderungen: Innovationen in der industriellen Fertigung haben die Klebtechnik im Bereich Mikroelektronik in den vergangenen Jahren verändert – und die Klebtechnik hat ihrerseits den technologischen Fortschritt mitbestimmt.

DELO-Klebstoffe für die Mikroelektronik bewähren sich in den verschiedensten Einsatzgebieten.

### 2.1 SMT (Surface Mount Technology)

**Ausgewählte Produktgruppe:**
**DELO-MONOPOX**
- DELO-MONOPOX MK096 wurde speziell zur Fixierung von 📖 *SMD*-Bauteilen während des Wellenlot- bzw. Reflowprozesses entwickelt
- Verarbeitung mit Standardanlagen. Der Klebstoff kann gejettet, direkt aus der Kartusche dispenst oder mit Schablonendruck aufgetragen werden
- Optimiert für Hochgeschwindigkeitsprozesse. Es können mehr als 30.000 dots pro Stunde dosiert werden
- Universelle Haftung auf unterschiedlichen Substraten
- Hochzuverlässige Fixierung von Melfs – auch von Glas-Melfs

### Geprüfte Eigenschaften

Da der SMD-Klebstoff hauptsächlich für die sichere Handhabung von SMD-Bauteilen vor dem Reflow- oder Wellenlotprozess verwendet wird, gibt es keine speziellen Testmethoden. Ein SMD-Klebstoff muss folgende Eigenschaften haben:
- Sehr schnelle Aushärtung für hohen Durchsatz
- Ausgezeichnete Haftung auf unterschiedlichen Materialien bei der Temperatur während des Lotprozesses
- Hohe Nassfestigkeit, um Bauteil-Bewegungen während der Handhabung mit der Leiterplatte und der Aushärtung des SMD-Klebstoffs zu vermeiden

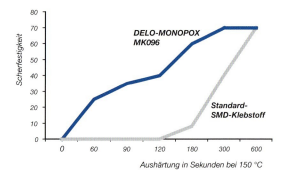

*Vor dem Lotprozess ermittelte Werte an SMD Widerständen (2,0 x 1,25 mm) und FR4 Leiterplatten. Aushärtung im Luftkonvektionsofen.*

|  | DELO-MONOPOX MK096 |
|---|---|
| Viskosität [mPas] | Pastös |
| Farbe | Rot |
| Wasseraufnahme [Gew. %] | 0,2 |
| E-Modul [MPa] | 3.500 |
| Zugfestigkeit [MPa] | 60 |
| Glasübergangstemperatur $T_G$ [°C] | +97 |

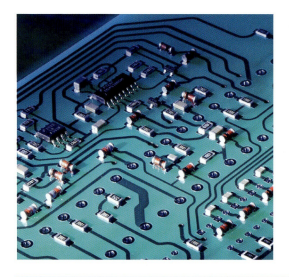

*Fixierung von SMD-Bauteilen, insbesondere von Melfs oder Glas-SMD-Bauteilen*

# Anwendungen in der Elektronik

## 2.2 Die Attach

Im Bereich der Modulherstellung von 📖 *Smart Cards* bietet DELO 📖 *Die Attach*-Klebstoffe, die in ihrer chemischen Zusammensetzung den Chipvergussmassen sehr ähnlich sind. Dies ermöglicht ein hervorragendes Zusammenspiel zwischen Die Attach und Vergussmasse.

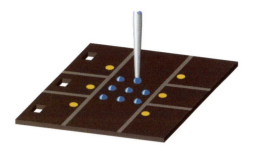

**Ausgewählte Produktgruppe:**
**DELO-MONOPOX DA, isolierend**
- Ungefüllt
- Optimale mechanische Eigenschaften
- Schnelle Aushärtung bei niedrigen Temperaturen; ideal für schnelle Prozesse und temperaturempfindliche Substrate
- Geringste Schichtdicken erzielbar
- Minimales 📖 *Bleeding* für maximale Sicherheit beim 📖 *Wire*bond-Prozess

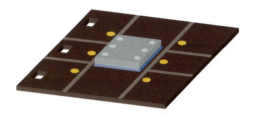

Die Attach – Montage von Chips im Chip-on-Board-Verfahren mit DELO-MONOPOX DA.
Oben: Dispensen des Klebstoffs auf das Substrat
Unten: Positionierung des Chips, Aushärtung des Klebstoffs

**Ausgewählte Produktgruppe:**
**DELO-MONOPOX IC, leitfähig**
- Leitfähigkeit durch hohen Anteil an Silberflakes
- Ableitung von Wärme und elektrischen Ladungen vom Chip
- Geringe Belastung temperaturempfindlicher Tapes durch niedrige Aushärtungstemperaturen
- Minimales Bleeding für maximale Sicherheit beim Wirebond-Prozess

### Geprüfte Eigenschaften
Tests an Die Attach-Klebstoffen werden überwiegend erst nach dem 📖 *Molding* oder Verguss vom Endanwender durchgeführt. Unter anderem wurden folgende ausgewählte Tests bestanden:
- Die-Shear-Test
- Kompatibilität mit Wirebond-Prozessen
- Visueller Test: Ausbildung einer gleichmäßigen Kehlnaht, minimales Voiding in der Klebschicht, minimales Bleeding

**Standardklebstoffe im Vergleich**

|  | DELO-MONOPOX DA div. Produkte | DELO-MONOPOX IC div. Produkte |
|---|---|---|
| **Füllstoff** | Ungefüllt | Silberflakes |
| **Leitfähigkeit [Ωcm]** | Nicht leitend | Produktabhängig, z. B. $8 \times 10^{-4}$ |
| **Dichte [g/m³]** | Produktabhängig, z. B. 1,1 | Produktabhängig, z. B. 3,4 |
| **Elastizität** | Produktabhängig, zähelastisch bis hart | Hart |
| **Extrahierbarer Ionengehalt [ppm]** | $Cl^-$, $Na^+$, $K^+$ jeweils < 10 | $Cl^-$, $Na^+$, $K^+$ jeweils < 10 |

# Anwendungen in der Elektronik

## 2.3 Chipverguss

Elektronische Bauteile im Automotivebereich und in hochwertigen Industrieprodukten wie z. B. Steuerungen sind extremen Belastungen ausgesetzt: Sie werden in einem weiten Temperatureinsatzbereich betrieben, sind starken Vibrationen und Kräften ausgesetzt und stehen häufig in direktem Kontakt mit aggressiven Medien. DELO hat diesen Anforderungen in besonderem Maß Rechnung getragen und bietet eine Reihe entsprechender Chipvergussmassen an.

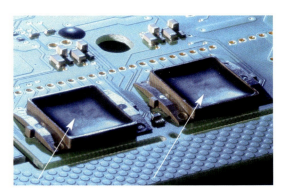

*Chipverguss bei elektronischen Bauteilen im Automotivebereich und in hochwertigen Industrieprodukten*

**Ausgewählte Produktgruppe:**
**DELO-MONOPOX GE**

- Angepasste, niedrige 📖 *Ausdehnungskoeffizienten* in einem weiten Temperaturbereich
- Hohe 📖 *Glasübergangstemperaturen $T_G$*
- Gute Haftung
- Geringer Polymerisationsschrumpf
- Geringes Nachhärtungspotential
- Sehr gute Medienbeständigkeit / chemische Beständigkeit

**Geprüfte Eigenschaften**

Folgende ausgewählte, branchenübliche Tests wurden von den Klebstoffen DELO-MONOPOX GE720, GE752, GE780 und GE790 bestanden:

- 📖 *Temperaturschocktest* −40 bis +150 °C (> 1.000 Zyklen)
- > 1.000 h aktive Klimalagerung bei +85 °C/ 85 % r. F.
- Dreifacher Durchlauf durch bleifrei Lotprofil
- 1.000 h Hochtemperaturlagerung bei +150 °C
- Vibrationstests

**Standardklebstoffe im Vergleich**

| Anwendung | DELO-MONOPOX GE720 | DELO-MONOPOX GE752 | DELO-MONOPOX GE780 | DELO-MONOPOX GE790 |
|---|---|---|---|---|
| Anwendung | Fill für Dam&Fill und Sensorverguss | Glop-Top für kleine und mittelgroße Chips | Glop-Top für kleine und mittelgroße Chips | Dam für Dam&Fill |
| Viskosität [mPas] | 20.000 | 53.000 | 90.000 | 160.000 |
| Aushärtung bis Endfestigkeit | 40 min bei +150 °C | 40 min bei +150 °C | 60 min bei +150 °C | 40 min bei +150 °C |
| Shore Härte | D 90 | D 93 | D 93 | D 92 |
| E-Modul [MPa] | 12.000 | 12.200 | 12.800 | 13.000 |
| Ausdehnungskoeffizient [ppm/K] von +30 bis +150 °C | 23 | 19 | 19 | 17 |
| Glasübergangstemperatur $T_G$ [°C] | +175 | +180 | +180 | +175 |
| Wasseraufnahme [Gew. %] | 0,19 | 0,2 | 0,16 | 0,15 |
| Schrumpf [Vol. %] | 0,6 | 1,3 | 0,5 | 0,5 |

# Anwendungen in der Elektronik

## 2.4 Isotrop elektrisch leitfähiges Kleben

Isotrop elektrisch leitfähige Klebstoffe enthalten einen hohen Anteil leitfähiger Silberflakes, durch die der Klebstoff in alle Raumrichtungen elektrisch leitfähig ist. Auf Grund der niedrigen Aushärtungstemperatur eignen sich die Klebstoffe besonders für den Einsatz temperaturempfindlicher, aber kostengünstiger Substrate wie z. B. PET.

### Ausgewählte Produktgruppe:
**DELO-MONOPOX IC**
- Sekundenschnelle Aushärtung, ideal für schnelle Inline-Prozesse
- Moderate Aushärtungstemperaturen
- Hohe Zuverlässigkeit
- Hohe Ionenreinheit, geringes Korrosionspotential
- Sehr gute Haftung auf Substraten wie z. B. ITO, FR4, Cu, Al, Ag; hohe mechanische Festigkeit

### Litzenverklebung

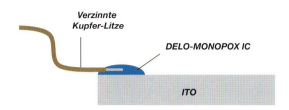

### Geprüfte Eigenschaften
- Klimalagerung bei +85 °C/85 % r. F.
- Temperaturschocktest –20 bis +100 °C
- Schalttest (Funktionstest zur Prüfung der mechanischen und elektrischen Eigenschaften)

### Strap Attach bei RFID-Inlays

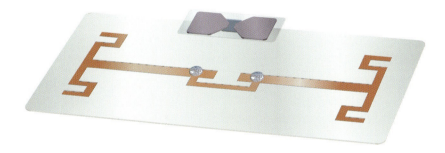

### Geprüfte Eigenschaften
Zuverlässigkeitsanforderungen an 📖 *RFID*-Inlays:
- Klimalagerung bei +85 °C/85 % r. F.
- 📖 *Zugfestigkeit*, Peelfestigkeit
- Biegetest
- Temperaturschocktest –40 bis +85 °C

| | DELO-MONOPOX IC div. Produkte |
|---|---|
| Füllstoff | Silberflakes |
| Leitfähigkeit [Ωcm] | Produktabhängig, z. B. $8 \times 10^{-4}$ |
| Dichte [g/m³] | Produktabhängig, z. B. 3,4 |
| Elastizität | Hart |
| Extrahierbarer Ionengehalt [ppm] | $Cl^-$, $Na^+$, $K^+$ jeweils < 10 |

# Anwendungen in der Elektronik

## 2.5 Flip-Chip-Kontaktierung

Die Kontaktierung von 📖 *Flip-Chips* mit Klebstoffen ist auf zwei Arten möglich: Zum Einen kann die elektrische Kontaktierung über mechanisches Verpressen von 📖 *Bumps* erfolgen, zum Anderen ist eine elektrische Kontaktierung über elektrisch leitfähige Partikel im Klebstoff, die zwischen den Bumps und der Substratmetallisierung eingeschlossen sind, möglich.
📖 *No-Flow-Underfiller* DELO-MONOPOX NU und 📖 *anisotrop elektrisch leitfähige Klebstoffe* DELO-MONOPOX AC sind speziell darauf ausgerichtet, sichere Kontaktierungen bei minimalen Anpresszeiten in industriellen Fertigungsprozessen zu ermöglichen.

**Ausgewählte Produktgruppe:**
**DELO-MONOPOX AC, DELO-MONOPOX NU**

- Sekundenschnelle Aushärtung, ideal für schnelle Inline-Prozesse
- Moderate Aushärtungstemperaturen
- Hohe Zuverlässigkeit
- Hohe Ionenreinheit, geringes Korrosionspotential
- Lange Verarbeitungszeit bei RT (14 Tage)
- Sehr gute universelle Haftung auf PET, Papier, FR4, PI, Cu, Al, Ag, Au
- Hohe Feuchtigkeitsbeständigkeit
- Einfache Applikation, Prozesssicherheit

| siehe auch … | |
|---|---|
| Seite 86 | **Mikroelektronik – Flip-Chip-Kontaktierung bei Smart Label Anwendungen** |

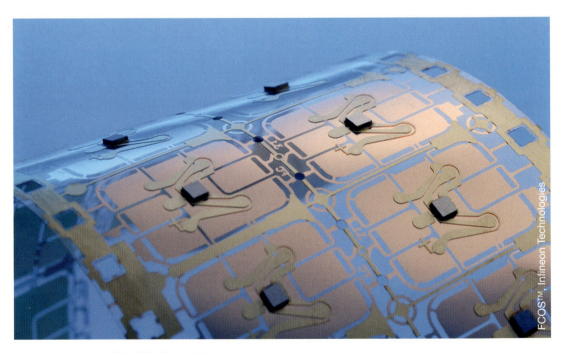

*Smart Card Modul - Flip-Chip-Kontaktierung*
*DELO-MONOPOX NU hält den elektrischen Kontakt geschlossen*

FCOS™, Infineon Technologies

# Anwendungen in der Elektronik

## Geprüfte Eigenschaften

Zuverlässigkeitsanforderungen an 📖 *RFID*-Inlays:

- Klimalagerung bei +85 °C/85 % r. F.
- Die-Shear-Test
- Biegetest
- Temperaturschocktest –40 bis +85 °C

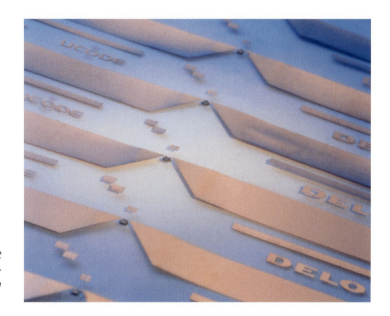

*Smart Inlay -*
*Flip-Chip-Kontaktierung*
*DELO-MONOPOX AC übernimmt die Aufgabe der elektrischen Kontaktierung und der mechanischen Fixierung*

### Standardklebstoffe im Vergleich

|  | DELO-MONOPOX NU<br>div. Produkte | DELO-MONOPOX AC<br>div. Produkte |
|---|---|---|
| **Aushärtung mit einer Thermode** | 6 – 10 s bei +150 bis +210 °C (am Klebstoff) | 6 – 10 s bei +150 bis +210 °C (am Klebstoff) |
| **Füllstoff** | – | Ag-Partikel, Ø 1 – 3 μm bzw. vergoldete Ni-Partikel, Ø ca. 8 μm |
| **Glasübergangstemperatur $T_G$ [°C]** | Produktabhängig, +55 bis +145 | Produktabhängig, +135 bis +150 |
| **Extrahierbarer Ionengehalt [ppm]** | Cl⁻, F⁻, Na⁺ und K⁺ jeweils < 10 | Cl⁻, F⁻, Na⁺ und K⁺ jeweils < 10 |
| **Lagerstabilität**<br>bei +5 °C<br>bei RT (+20 bis +25 °C) | 6 Monate<br>2 Wochen | 6 Monate<br>2 Wochen |
| **Die Shearwerte**<br>Chip 1,5 x 1,5 mm, FR4, Au<br>Chip 1,5 x 1,5 mm, PET, Al | ≥ 6 kg<br>≥ 3 kg | ≥ 13 kg<br>≥ 3 kg |

# Teil V
## Lexikon der Klebtechnik

Wichtige Fachbegriffe aus der Klebtechnik und den gängigsten Anwendungsbereichen – von **A** wie Abbinden bis **Z** wie Zweikomponentenklebstoff

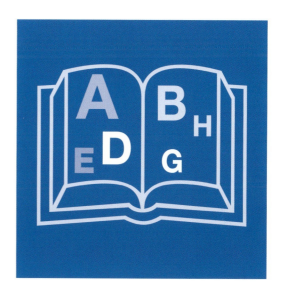

# Lexikon der Klebtechnik

## Abbinden
◻ *Aushärtung* des Klebstoffs in sich selbst und in Verbindung mit den Klebflächen der ◻ *Fügeteile*. Typischer Begriff bei physikalisch abbindenden Klebstoffen (⮑ S. 20).

## Abbindezeit
Zeitspanne, die ein physikalisch abbindender Klebstoff benötigt, um seine ◻ *Endfestigkeit* zu erreichen.

## Ablauffest
◻ *Standfest*

## Ablüftungszeit
Die Zeitspanne, die beim Einsatz von Reinigern, ◻ *Aktivatoren* oder ◻ *Primern* abgewartet werden muss, bis das Träger- bzw. Lösungsmittel vollständig abgelüftet ist und der Klebstoff aufgetragen werden kann.

## Abrasion
Abtragende Wirkung eines Feststoffs bzw. Mediums. Mechanisch stark beanspruchte Bauteile können z. B. durch eine Klebstoffbeschichtung vor Abrasion geschützt werden.

## Abriebfest
Widerstand eines Materials gegenüber ◻ *Abrasion* und den dadurch entstehenden Verschleiß.

## Absetzneigung, Absetzverhalten
Auftreten von ◻ *Sedimentation* eines ◻ *Füllstoffs* in flüssigen Klebstoffen, Gießharzen oder Beschichtungsmassen. Die Produkte müssen vor der Verarbeitung durch rühren oder rollieren homogenisiert werden.

## Absorption
Abschwächung einer Teilchen- oder Wellenstrahlung beim Eindringen in Materie. Transparente Fügeteile, wie etwa PMMA (Plexiglas), absorbieren z. B. UV-Strahlung und können so die Aushärtung beeinflussen. ◻ *Photoinitiatoren* in ◻ *strahlungshärtenden Klebstoffen* absorbieren Strahlung in einem definierten Wellenlängenbereich, um damit die Aushärtung des Klebstoffs einzuleiten. ◻ *Transmission*

## Abspaltprodukt
Eine sich während einer chemischen Reaktion bildende, niedermolekulare Verbindung. Beispiel: Essigsäureabspaltung bei der Aushärtung von einkomponentigen Silikonklebstoffen.
◻ *Polykondensation*

## ACA
**A**nisotropic **C**onductive **A**dhesive (S. 67)
◻ *DELO-MONOPOX AC*, ◻ *Anisotrop elektrisch leitfähige Klebstoffe*

## Adhäsion
Aneinanderhaften von zwei Stoffen auf Grund molekularer Anziehungskräfte (⮑ S. 22). Adhäsion ist die Ursache für das Haften von Klebstoff an einem Fügeteil. Weitere Beispiele: Haftung von zwei aufeinander liegenden Glasscheiben; Haftung eines Geckos auf einem glatten Untergrund; Haftung von Kreide an der Tafel.
◻ *Kohäsion*

## Adhäsionsbruch
Bruch einer Klebverbindung an der Grenzfläche zwischen Fügeteil und Klebstoff. ◻ *Fügeteilbruch*, ◻ *Mischbruch*, ◻ *Kohäsionsbruch*

## Adhäsionskräfte
◻ *Adhäsion*

## Adsorption
Anlagerung von Gasen oder gelösten Stoffen an der Oberfläche fester Körper.

## Aerosol
Bezeichnung für ein Gas (insbesondere Luft), welches flüssige oder feste, kleine Bestandteile (< 100 µm) enthält.

# Lexikon der Klebtechnik

## Ätzen
Entfernen von Teilen der Oberfläche eines Körpers mit auflösenden Mitteln wie etwa Flusssäure oder Salpetersäure. In der Klebtechnik: Verfahren zur chemischen *Oberflächenbehandlung*.

## Ätzende Substanzen
Können bei Berührung z.B. lebende Gewebe zerstören.
Kennzeichnung:

## AGW
**A**rbeitsplatz-**G**renz-**W**ert: Maximale Konzentration von chemischen Substanzen in der Luft, die am Arbeitsplatz als nicht gesundheitsschädlich angesehen werden kann. Er wird im *Sicherheitsdatenblatt* des jeweiligen Produkts angegeben. Der AGW ersetzt den MAK-Wert.

## Aktivator
Substanz, die in geringer Konzentration die *Aushärtung* eines Klebstoffs beschleunigt. Wird auch als Beschleuniger bezeichnet.

## Aktive Oberfläche
Oberfläche, die eine hohe *Polarität* oder chemische *Reaktivität* besitzt oder als *Katalysator* wirkt. In der Klebtechnik benötigen beispielsweise *anaerob härtende Klebstoffe* (S. 72) eine aktive Metalloberfläche zur Aushärtung. Aktive Oberflächen besitzen z.B. Kupfer oder Messing.

## Aktivierungszeit
Bei *kationisch lichthärtenden Klebstoffen* (S. 36, S. 64): Zeitspanne, in der der Klebstoff so viel Energie in Form von Licht oder UV-Strahlung aufgenommen hat, dass die Reaktion zum ausgehärteten Produkt vollständig und selbstständig ablaufen kann. Bei der Aktivierung zerfällt der *Photoinitiator* und der Klebstoff ist aktiviert. Nach einer definierten *Offenzeit*, in der die zu verklebenden Teile gefügt werden können, beginnt die 2. Phase der Aushärtungsreaktion. Damit können auch nicht durchstrahlbare Fügeteile mit *strahlungshärtenden Klebstoffen* verklebt werden (DELO-Normen 18 - 21).

## Alkan
Auch Paraffin oder gesättigter Kohlenwasserstoff genannt. Beispiele: Methan, Ethan, Propan. Allgemeine Formel: $[C_nH_{2n+2}]$.

## Alken
Auch Olefin oder ungesättigter Kohlenwasserstoff genannt. Enthält eine C=C-Doppelbindung. Beispiele: Ethen, Propen. Allgemeine Formel: $[C_nH_{2n}]$.

## Alkin
Ungesättigter Kohlenwasserstoff, der eine C≡C-Dreifachbindung enthält. Beispiele: Ethin, Propin. Allgemeine Formel: $[C_nH_{2n-2}]$.

## Alterung
Klebstoffe können wie alle Kunststoffe durch die Einwirkung von Licht, Wärme, Sauerstoff, Feuchtigkeit, aggressiven Medien, etc. altern. Dabei können sich der strukturelle Aufbau und die chemische Zusammensetzung ändern. Auch ein Nachlassen der übertragbaren Kräfte ist je nach Belastung möglich (S. 48).

## Aminisch härtende Klebstoffe
Klebstoffe, bei denen zur Einleitung der Aushärtungsreaktion Amine beteiligt sind. Beispiel: *DELO-MONOPOX* (S. 67). Amine sind organische Basen, die durch Ersatz eines oder mehrerer Atome Wasserstoff des Ammoniaks durch Alkyl- oder Arylgruppen gebildet werden. *Radikalisch härtende Klebstoffe*, *Kationisch härtende Klebstoffe*

# Lexikon der Klebtechnik

## Anaerob
Lateinisch aer = Luft => anaerob = ohne Luft

## Anaerob härtende Klebstoffe
Einkomponentige, flüssige, lösungsmittelfreie Klebstoffe auf Basis von Dimethacrylestern. Härten bei Raumtemperatur unter Luftabschluss, d.h. anaerob, bei gleichzeitigem Metallkontakt aus (S. 72).

## Anfangsfestigkeit
Hat eine Klebverbindung eine Festigkeit von 1 bis 2 MPa erreicht, so wird sie von DELO als handfest oder anfangsfest bezeichnet (DELO-Normen 4, 8 und 12). Diese Festigkeit reicht i.d.R. aus, damit ein verklebtes Bauteil weitermontiert bzw. transportiert werden kann. Wird auch als Handfestigkeit bezeichnet.

## Anisotrop
In den einzelnen Raumrichtungen unterschiedlich wirkende chemische oder physikalische Eigenschaften. *Isotrop elektrisch leitfähige Klebstoffe*, *Anisotrop elektrisch leitfähige Klebstoffe*

## Anisotrop elektrisch leitfähige Klebstoffe
Anisotrop elektrisch leitfähige Klebstoffe leiten den elektrischen Strom gezielt in nur eine Raumrichtung (S. 67, S. 106). *Leitkleben*, *DELO-MONOPOX AC*, *Isotrop elektrisch leitfähige Klebstoffe*

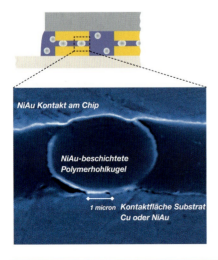

## Anodisierung
Elektrolysebad zur Beschichtung eines Materials, bei dem dieses als Anode geschaltet wird.

## Anpressdruck
Druck den bestimmte Klebstoffsysteme beim Fügen oder während der Aushärtung auf ihre Klebfläche benötigen. *Kontaktklebstoff*

## Anrisswiderstand
Die Fähigkeit eines angerissenen Klebstoffs der Risserweiterung zu widerstehen.

## Ansatzmenge
Mehrkomponentige Klebstoffe: Gesamtmenge der, entsprechend Hersteller-Vorgabe, nach Gewicht oder Volumen genau abgemessenen Komponenten, die vermischt werden sollen.

## Applizieren
Auftragen

## Atmosphärendruckplasma
Physikalisch-chemisches Verfahren zur Oberflächenvorbehandlung, das insbesondere für schwer verklebbare Kunststoffe eingesetzt wird. Dabei wird mittels Hochspannung in einer Plasmadüse ein Partikelstrom ionisierter Luft erzeugt, der durch Druckluft aus der Düse austritt und auf das Fügeteil trifft. Dadurch wird die Oberfläche mikrogestrahlt, mit dem reaktiven Plasma chemisch behandelt und erwärmt. Dies führt zu einer Erhöhung der *Oberflächenenergie*, einer besseren *Benetzung* durch Klebstoff und damit in der Regel zu einer Verbesserung der *Verbundfestigkeit* bei geklebten Verbindungen (S. 29). *Oberflächenbehandlung*

## Atommasse
Masse von Atomen chemischer Elemente (Periodensystem der Elemente, S. 188).

## Aufschäumen
Blasenbildung vor oder während der *Aushärtung*. Tritt z.B. bei übermäßiger Wärmeentwicklung auf, wenn der Ansatz eines zweikomponentigen Klebstoffs zu groß gewählt wurde.

# Lexikon der Klebtechnik

## Ausblühen
Form der 📖 *Ausgasung*, die speziell bei der Aushärtung von 📖 *Cyanacrylaten* auftritt. Dabei werden leicht flüchtige Klebstoffbestandteile frei, die meistens durch einen weißlichen Niederschlag unmittelbar neben der Klebstelle erkennbar sind.

## Ausbluten
Separation von Rezepturbestandteilen während der Verarbeitung bzw. Aushärtung von bestimmten Klebstoffen. Dieser Effekt kann bei Produkten auftreten, bei denen die Reaktionspartner, wie 📖 *Harz* und 📖 *Härter*, in unterschiedlichen Aggregatzuständen verarbeitet werden. Beispiel: Flüssiges Harz kapilliert in engste Spalte, in denen die festen Härterpartikel nicht eindringen können. Wird auch als Bleeding bezeichnet.

## Ausdehnungskoeffizient α
Faktor für die Längen- bzw. Volumenausdehnung eines Stoffs bei Temperaturänderung. Einheit: [ppm/K] (parts per million/Kelvin). Dieser Wert ist besonders zu berücksichtigen bei der Verklebung von Bauteilen mit sehr unterschiedlichen Ausdehnungskoeffizienten und gleichzeitig hoher Temperaturbelastung. In diesem Fall können elastische Klebstoffe mit kleinem 📖 *E-Modul* und hoher 📖 *Reißdehnung* oder Produkte mit geringem, d.h. angepasstem, α eingesetzt werden. Wird auch als CTE (**C**oefficient of **T**hermal **E**xpansion) bezeichnet (⟳ DELO-Norm 26).

## Ausgasung
Verflüchtigen von Rezepturbestandteilen eines Klebstoffs, die einen niedrigen Dampfdruck besitzen. Meist geruchlich, evtl. auch visuell wahrnehmbar. 📖 *Ausblühen*

## Ausgießen
Füllen von Hohlräumen mit 📖 *Gießharzen*, die sich beim Einbau eines Teils, eines Bauelements oder Geräts ergeben. Beispiel: Ausgießen einer Elektronikplatine in einem Gehäuse, um diese vor äußeren Einflüssen zu schützen.

## Aushärtung
Chemische Reaktion von Klebstoffen beim Übergang vom flüssigen zum festen Zustand (📖 *Polymerisation*, 📖 *Polyaddition* oder 📖 *Polykondensation*). Bei der Aushärtung verbindet sich der Klebstoff mit den Fügeteilen (📖 *Adhäsion*) und härtet in sich (📖 *Kohäsion*) aus.

## Aushärtungszeit
Zeitspanne, die ein chemisch reagierender Klebstoff zum Erreichen seiner 📖 *Endfestigkeit* benötigt.

## Autoklav / Autoklavieren
Kammer in der Überdruck und Temperatur erzeugt werden können. In den Bereichen Medizin und Biologie wird sie zur Sterilisation (📖 *Dampfsterilisation*) benutzt, in der Klebtechnik für beschleunigte Alterungsversuche unter extremen Bedingungen. 📖 *Pressure Cooker Test*

## AUTOMIX
📖 *DELO-AUTOMIX*

## Beflammen
📖 *Flammbehandlung*

## Beizen
Nasschemisches Oberflächenvorbehandlungsverfahren, bei dem z.B. Oxidschichten abgetragen und neue stabilere Schichten aufgebaut werden (⮕ S. 28). 📖 *Oberflächenbehandlung*

## Beleuchtungsstärke
Wird als das Verhältnis des senkrecht auf eine Fläche fallenden Lichtstroms zur Fläche definiert. Die SI-Einheit ist [Lux]. Die Beleuchtungsstärke ist eine wichtige Größe zur Bewertung von Beleuchtungsanlagen. 📖 *Bestrahlungsstärke*

## Belichtungszeit
Zeitspanne, in der 📖 *photoinitiiert härtende Klebstoffe* belichtet werden müssen, um eine vollständige Vernetzungsreaktion noch während der Belichtung auszulösen (⮕ S. 35).

# Lexikon der Klebtechnik

**Benetzung**
Vermögen einer Flüssigkeit, sich auf der Oberfläche fester Körper auszubreiten. Die Benetzung ist umso besser, je größer die 📖 *Oberflächenenergie* des festen Körpers im Vergleich zur 📖 *Oberflächenspannung* der Flüssigkeit ist.

**Benetzungswinkel**
📖 *Oberflächenspannung*

**Beschichtungsmasse**
Fließfähiges bis pastöses Material, das durch Streichen, Tauchen, Sprühen o. ä. ein- oder beidseitig auf Flächen aufgetragen wird, um diese zu schützen oder deren Aussehen zu verändern (z. B. 📖 *Glob-Top*).

**Beschleuniger**
📖 *Aktivator*

**Bestrahlungsstärke**
Wird als Quotient aus der auf eine Fläche auftreffenden Strahlungsleistung (📖 *Strahlungsfluss*) und dieser Fläche definiert. Die SI-Einheit ist [W/m²]. Entsprechende photometrische Größe ist die 📖 *Beleuchtungsstärke*.

**BGA**
**B**all **G**rid **A**rray. 📖 *Chip*, der mittels 📖 *Wire* mit einer 📖 *Leiterplatte* elektrisch verbunden ist. Typischerweise ist der Chip gemoldet. Auf der Unterseite der Leiterplatte befinden sich Lotkugeln, die in Form eines Rasters angeordnet sind. 📖 *µBGA*, 📖 *Chip-on-Board-Technologie (COB)*, 📖 *Molding*

**Biegefestigkeit**
Materialkennwert, der angibt, wie stark ein Bauteil auf Biegung beansprucht werden kann, bis ein Bruch erfolgt. Einheit: [MPa] oder [N/mm²].

**Bindungsenergie**
In der Chemie bezeichnet man als Bindungsenergie im Allgemeinen die bei der chemischen Bindung frei werdende Energie.

**Bleeding**
📖 *Ausbluten*

**Bonddraht**
Dünner Draht, hauptsächlich aus Gold (Aurum) oder auch Aluminium, mit dem die Kontaktflächen von integrierten Schaltkreisen oder 📖 *LED*s elektrisch kontaktiert werden.

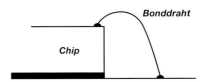

**Bondline Corrosion**
Alterungserscheinung in der Grenzfläche einer Klebung bzw. 📖 *Unterwanderung* der Klebschicht durch ein externes Medium.

**Brechung, Brechungsindex, Brechzahl**
Änderung der Ausbreitungsrichtung von elektromagnetischen Strahlen, wie z. B. Licht, beim Übergang von einem Medium in ein anderes. In der Klebtechnik ist dieser Begriff bei der Verklebung von optischen Linsen von Bedeutung, da durch die Klebschicht die optischen Eigenschaften nicht verändert werden dürfen.

|  | Brechungsindex |
|---|---|
| Klebstoff | 1,47 |
| Wasser | 1,332 |
| Eis | 1,309 |
| Diamant | 2,417 |
| Flintglas | 1,612 |
| Kronglas | 1,464 bis 1,610 |
| Plexiglas | 1,491 |
| Quarzglas | 1,458 |
| Polyethylen | 1,51 |
| Polystyrol | 1,588 |

# Lexikon der Klebtechnik

## Bruchbild
Aussehen der Bruchfläche einer Klebung. Zur Beurteilung einer Klebung wird die Bruchfläche mit dem normal sichtigen Auge untersucht und das Bruchbild als 📖 *Adhäsionsbruch*, 📖 *Kohäsionsbruch*, 📖 *Mischbruch* oder Substratbruch bewertet.

## Bruchdehnung
Materialkennwert, der angibt, wieviel sich ein Material dehnen lässt, bevor es zum Bruch kommt. Wird meist bei 📖 *Elastomeren* sowie bei allen DELO-Klebstoffen auch als Reißdehnung bezeichnet. Die Dehnung wird als Quotient aus Prüfweg zur Messlänge in Prozent angegeben.

## Bruchfestigkeit
📖 *Reißfestigkeit*

## Bürsten
Mechanisches Vorbehandlungsverfahren, bei dem eine Oberfläche mit einer Metallbürste von grobem Schmutz befreit und aufgeraut wird. Bei 📖 *anaerob härtenden Klebstoffen* kann durch Bürsten mit einer Messingbürste eine Oberfläche auch aktiviert werden (➥ S. 27). 📖 *Oberflächenbehandlung*

## Bump
Meist erhöhte elektrische Kontaktfläche auf dem 📖 *Chip* und dem 📖 *Substrat* bei 📖 *Flip-Chips*. Die verschiedenen Bumparten lassen sich wie folgt unterteilen: Stromlos erzeugter Nickel-Gold-Bump, 📖 *Stud Bump* und Lot Bump (! S. 87).

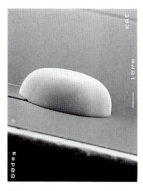

**Stromlos erzeugter Nickel-Gold-Bump**

## CA
📖 *DELO-CA*

## Chemische Beständigkeit
📖 *Medienbeständigkeit*

## Chemisorption
Als Chemisorption bezeichnet man die Anlagerung einer Flüssigkeit an einen Festkörper, die im Gegensatz zur 📖 *Physisorption* unter chemischer Veränderung von mindestens der Flüssigkeit und evtl. der Festkörperoberfläche erfolgt.

## Chip
📖 *Halbleiter*-Bauelement z. B. aus Silizium, das auf wenigen Quadratmillimetern zehntausende Schaltungen in sich vereinen kann und aus Halbleiterscheiben, den 📖 *Wafern*, hergestellt wird. 📖 *IC*

## Chipmodul
Ein 📖 *Chip*, der auf einem starren oder flexiblen Trägermaterial montiert, im 📖 *Chip-on-Board*- oder 📖 *Flip-Chip-Verfahren* elektrisch kontaktiert und meist durch Vergussmasse (📖 *Molding*, 📖 *Glob-Top* oder 📖 *Dam & Fill*) geschützt ist.

## Chip-on-Board-Technologie (COB)
Verfahren, bei dem der 📖 *Chip* nicht wie etwa bei 📖 *SMD*-Bauteilen gehäust wird, sondern direkt auf das 📖 *Substrat* – „**O**n **B**oard" – geklebt wird und anschließend elektrisch mittels 📖 *Bonddrähten* kontaktiert wird. Zum Schluss muss der kontaktierte COB mit einer Vergussmasse, etwa im 📖 *Dam & Fill*-Verfahren geschützt werden, damit die feinen Bonddrähte nicht beschädigt werden.

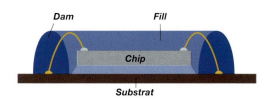

# Lexikon der Klebtechnik

**Chip-on-Glass-Technologie (COG)**
Verfahren der 📖 *Chip-on-Board-Technologie*, das hauptsächlich für Displays eingesetzt wird und bei dem Glas als Substrat Verwendung findet.

**Chip Scale Package**
📖 *CSP*

**Chip Size Package**
📖 *CSP*

**Chloridionenarm**
Eigenschaft von Klebstoffen, die bei Elektronikanwendungen oft gefordert wird, um die elektronischen Bauteile nicht durch 📖 *Korrosion* zu beschädigen. Angegeben wird der Gehalt an extrahierbaren Chloridionen.

**Comparative Tracking Index**
📖 *CTI*

**Conformal Coating**
Polymere Schutzbeschichtung zur vollständigen 📖 *Umhüllung* von 📖 *Leiterplatten*.

**Copolymer**
📖 *Polymere*, die mindestens zwei verschiedene 📖 *Monomere* in ihrer Kette aufweisen. Sie lassen sich in alternierende (A-B-A-B-…), statistische (A-A-B-A-B-B-B-A-…) oder Block-Copolymere (AAA-BBBB-AAA-BBBB-…) einteilen.

**Corona, Coronabehandlung**
Physikalisch-chemisches Verfahren zur Oberflächenvorbehandlung, das vor allem bei schwer verklebbaren Kunststoffen eingesetzt wird. Dabei werden durch Hochspannungsentladung Elektronen erzeugt, die zu einer Erhöhung der 📖 *Oberflächenenergie*, zu einer besseren 📖 *Benetzung* durch Klebstoff und in der Regel zur Verbesserung der 📖 *Verbundfestigkeit* bei geklebten Verbindungen führen (⌐ S. 29).
📖 *Oberflächenbehandlung*, 📖 *Sprühcorona*, 📖 *Freistrahlcorona*

**CSP**
**C**hip **S**ize **P**ackage oder **C**hip **S**cale **P**ackage Technologie, bei der oft mehrere 📖 *Halbleiter* übereinander in einem Gehäuse verpackt werden, das wenig größer als ein 📖 *Chip* selbst ist.

**CTE**
Coefficient of Thermal Expansion. 📖 *Ausdehnungskoeffizient α*

**CTI**
**C**omparative **T**racking **I**ndex
Maß für die 📖 *Kriechstromfestigkeit* von Materialien (↗ S. 173).

**Cyanacrylate**
Auch „Sekundenkleber" genannt.
Einkomponentiger, lösungsmittelfreier Klebstofftyp, der durch Luftfeuchtigkeit aushärtet. Die Aushärtung verläuft sehr schnell, wodurch innerhalb weniger Sekunden Bauteile fixiert werden können. Die Klebfugen müssen dünn, die Klebflächen klein sein (⌐ S. 38, ✱ S. 74).

# Dam&Fill

Chipverguss-Technologie, bei der der kontaktierte 📖 *Chip* zuerst mit einem hochviskosen Klebstoff als Damm (Dam, Foto 1) umgeben und unmittelbar danach mit einer niedrigviskosen Chipvergussmasse aufgefüllt wird (Fill, Foto 2). Beide Klebstoffe werden anschließend in einem Schritt mit UV-Strahlung ausgehärtet. Die Vorteile liegen in dem sehr flachen Verguss und in der kurzen 📖 *Taktzeit* des Prozesses (✱ S. 65).

*Dam*      *Fill*

# Lexikon der Klebtechnik

**Dampfsterilisation**
Verfahren zur vollständigen Abtötung von Mikroorganismen, bei dem das zu sterilisierende Gut im sog. 📖 *Autoklaven*, z.B. 15 Minuten bei 2 bar in +121 °C erhitztem Wasserdampf behandelt wird. Klebstoffe, die in diesem Bereich eingesetzt werden, müssen gegenüber diesem Verfahren beständig sein. 📖 *Sterilisation*

**Datenblatt**
📖 *Sicherheitsdatenblatt (SDB)*
📖 *Technisches Datenblatt (TDB)*

**Dauerschwingfestigkeit/Dauerschwingversuch**
Im Dauerschwingversuch werden Probekörper mit einem immer wiederkehrenden Lastwechsel unter einer bestimmten Frequenz und einer bestimmten Lastwechselanzahl beaufschlagt. Mit den erreichten Lastwechselzahlen bis zum Bruch oder bis zur definierten Maximalanzahl lassen sich nach dem Erfinder benannte 📖 *Wöhler-Kurven* aufzeichnen, aus denen wiederum die Dauerschwingfestigkeit bestimmt werden kann.

**Delamination**
Ablösen von Schichten innerhalb eines Werkstoffverbunds. So kann dann auch ein einseitig adhäsives 📖 *Bruchbild* (📖 *Adhäsionsbruch*) einer Klebung als Delamination bezeichnet werden.

**DELO-AUTOMIX**
DELO-Dosiersystem für zweikomponentige Klebstoffe, bei dem die beiden Komponenten in einer Doppelkammerkartusche abgefüllt sind und beim gleichzeitigen Ausdrücken über ein 📖 *statisches Mischrohr* automatisch im richtigen Verhältnis gemischt werden (⬈ S. 43).

**DELO-CA**
DELO-Produktgruppe der 📖 *Cyanacrylat*klebstoffe ("Sekundenklebstoffe") (⬈ S. 74).

**DELO-DOT**
Dosierventil, mit dem z.B. Klebstofftropfen von wenigen Mikrogramm im Freiflug präzise und wiederholgenau auf Substrate aufgetragen werden können. Die Besonderheit des Ventils liegt in einer Dosierfrequenz von bis zu 250 Tropfen pro Sekunde. DELO-DOT bietet zusätzlich zur kontaktlosen Dosierung von Klebstofftropfen auch die Möglichkeit, im Nadel-Kontakt-Verfahren sehr große Mengen von bis zu 2 g/s abzugeben (⬈ S. 42). 📖 *Mikrodosierung*

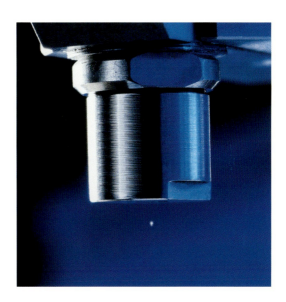

**DELO-DUALBOND**
DELO-Klebstoffproduktgruppe, die mit zwei Aushärtungsmechanismen, z.B. Warmhärtung und Lichthärtung, ausgestattet ist (⬈ S. 66).

**DELO-DUOPOX**
DELO-Produktgruppe der zweikomponentigen 📖 *Epoxidharz*-Klebstoffe, -Gießharze und Spachtelmaterialien (⬈ S. 70).

**DELO-GUM**
DELO-Produktgruppe der 📖 *Silikone* (⬈ S. 76).

**DELO-KATIOBOND**
DELO-Produktgruppe der 📖 *photoinitiiert härtenden* 📖 *Epoxidharz*klebstoffe (⬈ S. 64). 📖 *Kationisch härtende Klebstoffe*

**DELOLUX**
DELO-Lampenprogramm zur 📖 *Aushärtung* bzw. 📖 *Voraktivierung* von 📖 *photoinitiiert härtenden Klebstoffen* (⬈ S. 80).

## Lexikon der Klebtechnik

### DELOLUXcontrol
DELO-Messgerät zur Bestimmung der 📖 *Strahlungsintensität* von Aushärtungslampen bis zu einer Intensität von 10.000 mW/cm². Es stehen drei verschiedene Messköpfe zur Verfügung:
- Für den UVA-Anteil der Emission von Hg-Strahlern zwischen 315 und 400 nm
- Für den sichtbaren Strahlungsanteil von Hg-Strahlern zwischen 400 und 460 nm
- Für 📖 *LED*-Lampen mit schmalbandiger Emission zwischen 350 und 480 nm, wobei die Anzeige auf die jeweilige Peak-Wellenlänge kalibriert wird

Am Prüfgerät wird eingestellt, welcher Messkopf angeschlossen ist und ggf. welche Peak-Wellenlänge gemessen wird (S. 81). 📖 *Wellenlänge*, 📖 *F-Strahler*, 📖 *G-Strahler*, 📖 *H-Strahler*

### DELOMAT
DELO-Dosiergeräte zur Steuerung von pneumatischen Dosierventilen (S. 41, S. 79).

### DELO-ML
DELO-Produktgruppe der 📖 *anaerob härtenden Klebstoffe* und Dichtstoffe (S. 72).

### DELO-MONOPOX
DELO-Produktgruppe der einkomponentig warmhärtenden 📖 *Epoxidharz*- und Acrylatklebstoffe sowie der 📖 *Gießharze* (S. 67).

### DELO-MONOPOX AC
DELO-Produktgruppe der 📖 *anisotrop elektrisch leitfähigen Klebstoffe* (S. 67), entwickelt aus den klassischen 📖 *DELO-MONOPOX*-Produkten.

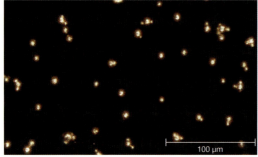

*Mikroskopaufnahme der Partikelverteilung eines DELO-MONOPOX AC Klebstoffs.*

### DELO-MONOPOX NU
DELO-Produktgruppe der 📖 *No-Flow-Underfiller* (S. 67), entwickelt aus den klassischen 📖 *DELO-MONOPOX*-Produkten.

### DELO-PHOTOBOND
DELO-Produktgruppe der 📖 *photoinitiiert härtenden* Acrylate (S. 62).

### DELO-PUR
DELO-Produktgruppe der Polyurethanklebstoffe und -gießharze (S. 78).

### DELO-XPRESS
Bezeichnung für Druckluftpistolen und Drucktanks der DELO-Dosiergeräte (S. 79).

### Dichroitischer Reflektor
Reflektor für Aushärtungslampen, der durch eine spezielle Oberflächenbeschichtung UV-Strahlung und sichtbares Licht reflektiert, jedoch Wärmestrahlung absorbiert. Die entstehende Wärme wird meist durch Luftkühlung abgeführt. Wird auch als dichromatischer Reflektor bezeichnet.

### Dichromatischer Reflektor
📖 *Dichroitischer Reflektor*

### Dichte
Die Dichte $\rho$ eines Stoffs ist der Quotient aus der Masse m und dem Volumen V ($\rho = m/V$).
Einheit: [kg/m³], in der Klebtechnik meist [g/cm³].

### Dichtungsmasse
Plastische oder elastische Masse zum Abdichten von Fugen. Im Vergleich zu traditionellen Fensterkitten besitzen moderne Dichtungsmassen eine wesentlich höhere Bewegungsfähigkeit sowie bessere 📖 *Adhäsions*- und 📖 *Kohäsions*-eigenschaften.

### Die
📖 *Chip*

# Lexikon der Klebtechnik

## Die Attach

Montage von *Chips* im *Chip-on-Board-Verfahren (COB)* durch Aufkleben auf das *Substrat*.

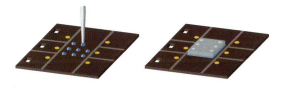

## Die Bonding

Überbegriff für die Montageschritte *Die Attach* und *Wire* Bonding. Letzteres bezeichnet die elektrische Kontaktierung des *COB* durch Anbringen der *Bonddrähte*.

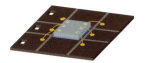

## Dielektrizitätskonstante

Elektrische Eigenschaft eines Werkstoffs. Charakterisiert als Quotient aus elektrischer Flussdichte und elektrischer Feldstärke. Beispiel: Beim Verguss von wechselspannungsbetriebenen Bauteilen in der Elektronik sind *Gießharze* mit kleinen Dielektrizitätszahlen von Vorteil, da in diesem Fall die in den Gießharzen entstehende Verlustleistung verhältnismäßig gering ist. Gießharze mit hoher Dielektrizitätszahl dagegen können z.B. die Kapazität eines Kondensators beträchtlich erhöhen.

## Diffusion

Beschreibt die, durch Konzentrationsunterschiede herbeigeführte, Vermischung der Atome und Moleküle von Gasen, Flüssigkeiten und mitunter auch Feststoffen auf Grund ihrer Wärmebewegung. Leichte und kleinere Moleküle diffundieren wegen ihrer größeren Molekularbeweglichkeit schneller als schwere und größere. Beispiel: Beim Einsatz von *Cyanacrylaten* (S. 74) auf Kunststoffen kann es zu einer Versprödung der Fügeteile durch die Diffusion von Bestandteilen des Klebstoffs in den Kunststoff kommen.

## Dilatanz

Fließverhalten eines Mediums, bei dem die *Viskosität* in Abhängigkeit der Scherrate zunimmt. Wird auch als Scherverdickung bezeichnet. Beispiel: Das Verhalten einer Speisestärke-Dispersion in folgendem Versuch:

a) Ein sich selbst überlassener Holzstab neigt sich unter seinem Eigengewicht in der Masse sehr langsam. Es wirkt eine geringe Scherrate und demzufolge weist die Speisestärke-Dispersion eine niedrige Viskosität auf.

b) c) Beim Versuch, den Stab schnell herauszuziehen, verfestigt sich die Masse und der Becher wird mit nach oben gezogen. In diesem Fall wirkt eine hohe Scherrate und demzufolge weist die Speisestärke-Dispersion eine hohe Viskosität auf. *Strukturviskosität*, *Rheopexie*, *Thixotropie*

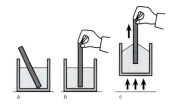

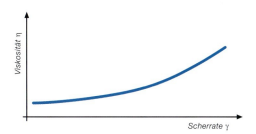

## Dipolkräfte

Intramolekulare Anziehungskräfte zwischen stark polaren Molekülen (Dipolen).

## Dispensen

*Applizieren*, auftragen

## Dispenser

Dosierventil

# Lexikon der Klebtechnik

### Dispersionsklebstoffe
Klebstoffe, bei denen 📖 *Polymer*partikel in Wasser gelöst vorliegen und durch Verdunstung des Wassers abbinden. Beispiele: Tapetenkleister, Kaschierklebstoffe für die Verpackungsindustrie, Laminierklebstoffe für Mehrschichtfolien. 📖 *Lösungsmittel-Klebstoffe*, 📖 *Reaktionsklebstoffe*

### Dissipationswärme
Umwandlung von Energie in Wärme.
Bei 📖 *strahlungshärtenden Klebstoffen*: Beim Belichten des Klebstoffs wird ein Teil der UV-Strahlung bzw. des sichtbaren Lichts absorbiert (📖 *Absorption*) und in Dissipationswärme umgewandelt.

### DMTA
📖 *Dynamisch-Mechanische Thermoanalyse*

### Doppelkammerkartusche
📖 *DELO-AUTOMIX*

### Dosierung
Reproduzierbare Bereitstellung der erforderlichen Klebstoffmenge zur Weiterverarbeitung, wie z.B. zur 📖 *Homogenisierung* von zwei dosierten Komponenten für die nachfolgende Applikation.

### Dotierung
Werden bei Aushärtungslampen dem Quecksilber im 📖 *Strahler* Metallhalogenide, wie z.B. Eisen oder Gallium, beigemengt, so spricht man von Dotierung. Die Dotierung bewirkt eine Veränderung des 📖 *Emissionsspektrums* des Strahlers. 📖 *F-Strahler*, 📖 *G-Strahler*, 📖 *H-Strahler*

### Druckfestigkeit
Maximale Druckspannung (Druckkraft pro Fläche), der ein Werkstoff bzw. eine Klebverbindung standhält (↗ DELO-Norm 5). Einheit: [MPa] oder [N/mm²]. 📖 *Reißfestigkeit*, 📖 *Zugfestigkeit*, 📖 *Zugscherfestigkeit*, 📖 *Druckscherfestigkeit*

### Druckgelierverfahren, Druckgießverfahren
Bei diesem Verfahren wird das 📖 *Gießharz* in eine vortemperierte Form gegossen, deren Temperatur etwa 50 °C höher liegt als die des Gießharzes. Das Gießharz wird außerdem bis zur Gelierung unter einen Druck von 0,1 bis 0,5 MPa, ~ 1 bis 5 bar gesetzt. Die Besonderheit des Verfahrens besteht darin, dass die Aushärtung des Gießharzes an der Werkzeugwandung beginnt und bei auftretendem Schwund 📖 *Harz* nachgedrückt wird. Die Gießlinge zeigen sehr hohe Maßgenauigkeit, Lunkerfreiheit und Homogenität. Sie lassen sich aber schwer entformen, weil sie sich durch den geringen Schwund nicht selbstständig von den Werkzeugwandungen ablösen.

### Druckscherfestigkeit
Maximale Druckspannung, d.h. Druckkraft pro Fläche, der eine auf Scherung beanspruchte Klebverbindung standhält (↗ S. 171, DELO-Norm 5). Einheit: [MPa] oder [N/mm²]. 📖 *Reißfestigkeit*, 📖 *Druckfestigkeit*, 📖 *Zugfestigkeit*, 📖 *Zugscherfestigkeit*

### Druckverformungsrest (DVR)
Bleibende Verformung eines 📖 *Elastomers* nach lang anhaltender konstanter Druckbeaufschlagung bei vorgegebener Temperatur. Genormtes Messverfahren.

$$DVR = \frac{d_0 - d_2}{d_0 - d_1} \cdot 100$$

$d_0$ = ursprüngliche Dicke des Probekörpers
$d_2$ = Dicke des Probekörpers nach Entspannung
$d_1$ = Dicke des Probekörpers im verformten Zustand

### DSC
**D**ifferential **S**canning **C**alorimetrie
Dynamische Wärmestromkapazitätsmessung
Thermisches Analyseverfahren, bei dem Wärmestromänderungen bei physikalisch-chemischen Prozessen, in Bezug zu einer Referenz, gemessen werden und damit Rückschlüsse auf die Eigen-

# Lexikon der Klebtechnik

schaften von Stoffen erlauben. Bei Klebstoffen wird z. B. mittels DSC die 📖 *Glasübergangstemperatur $T_G$* bestimmt. 📖 *Thermoanalyse*

## DUALBOND
📖 **DELO-DUALBOND**

## Dualhärtung
Dualhärtende Klebstoffe sind mit mindestens zwei chemischen Aushärtungsmechanismen ausgerüstet. Beide Mechanismen können unabhängig und getrennt voneinander ablaufen. Beispiele: Spezielle 📖 *anaerob härtende Klebstoffe* in Kombination mit 📖 *Lichthärtung*; 📖 *photoinitiiert härtende Klebstoffe* in Kombination mit 📖 *Warmhärtung* (✦ S. 66).
📖 **DELO-DUALBOND**

## Dual interface card / Dual-Interface-Karte
📖 *Hybridkarte*

## DUOPOX
📖 **DELO-DUOPOX**

## Durchgangswiderstand, spezifischer
Elektrischer Widerstand im Inneren eines Isolators. Wird in der Klebtechnik z. B. bei 📖 *Gießharzen* für Elektronikanwendungen angegeben. Wird auch als Volumenwiderstand bezeichnet. Einheit: [Ω · cm]

| Spezifischer Widerstand [Ωm] einiger Metalle und Isolatoren | |
|---|---|
| Silber | $0{,}016 \cdot 10^{-6}$ |
| Kupfer | $0{,}017 \cdot 10^{-6}$ |
| Aluminium | $0{,}028 \cdot 10^{-6}$ |
| Eisen | $0{,}098 \cdot 10^{-6}$ |
| Quarzglas | $5 \cdot 10^{16}$ |
| Hartgummi | $2 \cdot 10^{13}$ |
| Porzellan | $\approx 10^{12}$ |
| Bernstein | $10^{16}$ |

Der Kehrwert des spezifischen Widerstands ist die 📖 *elektrische Leitfähigkeit*. 📖 *Leitfähigkeit*

## Durchhärtungsgeschwindigkeit
Angabe über die aushärtbare Schichtdicke eines Klebstoffs bei einer angegebenen Zeit und definierten Umgebungsbedingungen (Aussage meist in mm/24 h). Der Begriff wird typischerweise bei feuchtigkeitsvernetzenden 📖 *Silikonen*, Polyurethanen und 📖 *MS-Polymeren* verwendet.
📖 *Aushärtung*

## Durchschlagfestigkeit
Maß für das elektrische Isoliervermögen von Stoffen. Wird in der Klebtechnik z. B. bei 📖 *Gießharzen* für Elektronikanwendungen angegeben. Bezeichnet den Wert für die elektrische Feldstärke, welche in einem Material höchstens herrschen darf, ohne dass es zu einem Spannungsdurchschlag (Funke) kommt. Einheit: [kV/mm].

## Durchstrahlbarkeit
Maß für die Eigenschaft eines Werkstoffs, elektromagnetische Wellen ohne wesentliche 📖 *Absorption* zu 📖 *transmittieren*.

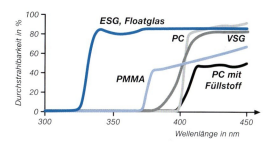

## Duroplaste, Duromere
Hochmolekularer, harter Werkstoff, bei dem die Molekülketten dreidimensional engmaschig vernetzt sind, so dass die Kettenbeweglichkeit entsprechend der Vernetzungsdichte eingeschränkt ist. Duromere sind nicht schmelzbar, unlöslich, weisen einen sehr geringen Verformungsbereich auf und besitzen eine sehr gute chemische Beständigkeit. Beispiel: 📖 *Epoxidharze*.
📖 *Elastomere*, 📖 *Thermoplaste*

# Lexikon der Klebtechnik

### DVGW
**D**eutsche **V**ereinigung des **G**as- und **W**asserfaches e. V. Seine Hauptaufgabe besteht in der Erstellung des Technischen Regelwerks, mit dem die Sicherheit und Zuverlässigkeit der Gas- und Wasserversorgung gewährleistet wird. Prüft z. B. Klebstoffe auf ihre Einsetzbarkeit in Geräten und Armaturen im Gas- bzw. Trinkwasserbereich und vergibt entsprechende Zertifikate.

### Dynamikmischer
Dynamische Mischer werden vor allem eingesetzt, um mehrkomponentige Medien mit sehr kurzen 📖 *Topfzeiten*, weit auseinander liegenden 📖 *Viskositäten* oder extremen 📖 *Mischungsverhältnissen* zu homogenisieren. Der in der korrosionsbeständigen Mischkammer befindliche elektrisch oder pneumatisch angetriebene Rotor vermischt die Komponenten in kürzester Zeit homogen. Der Mischer muss nach dem 📖 *Dosieren* gereinigt werden, z. B. durch Spülen mit einem 📖 *Lösungsmittel*. 📖 *Stöchiometrie*, 📖 *Statikmischer*

### Dynamische Viskosität η
Quotient aus Scherspannung und Geschwindigkeitsgefälle beim gegenseitigen Verschieben von zwei Platten in einem viskosen Medium.
📖 *Viskosität*
Einheit: [Pas], in der Klebtechnik oft [mPas]
Dünnflüssig = niedrigviskos; kleiner Zahlenwert
Dickflüssig = hochviskos; hoher Zahlenwert
Beispiel:
Wasser: 1 mPas
dickflüssiges Öl: ca. 2000 mPas
(📖 S. 32)

### Dynamisch-Mechanische Thermoanalyse (DMTA)
Mit dieser Methode, auch als **D**ynamisch-**M**echanische **A**nalyse (DMA) bezeichnet, können durch Deformation der Probe die 📖 *viskoelastischen* Eigenschaften von Werkstoffen, insbesondere von Kunststoffen, ermittelt werden. Grundlage ist dabei eine temperatur- oder frequenzabhängige Analyse viskoelastischer Kenngrößen, wie 📖 *Schubmodul* ($G^*$), Elastizitätsmodul ($E^*$) (📖 *E-Modul*) und mechanischer 📖 *Verlustfaktor* ($d$ bzw. $\tan \delta$). Voraussetzung dafür ist, dass die Probe in keinem Fall außerhalb des linearelastischen Bereichs (📖 *Hooke'sches Gesetz*) belastet wird.

## EDS/EDX
📖 *Energiedispersive Röntgenspektralanalyse*

### Einbetten
Umgießen eines Bauelements, einer Baugruppe oder Geräts mit einem 📖 *Polymer*werkstoff, wie z. B. Klebstoff. Der Verguss dient als Schutz vor chemischen und physikalischen Umgebungseinflüssen, einer dauerhaften Fixierung und auch dem Schutz gegenüber mechanischen Beanspruchungen (Stoß, Vibration). Wird auch als Embedding bezeichnet.

### Einfriertemperatur
📖 *Glasübergangstemperatur $T_G$*
📖 *Erweichungspunkt*

### Einkomponentenklebstoff
Physikalisch 📖 *abbindende* Klebstoffe bestehen grundsätzlich aus nur einer Komponente, nämlich dem bereits im endgültigen Zustand befindlichen 📖 *Polymer*, dem je nach Erfordernissen 📖 *Füllstoffe* zugemischt sein können (📖 S. 20). 📖 *Hotmelt*, 📖 *Lösungsmittel-Klebstoff*, 📖 *Haftklebstoff*
Vgl. 📖 *Einkomponentenreaktionsklebstoff*

### Einkomponentenreaktionsklebstoff
Dieses System enthält alle für die Härtungsreaktion erforderlichen Voraussetzungen, wobei die Reaktion selbst blockiert ist. Die Blockade kann zur Aushärtung durch äußere Einflüsse wie Feuchtigkeit, Luftabschluss, Temperatur (Aufschmelzen des 📖 *Härters*) oder Bestrahlung mit sichtbarem oder UV-Licht (Zerfall des 📖 *Photoinitiators*) aufgehoben werden (📖 S. 21).

# Lexikon der Klebtechnik

## Elastizität
Eigenschaft fester Körper, ihre unter äußerer Krafteinwirkung angenommene Formänderung nach Kraftentlastung wieder rückgängig zu machen.

## Elastizitätsmodul
📖 *E-Modul*

## Elastomere
Makromolekularer Werkstoff, der nach Verformung durch schwache Spannungen bei Entlastung seine ursprüngliche Form wiedererlangt. Die Molekülketten sind weitmaschig vernetzt. Das Material verhält sich bei Raumtemperatur gummielastisch. Elastomere finden Verwendung als Material für Reifen, Gummibänder, Dichtungsringe, etc. 📖 *Duroplaste, Duromere*, 📖 *Thermoplaste*

## Elektrische Leitfähigkeit
📖 *Durchgangswiderstand, spezifischer*
📖 *Leitfähigkeit*

## Elektrochemische Spannungsreihe
Nach den Standardpotenzialen geordnete Reihenfolge der Elemente bezogen auf den Wasserstoff. Je positiver das Standardpotenzial, desto edler ist ein Metall. Je negativer das Standardpotenzial, desto unedler ist ein Metall.
Standardpotenziale einiger Elemente:

| Redoxsystem | Standardpotenzial [V] |
|---|---|
| $K/K^+$ | – 2,92 |
| $Na/Na^+$ | – 2,71 |
| $Mg/Mg^{2+}$ | – 2,34 |
| $Al/Al^{3+}$ | – 1,67 |
| $Zn/Zn^{2+}$ | – 0,76 |
| $Fe/Fe^{2+}$ | – 0,44 |
| $Ni/Ni^{2+}$ | – 0,25 |
| $Sn/Sn^{2+}$ | – 0,14 |
| $Pb/Pb^{2+}$ | – 0,13 |
| $H_2/2 H^+$ | 0 |
| $Cu/Cu^{2+}$ | + 0,35 |
| $Ag/Ag^+$ | + 0,80 |
| $Hg/Hg^{2+}$ | + 0,85 |
| $Au/Au^{3+}$ | + 1,43 |

## Elektrokorrosion
Zerstörung bzw. Schädigung eines Werkstoffs durch elektrochemische Reaktion, bei der es zu Phasengrenzflächenreaktionen zwischen dem Metall und dem Korrosionsmedium kommt. Korrosionsmedien können Ionenleiter wie Lösungen von Salzen, Säuren oder Alkalien sein.
📖 *Korrosion*

## Elektrolyt
Stoff, der im geschmolzenen Zustand oder in wässriger Lösung mehr oder weniger vollständig in Ionen (positiv und negativ geladene Teilchen) zerfällt und beim Anlegen einer Spannung unter dem Einfluss des dabei entstehenden elektrischen Felds den elektrischen Strom leitet (Leiter 2. Klasse), wobei seine elektrische Leitfähigkeit und der Ladungstransport durch die Bewegung von Ionen verursacht wird.

## Elektromagnetisches Spektrum
Beschreibt die verschiedenen Arten elektromagnetischer Wellen. Geordnet nach der 📖 *Wellenlänge*, befinden sich am oberen Ende des Spektrums die Radiowellen, deren Wellenlänge von wenigen Zentimetern bis zu vielen Kilometern reichen. Am unteren Ende des Spektrums sind die sehr kurzwelligen und damit energiereichen Gammastrahlen, deren Wellenlänge bis in atomare Größenordnungen reicht.

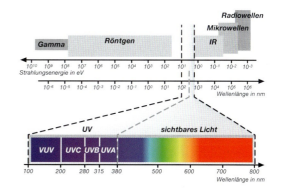

## Elemente
Reinstoffe, die sich chemisch nicht weiter zerlegen lassen (⟲ Periodensystem der Elemente, S. 188).

# Lexikon der Klebtechnik

## Elliptischer Reflektor
Elliptische Reflektoren bei Aushärtungslampen ermöglichen die Fokussierung der Strahlung in einem Brennpunkt, um diese z.B. in einen 📖 *Lichtleiter* einzuleiten oder in einer Fokuslinie, deren Länge in etwa der Strahlerlänge entspricht.

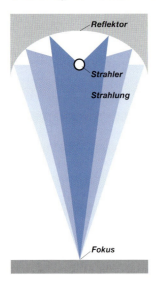

## Embedding
📖 *Einbetten*

## Emissionsspektrum
Bei Aushärtungslampen für 📖 *photoinitiiert härtende Klebstoffe*: 📖 *Wellenlängen*- und 📖 *Intensitäts*verteilung der ausgesendeten Strahlung. 📖 *Absorption*

## E-Modul
Materialkennwert, der den Zusammenhang zwischen Spannung und Dehnung bei der Verformung eines festen Körpers bei linear elastischem Verhalten beschreibt. Je größer der Elastizitätsmodul (auch Zugmodul oder Young'scher Modul genannt) ist, desto größer ist die zur Verformung des Werkstoffs notwendige Kraft. Beispiele: E-Modul Stahl $2 \times 10^5$ MPa, E-Modul Kautschuk 20 MPa.

## Emulsion
Flüssigkeit mit feiner Verteilung einer zweiten, normalerweise nicht mischbaren Flüssigkeit ohne sichtbare Entmischung. Es liegt keine Lösung vor.

## EMV
**E**lektro-**M**agnetische **V**erträglichkeit. Die Eigenschaft eines elektromagnetischen Systems, weder elektromagnetische Störfelder abzustrahlen, noch selbst durch äußere Einwirkung von Strahlungsfeldern funktionell beeinträchtigt zu werden. Elektrische Systeme können durch den Einsatz spezieller Kleb- und Dichtstoffe so abgeschirmt werden, dass sie die Richtlinien der Elektro-Magnetischen Verträglichkeit erfüllen.

## Endfestigkeit
Maximale 📖 *Festigkeit*, die ein Klebstoff erreichen kann. Diese Festigkeit wird bei den meisten Klebstoffen nach ca. 24 h erreicht. Die in 📖 *Technischen Datenblättern* von Klebstoffen angegebenen Werte, wie etwa 📖 *Zugscherfestigkeit* oder 📖 *E-Modul*, werden an endfesten Klebstoffen bestimmt. 📖 *Anfangsfestigkeit*, 📖 *Funktionsfestigkeit*

## Endotherm
Charakterisierung chemischer oder physikalischer Prozesse, die unter Wärmeverbrauch ablaufen. Gegenteil: 📖 *Exotherm*

## Energiedispersive Röntgenspektralanalyse
Auch **E**nergy-**D**ispersive **X**-Ray **S**pectroscopy (EDS/EDX) genannt.
Klassisches Verfahren, das zur Analyse der oberflächennahen Bereiche von Festkörpern oder zur Charakterisierung von dünnen Schichten eingesetzt wird. Die Informationstiefe des Verfahrens (µm) liegt dabei wesentlich höher als bei den elektronen- und massenspektrometrischen Verfahren (nm).

## Entfetten
Ist im Rahmen der Oberflächenvorbereitung ein wichtiger Fertigungsschritt, da nur fettfreie Oberflächen eine einwandfreie 📖 *Benetzung* durch den Klebstoff ermöglichen. Als Reinigungsmittel eignen sich u.a. Alkohole, Ketone bzw. Gemische davon (z.B. DELOTHEN EP) und Kohlenwasserstoffe (z.B. DELOTHEN NK 1 und NK 3).
📖 *Oberflächenbehandlung*

# Lexikon der Klebtechnik

### Epitaxie
Das geordnete Aufwachsen einer Kristallschicht auf einer Kristallschicht des gleichen Stoffs (Homoepitaxie) oder eines anderen Stoffs (Heteroepitaxie). Wird z.B. zur Herstellung von 📖 *Halbleiterbauelementen* verwendet, um die verschiedenen Schichten eines 📖 *Chips* oder die Kontaktstellen (📖 *Bump*) von 📖 *Flip-Chips* zu erzeugen. Eine weitere Anwendung ist die hochreine Oberflächenbeschichtung von Solarzellen zur Erhöhung des Wirkungsgrads.

### Epoxide
Reaktive, organische Verbindungen, die einen Ring mit zwei Kohlenstoffatomen und einem Sauerstoffatom enthalten.

$$\begin{array}{c} \text{H} \quad \text{H} \\ | \quad\quad | \\ -\text{C}-\text{C}-\text{H} \\ \diagdown \;\; \diagup \\ \text{O} \end{array}$$

### Epoxidharze
Kunstharze, deren Moleküle Epoxidringe als reaktive Gruppen enthalten. 📖 *Harze*

### Erweichungspunkt
Temperatur bzw. Temperaturbereich, der den Übergang vom festen in den teigigen und später flüssigen Zustand bei amorphen Stoffen, wie z.B. Gläsern, und nicht vernetzten 📖 *Polymeren*, wie z.B. 📖 *Thermoplasten*, kennzeichnet. Mit Beginn des Fließens setzt ein sprunghafter Festigkeitsabfall ein. 📖 *Glasübergangstemperatur $T_G$*

### ETO-Sterilisation
Verfahren zur vollständigen Abtötung sämtlicher Mikroorganismen bei niedrigen Temperaturen, bei dem das zu behandelnde Gut mit **Et**hylen**o**xid (ETO) bei leichtem Überdruck in einer geschlossenen Kammer sterilisiert wird.

### Exotherm
Charakterisierung chemischer oder physikalischer Prozesse, die unter Freisetzung von Wärme verlaufen. Die meisten lösungsmittelfreien 📖 *Reaktionsklebstoffe* härten exotherm, das heißt unter Wärmeentwicklung aus. Gegenteil: 📖 *Endotherm*

### Explosionsgrenze
Bereich, in dem bestimmte Konzentrationen brennbarer Gase in einem Gas-Sauerstoffgemisch gezündet werden können. Diese explosionsfähige Atmosphäre wird durch die untere und obere Explosionsgrenze eingeschränkt. Die **o**bere **E**xplosions**g**renze (OEG) definiert die maximale Brennstoffkonzentration in einem Luft-Brennstoff-Gemisch, bei dem noch ein explosionsfähiges Gemisch entsteht. Die **u**ntere **E**xplosions**g**renze (UEG) ist die minimale Brennstoffkonzentration in einem Luft-Brennstoff-Gemisch, bei dem ein explosionsfähiges Gemisch entsteht.

## Festigkeit
Widerstand, den ein Körper einer äußeren Belastung entgegensetzt. Als Maß wird die Kraft pro Flächeneinheit angegeben. Einheit: [N/mm$^2$], bei Klebstoffen meist [MPa]. Gängige Beanspruchungsarten zur Ermittlung der Festigkeit von Klebstoffen sind die 📖 *Zugfestigkeit*, die 📖 *Zugscherfestigkeit* und die 📖 *Druckscherfestigkeit* (↻ S. 170).

### Feuchtigkeitsaufnahme
📖 *Wasseraufnahme*

### Filter (bei Aushärtungslampen)
Vorrichtung zur Abgrenzung des 📖 *Emissionsspektrums* von Lampen zur Aushärtung von 📖 *photoinitiiert härtenden Klebstoffen*. H1-Filter, z.B. DELOLUX 03 und DELOLUX 06, filtern den UVB und UVC Anteil und lassen nur UVA sowie sichtbares Licht passieren. H2-Filter filtern den UVC-Anteil. Blacklight-Filter lassen nur UVA-Licht durch. Infrarotfilter reduzieren die Wärmestrahlung und somit die thermische Belastung der Fügeteile. 📖 *DELOLUX*

### Fixieren
Sichern der Fügeteile gegen Verschieben während der Aushärtung.

# Lexikon der Klebtechnik

**Fixierklebstoff**

Klebstoff, der zum Fixieren von Bauteilen vor der weiteren Verarbeitung eingesetzt wird. Verwendet werden meist 📖 *strahlungshärtende Klebstoffe* oder 📖 *Cyanacrylate* (Sekundenklebstoffe). Beispiel: Fixierung der Drahtenden von Spulen nach dem Wickeln.

**Flächenstrahler**

In der Klebtechnik: Aushärtungslampen für 📖 *strahlungshärtende Klebstoffe*, die mittels eines 📖 *Parabolreflektors* eine annähernd homogene Verteilung der 📖 *Intensität* über eine bestimmte Bestrahlungsfläche erreichen. Der Flächenstrahler DELOLUX 03 S ist z.B. eine Aushärtelampe zur 📖 *Polymerisation* von 📖 *photoinitiiert härtenden Klebstoffen*. 📖 *Punktstrahler*

**Flammbehandlung**

Physikalisches Verfahren zur Oberflächenvorbehandlung, das insbesondere für schwer verklebbare Kunststoffe eingesetzt wird. Dabei wird mit einer Flamme, die durch ein Gas-Luft-Gemisch mit Sauerstoffüberschuss erzeugt wird, die zu verklebende Werkstückoberfläche überstrichen. Bei den behandelten Oberflächen wird durch Oxidation die 📖 *Oberflächenenergie* erhöht, eine bessere 📖 *Benetzung* durch Klebstoff ermöglicht und damit in der Regel eine Verbesserung der 📖 *Verbundfestigkeit* bei geklebten Verbindungen erreicht (📖 S. 30).
📖 *Oberflächenbehandlung*

**Flammpunkt**

Niedrigste Temperatur, bei der unter vorgeschriebenen Versuchsbedingungen ein Stoff so viele Dämpfe entwickelt, dass sich ein durch Fremdzündung entflammbares Gemisch bildet.

**Flexibilisator**

📖 *Weichmacher*

**Fließverhalten**

In der Klebtechnik: Fließeigenschaften von Klebstoffen vom Dosiervorgang bis zur Aushärtung. Die Anforderungen gehen von 📖 *standfesten* bis hin zu kapillaren Klebstoffen. 📖 *Kapillarität*, 📖 *Rheologie*, 📖 *Viskosität*

**Flip-Chip**

📖 *Chip*, bei dem die elektrischen Kontakte (📖 *Bump*), mit denen er auf dem 📖 *Substrat* kontaktiert wird, auf der Unterseite angeordnet sind. Dadurch können besonders viele elektrische Kontakte auf einer kleinen Fläche realisiert werden. Flip-Chips werden in folgenden Varianten fixiert und kontaktiert:

- In der Regel werden Flip-Chips 📖 *reflow* gelötet und anschließend mit einem 📖 *Underfiller* verklebt, der zwischen den Chip und das Substrat kapilliert.
- 📖 *Leitkleben* mit 📖 *isotrop elektrisch leitfähigem Klebstoff* und anschließendes Verkleben mit einem Flow-Underfiller.
- Leitkleben mit 📖 *anisotrop elektrisch leitfähigem Klebstoff* (📖 *DELO-MONOPOX AC*). Hierbei entfällt der Flow-Underfiller und der Klebstoff übernimmt sowohl die Funktion der elektrischen Kontaktierung als auch der mechanischen Fixierung.
- Verkleben mit 📖 *No-Flow-Underfiller* (📖 *DELO-MONOPOX NU*) und Kontaktieren über 📖 *Stud Bumps* bzw. Palladium Bumps, Löten oder Leitkleben.

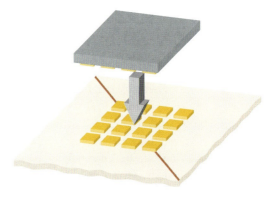

**Flow-Underfiller**

📖 *Underfiller*

**Flüssigkristallbildschirm**

📖 *LCD*

# Lexikon der Klebtechnik

## Formschluss
Fügepartner, die wie Form und Gegenform zueinander passen, bilden Formschluss. Formschluss besteht z. B. zwischen den Zähnen zweier Zahnräder, zwischen Schraubenmutter und Schraubenschlüssel, zwischen Keilwelle und -nabe. Durch Formschluss entsteht die Möglichkeit Kräfte zu übertragen. 📖 *Kraftschluss*, 📖 *Stoffschluss*

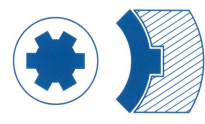

## Fotoinitiator
📖 *Initiator*

## Freibewitterung
Beständigkeitsprüfung gegen reale atmosphärische Belastungen bzw. natürliche Bewitterungen. Oft wird eine Verschärfung des Tests durch definiertes Besprühen mit Natriumchloridlösung durchgeführt. 📖 *Alterung*

## Freistrahlcorona
Physikalisch-chemisches Verfahren zur Oberflächenvorbehandlung, das insbesondere für schwer verklebbare Kunststoffe eingesetzt wird. Dabei wird zwischen zwei Hochspannungselektroden, die im Inneren einer Düse angeordnet sind, ein Lichtbogen erzeugt. Mittels Druckluft strömt Luft durch die Düse, die Luftmoleküle werden ionisiert, treten an der Düsenöffnung aus und treffen auf das zu behandelnde Fügeteil. Bei den behandelten Oberflächen wird die 📖 *Oberflächenenergie* erhöht, eine bessere 📖 *Benetzung* durch Klebstoff ermöglicht und damit in der Regel eine Verbesserung der 📖 *Verbundfestigkeit* bei geklebten Verbindungen erreicht (📖 S. 29). 📖 *Oberflächenbehandlung*, 📖 *Sprühcorona*

## Freistrahlplasma
📖 *Atmosphärendruckplasma*

## FR-Leiterplatten
FR steht für **f**lame-**r**etardant (flammhemmend) FR-Leiterplatten bestehen i. A. aus Phenol- oder 📖 *Epoxidharzen*, die zur Erhöhung der mechanischen Steifigkeit mit Hartpapier oder mit Glasfasern gefüllt sind:
FR1: Phenolharz mit Hartpapier
FR2: Phenolharz mit Hartpapier (Standardqualität)
FR3: Epoxidharz mit Glasfasern
FR4: Epoxidharz mit Glasfasern (wärmebeständig)

## F-Strahler
Eisendotierte Quecksilberdampflampe, die in der Klebtechnik als Lichtquelle zur Aushärtung von 📖 *strahlungshärtenden Klebstoffen* verwendet wird (z. B. DELOLUX 03 S). 📖 *G-Strahler*, 📖 *H-Strahler*

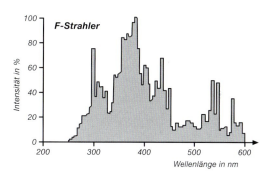

## Fügen
Bezeichnung in der Fertigungstechnik für das dauerhafte Verbinden von mindestens zwei Bauteilen. Die DIN 8593 unterteilt das Fügen in neun Gruppen, in denen die verschiedenen Fügeverfahren zusammengefasst sind:
- Zusammensetzen
- Füllen
- An- und Einpressen
- Urformen
- Umformen
- Schweißen
- Löten
- Kleben
- Textiles Fügen

# Lexikon der Klebtechnik

**Fügeteil**
Formteil, das mit einem anderen Formteil durch ein Fügeverfahren wie z.B. Kleben, Schweißen, Schrumpfen, etc. verbunden wird. *Fügen*

**Fügeteilbruch**
Versagen einer Klebverbindung außerhalb der Klebschicht, also im Fügeteilwerkstoff. In diesem Fall ist die *Klebfestigkeit* höher als die Eigenfestigkeit des Fügeteilwerkstoffs. *Adhäsionsbruch*, *Kohäsionsbruch*, *Mischbruch*

**Fügeverbindung**
Verbindung zweier Formteile durch ein Fügeverfahren, wie z.B. Kleben, Nieten, Schrauben, Schweißen, Löten, etc. *Fügen*

**Füllstoff**
Feste Bestandteile wie Quarzmehl, Kreide, Metallpulver, Ruß, etc., die Klebstoffen zugesetzt werden, um bestimmte Eigenschaften, wie z.B. Härte, *Festigkeit*, *Steifigkeit*, *elektrische Leitfähigkeit* und *Wärmeleitfähigkeit*, Wasser- und Alterungsbeständigkeit, chemische Beständigkeit (*Medienbeständigkeit*) und *Abriebfestigkeit* zu verbessern.

**Funktionsfestigkeit**
Hat die Klebverbindung eine Festigkeit von circa 10 MPa erreicht, so wird diese von DELO als funktionsfest bezeichnet (DELO-Norm 4).

## Gammasterilisation

Sterilisation bei Raumtemperatur mittels energiereicher Gammastrahlung (1,17 und 1,33 MeV) aus Kobalt-60 Quellen. Hauptsächlich in der Medizintechnik, aber auch in der Lebensmitteltechnik angewandt. Verpackung und Produkt können gleichzeitig sterilisiert werden. *Sterilisation*

**Gap**
- Abstand zwischen zwei Kontakten von *SMD*-Bauteilen oder *Flip-Chips*.
- Allgemeiner Ausdruck für einen Klebespalt.

**Gasbeflammung**
*Flammbehandlung*

**Gasentladungslampe**
Lichtquellen, welche zur Lichterzeugung entweder die spontane Emission durch atomare bzw. molekulare elektronische Übergänge oder aber Rekombinationsstrahlung (Umkehrung der Ionisation) eines durch elektrische Entladung erzeugten Plasmas ausnutzen. Bei dem das *Rheologie*, *Plasma* bildenden Gas kann es sich auch um Metalldämpfe handeln, wobei immer auch Edelgase enthalten sind. Ein wesentliches Unterscheidungskriterium der Gasentladungslampen ist der Druck. *F-Strahler*, *H-Strahler*, *Hochdruckstrahler*

**Gasperltest**
Dient der Beurteilung der Dichtigkeit von z.B. Schaltern oder Relais, speziell im Bereich von Abdichtungen oder Kabeldurchführungen (DELO-Norm 11).

**Gefahrenhinweise (R-Sätze, S-Sätze)**
Produktkennzeichnung, um Personen, andere Lebewesen oder die Umwelt vor Schäden zu bewahren. Teilweise sind sie mit standardisierten *Gefahrensymbolen* dargestellt. R- und S-Sätze bedeuten Risiko- und Sicherheitssätze. Sie bilden zusammen mit den Gefahrstoffsymbolen die wichtigsten Elemente der Gefahrstoffkennzeichnung.

**Gefahrensymbol**
Ist ein Piktogramm, das auf Gefahren von Stoffen hinweist und einen ersten, leicht erkennbaren Hinweis auf den Umgang mit den gekennzeichneten Stoffen gibt. *Gefahrenhinweise*, *Ätzende Substanzen*, *Gesundheitsschädliche Substanzen*, *Leicht entzündliche Substanzen*, *Reizende Stoffe*, *Umweltschädliche Substanzen*

**Gefahrstoffverordnung (GefStoffV)**
Regelt den Umgang mit Gefahrstoffen, d.h. deren Klassifizierung, Kennzeichnung, Lagerung und

# Lexikon der Klebtechnik

Handhabung. Sie richtet sich nicht nur an Hersteller, sondern auch an Verarbeiter und Arbeitgeber.

### Gelpunkt
Zeitpunkt bei dem ein 📖 *Mehrkomponenten-Klebstoff* vom flüssigen in den festen Zustand übergeht. Er bildet den Wendepunkt in der Aushärtungskurve, die den 📖 *Viskosität*sverlauf über die Zeit beschreibt.

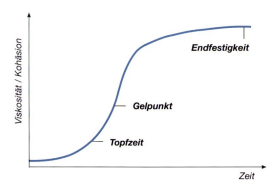

### Gelzeit
Bei zweikomponentigen 📖 *Gießharzen* die Zeitspanne, in der ein gebrauchsfertiger Ansatz einer definierten Menge vom fließfähigen in den 📖 *ablauffesten* Zustand übergeht.

### Gesundheitsschädliche Substanzen
Substanzen, die beim Einatmen, Verschlucken oder bei Hautresorption akute oder chronische Gesundheitsschäden verursachen können.
Kennzeichnung:

### Gewindekleben / Gewindeabdichtung
Zwei der Hauptanwendungsfelder für 📖 *anaerob* härtende 📖 *Methacrylatklebstoffe* (👉 S. 72).

### Gießen
Oberbegriff für die Herstellung von Formkörpern bzw. das Auf- oder Ausfüllen von Hohlräumen mit Hilfe von flüssigen 📖 *Gießharzen* oder 📖 *Klebstoffen*.

### Gießharz
📖 *Reaktionsharz* mit guten Fließeigenschaften, das in Formen oder andere Hohlräume vergossen werden kann, um Bauteile oder Geräte vor chemischen und/oder mechanischen Einflüssen zu schützen oder diese zu fixieren (👉 S. 67, 70).

### Glasübergangstemperatur $T_G$
Für hochpolymere Stoffe kennzeichnende Temperatur, bei der diese Stoffe mit steigender Temperatur aus dem glasartig, starren Zustand in den weichen, u. U. elastischen Zustand übergehen wobei wesentliche mechanische und physikalische Eigenschaftsänderungen stattfinden. Die Glasübergangstemperatur beeinflusst den praktischen Einsatzbereich von Kunststoffen und Klebstoffen hinsichtlich der Verarbeitungs- und Gebrauchstemperatur. Die Glasübergangstemperatur kann thermisch-mechanisch mittels 📖 *Rheometer* oder DMTA (📖 *Dynamisch-Mechanische Thermoanalyse*) und über die spezifische Wärmeumwandlung mittels 📖 *DSC* bestimmt werden.

### Gleitung
Winkelverformung Tangens Delta bei einer anliegenden Schubbeanspruchung.

### Glob-Top
Abdeckung eines mikroelektronischen 📖 *Chips* mit einer Vergussmasse. Für Glob-Top-Anwendungen werden hauptsächlich 📖 *Epoxidharz*- und 📖 *Silikon*massen verwendet. Ihre Aufgabe ist es, den Chip und die 📖 *Bonddrähte*, mittels derer der Chip an der Schaltung elektrisch kontaktiert wird, zu schützen. Steht für den Verguss nur eine begrenzte Fläche oder Höhe zur Verfügung, kann die Vergussfläche durch einen hochviskosen Damm umgrenzt werden, der anschließend mit einer gut fließfähigen Masse

# Lexikon der Klebtechnik

ausgefüllt wird (📖 *Dam&Fill*, ✂ S. 65, 📎 S. 104). Es stehen auch 📖 *strahlungshärtende* Chipvergussmassen zur Verfügung.

**G-Modul**
📖 *Schubmodul*

**Grenzfläche**
Berührungszone zwischen zwei festen, flüssigen oder gasförmigen Phasen. 📖 *Oberflächenspannung,* 📖 *Oberflächenenergie*

**Grünfestigkeit**
📖 *Nassfestigkeit,* 📖 *Tack*

**G-Strahler**
Galliumdotierte Quecksilberdampflampe, die in der Klebtechnik als Lichtquelle zur Aushärtung von 📖 *strahlungshärtenden Klebstoffen* verwendet wird. 📖 *F-Strahler,* 📖 *H-Strahler*

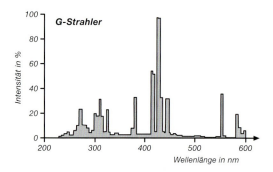

**GUM**
📖 *DELO-GUM*

## Härter
Bestandteil, der das chemische 📖 *Abbinden* eines Produkts, z. B. Klebstoffs, durch 📖 *Polymerisation,* 📖 *Polykondensation* oder 📖 *Polyaddition* bewirkt und dem 📖 *Harz* zugesetzt oder beigemischt wird. Dadurch wird die Bildung zwischenmolekularer Bindungen beim Aufbau dreidimensionaler Molekülnetzwerke bewirkt, gefördert oder geregelt. Wird auch als Vernetzer bezeichnet.

**Härtungsmechanismus**
In der Klebtechnik unterscheidet man Klebstoffe u.a. nach ihrem Härtungs- oder Abbindemechanismus. Die Unterteilung erfolgt in chemisch reagierende (📖 *Polyaddition,* 📖 *Polykondensation,* 📖 *Polymerisation*) und physikalisch abbindende (z. B. 📖 *Hotmelts,* 📖 *Lösungsmittel-Klebstoffe,* 📖 *Haftklebstoffe*) Klebstoffe.

**Haftklebstoffe**
Klebstoffe, die bei Raumtemperatur dauerhaft klebrig sind und unter Druckbeaufschlagung haften. Haftklebstoffe bleiben immer hochviskose Flüssigkeiten und binden nicht ab. Sie werden z. B. zur Herstellung von Klebebändern verwendet.

**Haftung**
📖 *Adhäsion*

**Haftvermittler**
📖 *Primer*

**Halbleiter**
Elektronenleitende Kristalle, meist Silizium oder Germanium, deren 📖 *Leitfähigkeit* zwischen der von Metallen und Isolatoren liegt. Die elektrische Leitfähigkeit ist stark temperaturabhängig. Deshalb können Halbleiter je nach Temperatur sowohl als Leiter als auch als Nichtleiter betrachtet werden. Bei Raumtemperatur sind sie gewöhnlich nicht leitend. Halbleiter können auf geringstem Raum Schaltfunktionen ausführen und als folgende Bauteile eingesetzt werden: Dioden, Transistoren, Thyristoren, Heißleiter, Kaltleiter,

# Lexikon der Klebtechnik

Hallelemente, Photodioden, Photowiderstände, Photoelemente und andere. In integrierten Schaltkreisen wird eine Vielzahl von Halbleiterelementen auf einer relativ kleinen Fläche zusammengefasst. 📖 *IC*, 📖 *Chip*
Spezifischer Widerstand von Isolierstoffen, Halbleitern und Metallen im Vergleich:

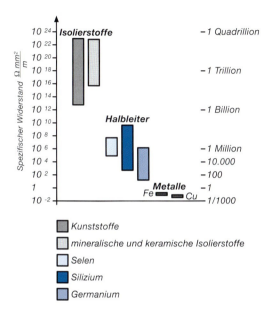

### Halbleiterbauelemente
Oberbegriff für alle elektronischen Bauelemente, die auf dem Funktionsprinzip von 📖 *Halbleitern* beruhen.

### Halbleitermaterial
Halbleitermaterialien sind z.B. Silicium (Si), Germanium (Ge), Indium-Antimonid (InSb), Indium-Arsenid (InAs), Indium-Phospid (InP), Gallium-Antimonid (GaSb), Gallium-Arsenid (GaAs), Gallium-Phosphid (GaP). 📖 *Halbleiter*

### Handfestigkeit
📖 *Anfangsfestigkeit* (↻ DELO-Norm 4)

### Harze
Sammelbegriff für feste oder zähflüssige, organische, nicht kristalline Produkte. Künstlich hergestellte Harze (Kunstharze) werden durch 📖 *Polymerisation*, 📖 *Polyaddition* oder 📖 *Polykondensation* gewonnen. Im Bereich der Klebstoffchemie sind besonders 📖 *Epoxidharze* und Polyesterharze bekannt, deren Eigenschaften durch Beimengungen etwa von 📖 *Füllstoffen* oder 📖 *Weichmachern* variiert werden können.

### Hautbildung
Einige Klebstoffe, wie z.B. feuchtigkeitshärtende 📖 *Silikone*, bilden während der Aushärtung eine Haut da die Aushärtung von außen nach innen erfolgt. 📖 *Hautbildungszeit*

### Hautbildungszeit
Zeitspanne, in der ein Klebstoff eine Haut bildet, die dick genug ist, die 📖 *Benetzung* des zweiten Fügepartners zu be- bzw. verhindern. Der Fügevorgang sollte daher vor Ablauf der angegebenen Hautbildungszeit abgeschlossen sein.

### Heißhärtung
📖 *Warmhärtung*, 📖 *DELO-MONOPOX*

### Hochdruckstrahler, Höchstdruckstrahler
Strahlungsquelle, die Licht eines bestimmten 📖 *Wellenlängen*bereichs emittiert. Der Höchstdruckstrahler ähnelt, abgesehen von den höheren Drücken, dem Hochdruckstrahler. Hochdruckstrahler: 1–10 bar, Höchstdruckstrahler: 20–80 bar. 📖 *F-Strahler*, 📖 *G-Strahler*, 📖 *H-Strahler*

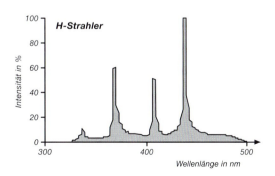

### Hochfrequenzcorona
Verfahren zur Oberflächenvorbehandlung von schwer verklebbaren Kunststofffolien. Im Gegensatz zu 📖 *Freistrahlcorona* ist das Verfahren nur für dünne Bauteile geeignet, da die Entladung das Fügeteil durchdringen muss. So wird z.B.

# Lexikon der Klebtechnik

bei der Vorbehandlung von Folien die Umlenkwalze, auf der die Folie geführt wird, gleichzeitig als eine der beiden Hochspannungselektroden genutzt (S. 29). *Oberflächenbehandlung*

**Hochviskos**
Dickflüssig. *Viskosität*

**Homogenisierung**
Herstellung einer einheitlichen Mischung aus unterschiedlichen nicht ineinander löslichen Bestandteilen, wie z.B. bei der Verarbeitung von zweikomponentigen Klebstoffen.
*Stöchiometrie*

**Hooke'sches Gesetz**
Das Hooke'sche Gesetz beschreibt das idealelastische Deformationsverhalten von Festkörpern, deren elastische Verformung linear proportional zur anliegenden Spannung ist, entsprechend folgender Gleichungen:

$$\tau = \frac{G}{\gamma}$$

$\tau$ = Schubspannung [Pa]
G = *Schubmodul* [Pa]
$\gamma$ = Deformation [%]

Für den Zugversuch gilt:
$\sigma = E \cdot \varepsilon$
$\sigma$ = Zug- bzw. Druckspannung [Pa]
E = Dehnmodul, *E-Modul* [Pa]
$\varepsilon$ = Dehnung beim Zugversuch [%]

**Hot Cure**
*Underfiller*, der in die Kehlnaht von kontaktierten *Flip-Chips* aufgetragen wird, durch Kapillarkräfte in den Hohlraum zwischen den Kontaktflächen eindringt und unter Temperatureinwirkung aushärtet. *Kapillarität*

**Hotmelt**
Eine physikalisch *abbindende* Klebstoffart (Schmelzklebstoff), die bei Raumtemperatur fest ist, sich bei Temperaturerhöhung durch Aufschmelzen verflüssigt (Auftrag und Benetzung) und sich bei späterer Abkühlung wieder verfestigt. Die Schmelzpunkte liegen hauptsächlich im Bereich zwischen +80 und +200 °C (S. 20).

**H-Strahler**
Quecksilberdampflampe, die in der Klebtechnik als Lichtquelle (z.B. DELOLUX 04) zur Aushärtung von *strahlungshärtenden Klebstoffen* verwendet wird. Das *Emissionsspektrum* des H-Strahlers weist nur einzelne, aber sehr hohe Peaks von *Intensitäten* auf. *F-Strahler*, *G-Strahler*

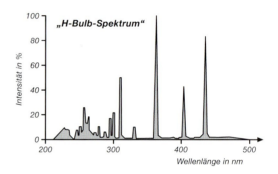

**HTV-1-Silikone**
1-komponentige *Silikone*, die durch Wärmezufuhr vernetzen (**H**igh-**T**emperature-**V**ulcanizing), also aushärten.

**HTV-2-Silikone**
2-komponentige *Silikone*, die durch Wärmezufuhr vernetzen (**H**igh-**T**emperature-**V**ulcanizing), also aushärten.

**Hybridkarte**
Chipkarte, die sowohl als *Kontaktkarte* mit äußerlich elektrisch kontaktierbarem Chipmodul als auch als *Kontaktloskarte* mit integrierter Antenne benutzt werden kann. Hybridkarten enthalten üblicherweise nur ein Chipmodul, das über zwei Anschlüsse verfügt. Wird auch als Dual-Interface-Karte bezeichnet. *Chip*

**Hybridklebung**
Kombination einer Verklebung mit einem anderen Fügeverfahren, z.B. Schweißen, Nieten oder Clinchen. *Fügen*

# Lexikon der Klebtechnik

## IC

Integrated Circuit; integrierte Schaltung, die in Form eines 📖 *Halbleiter*chips viele aktive Steuerfunktionen in einem Bauteil vereinigt. Je nach Ausführung werden Einsteckchips, 📖 *SMD*-Chips, 📖 *Flip-Chips* und 📖 *Chip-on-Board* unterschieden.

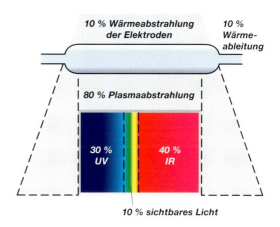

## ICA

Isotropic Conductive Adhesive (📖 S. 103, 105).
📖 *Isotrop elektrisch leitfähige Klebstoffe*

## Immersionstest

Alterungssimulation, die Aufschluss über die Beständigkeit von Verklebungen gegenüber Prüfflüssigkeiten bei verschiedenen Temperaturen gibt. Die Prüfkörper werden hierbei in einem Bad mit dem temperierten Medium eingelagert.
📖 *Alterung*

## Implantieren

Montieren z. B. eines 📖 *Chipmoduls* durch Einkleben in eine Karte mit 📖 *Cyanacrylat*-Klebstoff oder 📖 *Hotmelt*.

## Induktive Erwärmung

Induktive Erwärmung heizt Metalle durch die ohm'schen Verluste von Wirbelströmen auf, die ein magnetisches Wechselstromfeld im Werkstoff erzeugt. Das Magnetfeld wird durch sog. Induktionsspulen und einen Hochfrequenz-Generator erzeugt. Diese Methode erlaubt eine sehr schnelle Erwärmung geeigneter metallischer Bauteile, das eine beschleunigte 📖 *Aushärtung* warmhärtender Klebstoffe ermöglicht (❗ S. 89).

## Infrarot-Strahlung (IR-Strahlung)

Elektromagnetische Strahlung im 📖 *Wellenlängen*bereich von ca. 720 nm bis 1000 nm, die sich unmittelbar an den Bereich des sichtbaren Lichts anschließt. IR-Strahlung regt Moleküle zu Rotation und Schwingungen an, was in einer Erwärmung des bestrahlten Stoffs resultiert. Sie kann somit auch sehr gut zur 📖 *Aushärtung* von warmhärtenden Klebstoffen eingesetzt werden.

## Inhibitor

Substanz, die chemische Reaktionen verlangsamt bzw. hemmt. Bei einigen Klebstoffen hemmt z. B. Sauerstoff die Aushärtung des Klebstoffs auf der Oberfläche, wodurch eine sog. feuchte Oberfläche entsteht. Diese Reaktion wird auch als Sauerstoffinhibierung bezeichnet.

## Initiator

Substanz, die eine chemische Reaktion einleitet. Ähnlich wie bei 📖 *Katalysatoren* werden Initiatoren eingesetzt, wenn die auszuführende Reaktion allein nicht oder nicht in ausreichendem Maße stattfindet. Initiatoren nehmen bei der Reaktion – im Gegensatz zu Katalysatoren – irreversibel an der Reaktion teil und sind nicht regenerierbar. Z. B.: Photoinitiatoren starten bei 📖 *strahlungshärtenden Klebstoffen* die 📖 *Polymerisation*.

## Inlay, Inlet

Antenne, die auf eine Folie auflaminiert wird und so in eine 📖 *Kontaktloskarte* oder 📖 *Hybridkarte* integriert wird.

## Integrierte Schaltung

📖 *IC*

## Intensität

Die Intensität bzw. 📖 *Bestrahlungsstärke* gibt eine Strahlungsleistung pro Fläche in [W/cm²] an. Bei der Aushärtung von 📖 *photoinitiiert härtenden Klebstoffen* verkürzt sich in der Regel die 📖 *Aushärtungszeit* mit steigender Intensität der Lampe.

# Lexikon der Klebtechnik

### Intensitätsabfall
Die 📖 *Strahler* in Lampen zur Aushärtung 📖 *photoinitiiert härtender Klebstoffe* haben auf Grund des unvermeidlichen Elektrodenabbrands eine begrenzte Lebensdauer. Das im Laufe der Zeit auf Grund der hohen Betriebstemperaturen verdampfte Elektrodenmaterial schlägt sich innen am Quarzkolben der Lampe nieder und vermindert so die Lichtdurchlässigkeit. Außerdem verringert sich der Elektrodenabstand, was die Bogenleistung des Strahlers ebenfalls verringert. Dies führt zu einem Intensitätsabfall der Lampe. Um die Prozesssicherheit einer Fertigung zu gewährleisten, ist es erforderlich, die 📖 *Intensität* zu kontrollieren und den Strahler rechtzeitig auszuwechseln.

### Intensitätsmessung
Die 📖 *Belichtungszeit* für 📖 *photoinitiiert härtende Klebstoffe* ist unter anderem von der 📖 *Intensität* der Aushärtungslampe abhängig. Da der Strahler einem 📖 *Intensitätsabfall* über seine Lebensdauer unterliegt, sollte die Intensität der Lampe regelmäßig gemessen werden. Hierzu steht z. B. das Messgerät 📖 *DELOLUXcontrol* zur Verfügung.

### Ionengehalt
Bei Klebstoffen für den Elektronikbereich wird der mit Wasser extrahierbare Anteil an bestimmten Ionen aus dem ausgehärteten Klebstoff ermittelt. Geringe Ionengehalte verhindern eine mögliche Bauteilkorrosion und sind daher besonders bei Anwendungen in diesem Gebiet wichtig. 📖 *Chloridionenarm*

### IR-Strahlung
📖 *Infrarot-Strahlung*

### Isocyanat
Isocyanate sind chemisch hochreaktive Verbindungen, die die Struktur •R-N=C=O aufweisen. Die bedeutendsten Reaktionen der Isocyanatgruppe sind die Additionsreaktionen an Alkoholen, Wasser oder Aminen. Aus der 📖 *Polyadditions*-Reaktion von Diisocyanaten (Verbindungen mit 2 Isocyanat-Gruppen) mit Diolen (2-wertige Alkohole) entstehen die technisch vielfältig genutzten Polyurethane (S. 78).

### Isotrop
In alle Raumrichtungen gleich wirkende chemische und physikalische Eigenschaft. 📖 *Anisotrop*, 📖 *Isotrop elektrisch leitfähige Klebstoffe*

### Isotrop elektrisch leitfähige Klebstoffe
Isotrop elektrisch leitfähige Klebstoffe leiten den elektrischen Strom in allen Raumrichtungen. Sie sind meist hoch mit Silberpartikeln gefüllt. 📖 *Anisotrop elektrisch leitfähige Klebstoffe*, 📖 *Leitkleben*

### ITO
Indium-Zinn-Oxid (**I**ndium **T**in **O**xide) ist ein halbleitendes, transparentes Material, das für elektrische Kontakte auf Glassubstraten, z.B. im 📖 *LCD*- und 📖 *OLED*-Bereich eingesetzt wird.

## Kalthärtung
📖 *Raumtemperaturhärtung*

### Kapillarität
Physikalische Erscheinung, die infolge der 📖 *Oberflächenspannung* von Flüssigkeiten in engen Spalten, Haarröhrchen (Kapillaren) und Poren auftritt. 📖 *Benetzende* Flüssigkeiten steigen in diesen Kapillaren auf bzw. dringen in diese ein. Kapillar aktive Klebstoffe eignen sich auf Grund ihrer niedrigen 📖 *Viskosität* gut zum nachträglichen Auftrag auf bereits vormontierte Bauteile, wie z. B. gefügte Glasteile.

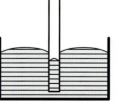

nicht benetzende Flüssigkeit, Quecksilber

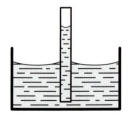

benetzende Flüssigkeit, Wasser

# Lexikon der Klebtechnik

**Katalysator**
Substanz, die durch Bildung aktiver Zwischenprodukte die Geschwindigkeit einer chemischen Reaktion beschleunigt, ohne durch diese Reaktion aufgebraucht zu werden.

**Kataplasma-Test**
Probeneinlagerung in abgeschlossenem Feucht-Wärme-Klima, z.B. durch Einwickeln der Prüfkörper in nasse Zellstofftücher und Lagerung in einem geschlossenen PE-Beutel bei +70 °C.

**KATIOBOND**
📖 *DELO-KATIOBOND*

**Kationisch härtende Klebstoffe**
Klebstoffe, bei denen zur Einleitung der Aushärtungsreaktion Kationen (positiv geladene Teilchen) gebildet werden. Der Start der 📖 *Polymerisation*, sowie die Verlängerung der Kohlenstoffketten erfolgt über die durch Zerfall des 📖 *Photoinitiators* gebildeten Kationen. Beispiel: Bei der 📖 *Aktivierung* von 📖 *lichthärtenden Klebstoffen* der Produktgruppe 📖 *DELO-KATIOBOND* (S. 64) zerfällt der Photoinitiator in Kation und Gegenion. Die so gewonnenen Kationen initiieren die Aushärtung. 📖 *Aminisch härtende Klebstoffe*, 📖 *Radikalisch härtende Klebstoffe*

**Kinematische Viskosität**
Quotient aus 📖 *dynamischer Viskosität* η und 📖 *Dichte* ρ eines Stoffs.

**Klebeband**
📖 *Haftklebstoffe* (S. 20)

**Klebfestigkeit**
Verbundfestigkeit, die zwei Fügeteile, welche durch einen Klebstoff verbunden sind, aufweisen. Gemäß der einwirkenden mechanischen Beanspruchung wird beispielsweise von 📖 *Zugscherfestigkeit* oder 📖 *Druckscherfestigkeit* gesprochen (S. 171).

**Klebfläche**
Die zu klebende oder geklebte Fläche eines Fügeteils. Für das Kleben optimal sind gereinigte, entfettete und durch geeignete Vorbehandlungsmethoden vorbereitete Klebflächen (S. 26 ff., S. 50). 📖 *Oberflächenbehandlung*

**Klebfuge / Klebspalt**
Vom Klebstoff vollständig auszufüllender bzw. zu überbrückender Abstand zweier Fügepartner.

**Klebprozess**
Prozess des flächigen, stoffschlüssigen Verbindens gleicher oder verschiedenartiger Werkstoffe unter Verwendung eines Hilfswerkstoffs, dem 📖 *Klebstoff*. Der vollständige Prozess beinhaltet die Vorbehandlung der Fügeflächen (📖 *Oberflächenbehandlung*), die 📖 *Dosierung* des Klebstoffs, das 📖 *Fügen* der Fügepartner und die 📖 *Aushärtung* des Klebstoffs.

**Klebrigkeit**
📖 *Tack*

**Klebschichtdicke**
Mittlere Dicke der Klebstoffschicht zwischen den Fügeteilen. Bei der Anwendung bestimmter Klebstoffe, wie z.B. 📖 *anaerob härtender Klebstoffe* (S. 72), ist die maximale Klebschichtdicke zu berücksichtigen.

**Klebstoffauftrag**
📖 *Dosierung*

**Klebstoffe**
Nichtmetallische Werkstoffe, die 📖 *Fügeteile* durch Oberflächenhaftung (📖 *Adhäsion*) und innere Festigkeit (📖 *Kohäsion*) verbinden können, ohne das innere Gefüge von Fügeteilen wesentlich zu verändern.

**Kleister**
📖 *Dispersionsklebstoffe*

**Klimawechseltest**
Alterungstest, bei dem Bauteile bzw. verklebte Fügeteile unter definierten, langsam oder schnell

# Lexikon der Klebtechnik

wechselnden Klimabedingungen eingelagert werden. Dies führt zu einer beschleunigten  *Alterung* und ermöglicht so die Einschätzung des  *Langzeitverhaltens* der Klebverbindung. DELO verwendet häufig eine an den so genannten VDA-Wechseltest (VDA 612-415, **V**erein **D**eutscher **A**utomobilhersteller) angelehnte Klimaprüfung. 1 Zyklus:

4 h, +40 °C, 98 % r. F.
4 h, +23 °C, 50 % r. F.
3 h, aufheizen auf +100 °C
4 h, +100 °C
3 h, abkühlen auf –20 °C
4 h, –20 °C
2 h, aufheizen auf +40 °C, 98 % r. F.

## Kohäsion
Zusammenhalt von Molekülen gleicher Art, z. B. der innere Zusammenhalt von Klebstoffen durch chemische Bindung, zwischenmolekulare Anziehungskräfte und Verklammerung der Polymerketten ( S. 23).  *Adhäsion*

## Kohäsionsbruch
Versagen einer Klebverbindung durch Bruch in der Klebschicht ( S. 23).  *Adhäsionsbruch*,  *Mischbruch*,  *Fügeteilbruch*

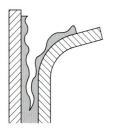

## Kombinationshärtung
 *Dualhärtung*

## Kontaktkarte
Chipkarte aus Kunststoff mit eingeklebtem Chipmodul. Kontaktkarten werden in der Regel im Scheckkartenformat mit sechs oder acht elektrischen Kontakten ausgeführt.  *Hybridkarte*,  *Kontaktloskarte*,  *Chip*

## Kontaktklebstoff
Klebstoff, der nach dem Auftragen und Ablüften eine trockene Oberfläche bildet. Beim anschließenden Verpressen der mit Klebstoff benetzten Oberflächen wird die für die Verklebung notwendige  *Kohäsion* aufgebaut.

## Kontaktkorrosion
Bei elektrisch leitfähigen  *Fügeverbindungen*, wie z. B. Schrauben oder Nieten, mit unterschiedlichen, d. h. in diesem Fall edleren und unedleren, metallischen Werkstoffen kommt es bei Feuchtigkeit zur Bildung von kurzgeschlossenen galvanischen Elementen. Auf Grund der Potenzialdifferenz der Metalle korrodieren diese, wobei das unedlere Material abgetragen wird. Beispiel: Wird die Oberfläche eines verzinkten Stahlblechs beschädigt, so kommt es zur Kontaktkorrosion zwischen Zink und Eisen. Da Zink das unedlere der beiden Metalle ist, wird es zersetzt und setzt sich als Schicht auf dem Eisen nieder. Somit wird die „Wunde" wieder geschlossen und das verzinkte Stahlblech korrodiert nicht weiter. Klebverbindungen erzeugen in der Regel elektrisch nicht leitende Verbindungen, die Kontaktkorrosion verhindern.  *Anisotrop elektrisch leitfähige Klebstoffe*,  *Isotrop elektrisch leitfähige Klebstoffe*,  *Elektrochemische Spannungsreihe*

## Kontaktloskarte
Chipkarte aus Kunststoff mit eingeklebtem Chipmodul und integrierter Antenne. Somit können Informationen kontaktlos zu Lesegeräten übertragen werden.  *Chip*,  *Kontaktkarte*,  *Hybridkarte*

## Kontaktwinkel
 *Benetzungswinkel*

## Kontamination
Verunreinigung eines Systems mit unerwünschten Stoffen. So kann beispielsweise eine Klebfläche mit Silikon-Molekülen kontaminiert sein, die auf Grund ihrer Trennwirkung eine Verklebung z. T. vollständig verhindern oder zumindest erheblich verschlechtern können.

# Lexikon der Klebtechnik

### Konversionsschicht
Mischoxidschichten aus FeO und $Fe_2O_3$, die auf eisenhaltigen Oberflächen durch Tauchen in saure oder alkalische Lösungen als Korrosionsschutz erzeugt werden können. 📖 *Korrosion*

### Korrosion
Veränderung bzw. Schädigung von Werkstoffen durch meist chemische oder elektrochemische Einflüsse. Klebstoffe können z.B. 📖 *Spaltkorrosion* verhindern, indem sie eine Isolierschicht zwischen den beiden Fügeteilen bilden. 📖 *Elektrokorrosion*, 📖 *Kontaktkorrosion*, 📖 *Spannungsrisskorrosion*, 📖 *Unterwanderung*

### Korund
Modifikation von Aluminiumoxid ($Al_2O_3$), die sich durch ihre hohe Härte (Mohshärte 9) auszeichnet. Aus diesem Grund wird Korund bevorzugt als Schleifmittel verwendet und kommt im Klebprozess beispielsweise als Strahlgut zur Oberflächenvorbehandlung zum Einsatz. 📖 *Strahlen*, 📖 *Oberflächenbehandlung*

### Kraftschluss
Bei kraftschlüssigen Verbindungen werden die Kräfte durch erhöhte Reibung zwischen den Werkstücken übertragen. Verbindungen dieser Art sind Klemm-, Kegel- und Pressverbindungen. 📖 *Stoffschluss*, 📖 *Formschluss*

### Kriechen
Irreversible Verformung eines Klebstoffs unter statischer Belastung. Dabei gleiten die Molekülketten unter Verlust ihrer zwischenmolekularen Bindungen aneinander ab.

### Kriechstromfestigkeit
Bezeichnet die Widerstandsfähigkeit des Isolierstoffs gegen Kriechspurbildung in Anwesenheit von leitfähigen Verunreinigungen. Es wird die maximale Prüfspannung ermittelt, bei der noch kein Kriechstrom auftritt, maximal 600 Volt. Wird in der Klebtechnik z.B. bei 📖 *Gießharzen* für Elektronikanwendungen angegeben (↻ S. 173).

### KTL-Beschichtung
**K**athodische **T**auch**l**ack-Beschichtung.
Lackschicht, die in einem Tauchbad elektrochemisch auf metallische Oberflächen, z.B. auf Stahlblech, abgeschieden wird. Der Lack wird anschließend bei ca. +180 °C eingebrannt.

### KTW-Empfehlung
KTW: **K**unststoffe im **T**rink**w**asserbereich
Empfehlung des Bundesinstituts für gesundheitlichen Verbraucherschutz und Veterinärmedizin, nach der Kunststoffe, die im Trinkwasserbereich als Dichtstoffe eingesetzt werden, an zugelassenen Instituten geprüft und über den 📖 *DVGW* zugelassen und gelistet werden müssen.

### Kugeldruckhärte
Kennwert für die Eigenschaft eines 📖 *Polymerwerkstoffs*, dem Eindringen einer Kugel mit definiertem Durchmesser unter definierter Last und Zeit zu widerstehen. Das Verhältnis von Prüflast zu Fläche des bleibenden Eindrucks wird als Kugeldruckhärte angegeben.

### Kunststoffe
Werkstoffe, deren Hauptbestandteile synthetische oder durch Umwandlung von Naturstoffen hergestellte, meist organische 📖 *Polymere* sind. Kunststoffe werden im Fließzustand in die endgültige Form gebracht und anschließend durch unterschiedliche Mechanismen ausgehärtet.

## LABS
Begriff aus dem Automotive-Bereich: **La**ck-**B**enetzungsstörende **S**ubstanzen. Diese können in 📖 *Silikonen*, fluorhaltigen Stoffen, bestimmten Ölen und Fetten enthalten sein. Sie können negative Auswirkungen auf die 📖 *Adhäsion* von Klebstoffen zur Bauteiloberfläche haben.

### Längenausdehnungskoeffizient
Gibt an, um welche Länge, bezogen auf die Gesamtlänge, sich ein fester Körper bei einer Temperaturänderung von einem Kelvin vergrößert oder verkleinert.

# Lexikon der Klebtechnik

**Lagerstabilität**
Zeitraum, in dem Substanzen unter vorgeschriebenen Bedingungen ihre Anwendungseigenschaften beibehalten. Voraussetzungen sind ungeöffnete Originalverpackungen und die Einhaltung der festgelegten Lagerbedingungen, wie etwa die richtige Lagertemperatur.

**Laminieren**
Beschichtung einer Oberfläche mit einer Folie, um z. B. einen Schutz gegen Feuchtigkeit zu erreichen.

**Langzeitverhalten**
Bei Klebstoffen: Veränderung bzw. Beibehaltung der Eigenschaften einer geklebten ▭ *Fügeverbindung* in Abhängigkeit von bestimmten Einflussfaktoren wie z. B. Zeit, Temperatur oder mechanische Spannungen.

**LCD**
Englisch: **L**iquid **C**rystal **D**isplay
Bildschirm, in dem Flüssigkristalle, die die Polarisationsrichtung von Licht beeinflussen, zur Bilddarstellung genutzt werden. Flüssigkristalle sind organische Verbindungen, die sowohl Eigenschaften von Flüssigkeiten als auch von Festkörpern aufweisen: Sie sind z. T. fluid wie eine Flüssigkeit und zeigen andererseits die Eigenschaft der Doppelbrechung. ▭ *OLED*
Aufbau einer TSTN-Flüssigkristallzelle (**T**riple **S**uper**t**wisted **N**ematic) als Display für z. B. Notebook-Computer:

Das Licht der Beleuchtung wird polarisiert, gefiltert, durchquert die hintere Glasscheibe, den STN-Flüssigkristall, die vordere Glasscheibe, die vordere Filterfolie und den vorderen Polarisator und tritt schließlich farbig aus.

Die Vorteile von TSTN-Flüssigkristallzellen sind:
- Geringer Stromverbrauch
- Strahlungsarm
- Flimmerfreies, scharfes Bild
- Geringes Gewicht
- Geringe Einbautiefe

**Leadframe**
Elektrisch leitender Rahmen, auf dem ein ▭ *Chip* befestigt und durch ▭ *Bonddrähte* mit dem Rahmen elektrisch leitend verbunden wird. Der Leadframe wird anschließend in einem Spritzguss-Prozess ummoldet, die fertigen ▭ *IC*s werden auf ▭ *Leiterplatten* aufgelötet.

**LED**
Englisch: **L**ight **E**mitting **D**iode
▭ *Halbleiter*diode, die bei Anlegen einer Spannung Licht in einem definierten ▭ *Wellenlängen*bereich emittiert. LEDs werden zunehmend als Ersatz für Glühlampen eingesetzt. Zum Schutz werden sie entweder umspritzt oder mit einer Art ▭ *Glob-Top* vergossen. Durch geeigneten Verguss können Linseneffekte oder Farben erzeugt werden, die den Einsatzbereich von LEDs erweitern.

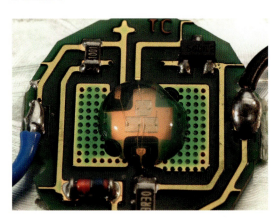

# Lexikon der Klebtechnik

### Leicht entzündliche Substanzen
Stoffe, die sich bei Umgebungstemperatur an der Luft ohne Energiezufuhr erhitzen und schließlich entzünden können oder die sich durch kurzzeitige Einwirkung einer Zündquelle leicht entzünden und nach deren Entfernung weiterbrennen oder weiterglimmen können.
Kennzeichnung:

### Leim
📖 *Dispersionsklebstoffe*

### Leiterplatte
📖 *Substrat* (üblicherweise FR4, 📖 *FR-Leiterplatten*) zur Befestigung und elektrischen Kontaktierung von elektronischen Bauteilen.

### Leitfähigkeit
Fähigkeit eines Stoffs, elektrischen Strom oder Wärme zu leiten. In der Elektrotechnik: Kehrwert des spezifischen Widerstands. Einheiten: Elektrische Leitfähigkeit [S/m], Wärmeleitfähigkeit [W/mK]. 📖 *Anisotrop elektrisch leitfähige Klebstoffe*, 📖 *Isotrop elektrisch leitfähige Klebstoffe*, 📖 *Durchgangswiderstand*, spezifischer, 📖 *Volumenwiderstand*

### Leitkleben
Herstellung elektrisch leitfähiger Verbindungen mittels Klebtechnik. Dabei werden 📖 *anisotrop elektrisch leitfähige Klebstoffe* und 📖 *isotrop elektrisch leitfähige Klebstoffe* unterschieden.

### Lichtaktivierbare Klebstoffe
📖 *Kationisch härtende Klebstoffe* der Produktgruppe 📖 *DELO-KATIOBOND* (S. 64) können durch Licht aktiviert werden. Diese Technik erlaubt das Fügen der Bauteile eine gewisse Zeit nachdem der Klebstoff belichtet wurde. Die 📖 *Polymerisations*reaktion findet auch ohne weitere Bestrahlung statt. Somit können auch nicht durchstrahlbare Bauteile verklebt werden. Die 📖 *Voraktivierungs*parameter beeinflussen direkt die 📖 *Offenzeit*, innerhalb der das zweite Bauteil gefügt werden muss (DELO-Normen 18 - 20, 37).

### Lichthärtende Klebstoffe
Klebstoffe werden als lichthärtend bezeichnet, wenn der Aushärtungsmechanismus unter Bestrahlung von sichtbarem Licht im 📖 *Wellenlängen*bereich von 400 bis 550 nm abläuft. Die 📖 *Belichtungszeit* ist dabei gleich der 📖 *Aushärtungszeit*. Ein Fügeteil muss durchstrahlbar sein. Lichthärtende Klebstoffe sind für Glas/Glas-, Glas/Metall- wie auch für Kunststoffverbindungen geeignet (S. 62). 📖 *UV-härtend*

### Lichtleiter
Flüssigkeitsgefülltes, flexibles Kabel, in dem Licht nach den Gesetzen der Totalreflexion geleitet wird. Im Gegensatz zu Glasfasern garantiert die Flüssigkeitsfüllung die erforderliche Durchlässigkeit für UV-Strahlen (S. 35, S. 80).

### Lösbare Verbindung
In der Klebtechnik: Verbindung, die ohne Schädigung der Fügeteile wieder gelöst werden kann. So können z.B. Schraubensicherungen bei Verwendung von niedrigfesten oder mittelfesten 📖 *anaerob härtenden Klebstoffen* wieder gelöst werden (S. 72).

### Lösungsmittel
Flüssigkeiten, die andere Stoffe lösen können, ohne dass es zu einer chemischen Reaktion zwischen dem Lösungsmittel und dem gelösten Stoff kommt. Verwendung z.B. als Reiniger, Verdünner oder flüchtige Komponente in lösungsmittelhaltigen Klebstoffen. Unterliegen in der Regel einer Gefahrklasse.

### Lösungsmittelfreie Klebstoffe
DELO-Klebstoffe sind lösungsmittelfrei. Im industriellen Einsatz werden aus Gründen des Arbeits- und Umweltschutzes zunehmend lösungsmittelfreie Klebstoffe gefordert.

# Lexikon der Klebtechnik

**Lösungsmittel-Klebstoffe**

Klebstoffe, deren Abbindemechanismus (📖 *Abbinden*) darauf beruht, dass das enthaltene 📖 *Lösungsmittel* ablüftet und der zurückbleibende Klebstoff antrocknet und damit seine Klebkraft entwickeln kann. Es gibt auch lösungsmittelhaltige 📖 *Reaktionsklebstoffe*, wobei das Lösungsmittel hier zur Verringerung der 📖 *Viskosität* dient, um z.B. eine bestimmte Konsistenz für die Auftragung zu erreichen.

**Loop**

Form bzw. Schwung des 📖 *Bonddrahts*, der den elektrischen Kontakt zwischen 📖 *Chip* und 📖 *Leiterplatte* herstellt. 📖 *Chip-on-Board-Technologie*

**Losdrehmoment**

Drehmoment, das notwendig ist, um eine Schraubverbindung wieder zu lösen. Einheit: [Nm]. Die Verwendung von 📖 *anaerob härtenden Klebstoffen* erhöht das Losdrehmoment von Schraubverbindungen und dient somit als zusätzliche Sicherung der Verschraubung.

# **M**akromolekül

Molekül, das aus vielen tausend Einzelbausteinen aufgebaut ist, z.B. 📖 *Polymer*.

**MAK-Wert**

**M**aximale **A**rbeitsplatz-**K**onzentration
Wurde durch den 📖 *AGW* (**A**rbeitsplatz-**G**renz**w**ert) ersetzt.

**Matrix**

In der Klebtechnik: Hüllmaterial, z.B. 📖 *Harz*, das einen anderen Stoff, z.B. 📖 *Füllstoff*, einschließt und ihm damit zu 📖 *strukturfester* Form verhilft.

**Mechanische Beanspruchung**

In der Klebtechnik: Beanspruchung einer Klebverbindung durch Einwirkung von statischen oder dynamischen Belastungen, wie Zug-, Scher-, Schäl- oder Torsionsbelastungen.

**Medienbeständigkeit**

In der Klebtechnik: Beschreibt die Veränderung der Eigenschaften von Klebstoffen oder geklebten Verbindungen unter dem Einfluss von Medien wie Wasser, Öl, Gas, etc. Die Medienbeständigkeit eines Klebstoffs lässt dabei noch nicht auf die Medienbeständigkeit einer geklebten Verbindung schließen, da z.B. die Oberflächenbeschaffenheit der Fügeteile, die Belastung der Klebverbindung und die Bedingungen, unter denen das jeweilige Medium einwirkt, eine wichtige Rolle spielen.

**Mehrkomponentenklebstoff**

Klebstoff, bei dem 📖 *Harz* und der zur 📖 *Polymerisation* notwendige 📖 *Härter* in unterschiedlichen Komponenten vorliegen. Diese müssen zur Aushärtung gemischt werden, z.B. im 📖 *DELO-AUTOMIX*-System.

**Methacrylat**

Ester der Acrylsäure, deren verschiedene Derivate als Grundbaustein unterschiedlichster Kunststoffe zum Einsatz kommen, z.B. PMMA.

**Methylmethacrylat MMA**

Methylacrylsäuremethylester; 📖 *Monomer* für die 📖 *Polymerisation* von PMMA.

**μBGA, Micro BGA**

**M**icro **B**all **G**rid **A**rray. 📖 *Chip*, der mittels Kontaktbahnen z.B. mit einer Folie oder starren 📖 *Leiterplatte* elektrisch verbunden ist. Zwischen der flexiblen Leiterplatte (Folie) und dem Chip befindet sich zum Spannungsausgleich eine Elastomerschicht. Auf der Unterseite der flexiblen Leiterplatte sind Lot-📖 *Bumps* zur elektrischen Kontaktierung in einem definierten Raster angeordnet. Mit Hilfe der Lotkugeln wird dieser Aufbau auf dem 📖 *Substrat* kontaktiert. 📖 *BGA*

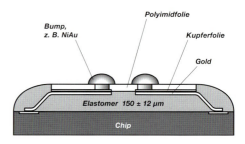

# Lexikon der Klebtechnik

## Mikrodosierung
Wiederholbare 📖 *Dosierung* sehr kleiner Mengen Klebstoff im Mikrogramm- und Pikogramm-Bereich. Mit dem Mikrodosierventil 📖 *DELO-DOT* können Tropfen von ca. 3 µg (bei niedrigviskosen Klebstoffen) im Freiflug präzise und wiederholgenau appliziert werden. DELO-DOT erlaubt ebenfalls die Dosierung von 📖 *hochviskosen* bzw. thixotropen und gefüllten Klebstoffen (📖 S. 42).

## Mikrowellenhärtung
Sehr schnelles thermisches Aushärtungsverfahren, speziell für warmhärtende Klebstoffe. Der Klebstoff wird dabei direkt durch die Erzeugung von Eigenschwingungen aufgeheizt. Dabei entfällt die Aufheizzeit der Bauteile, sodass ihre Wärmebelastung klein gehalten werden kann. Durch ständig wechselnde Frequenzen werden Funkenüberschläge verhindert.

## Mikrowellen-Lampen
Elektrodenlose UV-Lampen, deren 📖 *Strahler* mittels Mikrowellen angeregt werden. Vorteile: höhere Energieausbeute und kein Intensitätsabfall während der Lebensdauer. Häufige Einschaltvorgänge sind problemlos möglich.

## Mischbruch
📖 *Bruchbild* einer Verklebung, bei der sich an einigen Stellen der Klebstoff vom Fügeteil abgelöst hat, und gleichzeitig die Verklebung im Klebstoff selbst versagt hat. Das heißt beide Brucharten, 📖 *Adhäsionsbruch* und 📖 *Kohäsionsbruch*, treten auf.

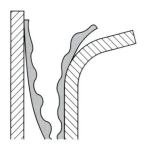

## Mischer, dynamisch
📖 *Dynamikmischer*

## Mischer, statisch, statisch-dynamisch
Kunststoff-Mischrohr, in dem unbewegliche (statische) bzw. von einem Motor angetriebene, rotierende (statisch-dynamische) Mischwendel die Vermischung von 2-K-Klebstoffen gewährleisten (📖 S. 43).

## Mischungsfehler
Unzureichende Vermischung bei der Verarbeitung von 2-K-Klebstoffen, z.B. durch zu kurzes Mischen oder falsches Mischungsverhältnis der Komponenten. Beim Mischen sind stets die Anweisungen des Klebstoffherstellers in den 📖 *technischen Datenblättern* und Gebrauchsanweisungen einzuhalten.

## Mischungsverhältnis
Zur Erzielung optimaler Verbundfestigkeiten müssen bei zweikomponentigen Klebstoffen die Komponenten nach Gewicht oder Volumen abgewogen bzw. gemessen und nach Vorgabe homogen, d. h. schlierenfrei, vermischt werden. Die Verwendung von 📖 *DELO-AUTOMIX* vereinfacht diesen Vorgang durch den Einsatz von Doppelkammerkartuschen und 📖 *statischen Mischrohren*.

## ML
📖 *DELO-ML*

## Modulband
Auch Modulträgerband, Trägerband oder Tape genannt. Besondere Form des 📖 *Substrats*, auf dem z.B. die 📖 *IC*s für Chipkarten montiert werden. Üblicherweise ist das Band 2-spurig und hat quasi genormte Maße wie Breite, Dicke, Teilung, etc. Das Standardband ist ein Laminat aus einer vergoldeten Kupferschicht (ca. 35 µm dick) und einem glasfaserverstärkten 📖 *Epoxidharz*band (ca. 80 bis 160 µm dick).

## Moduleinbettung
📖 *Implantieren*

## Molding
Auch Transfermolding genannt. Alternative zum Vergießen des 📖 *COB*s durch Umspritzen des 📖 *IC*s mit einer hochgefüllten Pressmasse.

Bond it 141

# Lexikon der Klebtechnik

**Molekül**
Teilchen, die aus zwei oder mehr Atomen zusammengesetzt sind, welche über eine kovalente Bindung miteinander verbunden sind.

**Monomer**
Niedermolekulare Moleküle, die reaktionsfähige Doppelbindungen oder funktionelle Gruppen besitzen. Kann durch *Polymerisation*, *Polykondensation* oder *Polyaddition* zu makromolekularen Stoffen (*Polymeren*) aufgebaut werden.

**MONOPOX**
*DELO-MONOPOX*

**Multimedia-Karte (MMC)**
Datenträger für digitale Kommunikationsmedien, speziell für den Einsatz mobiler Geräte wie Digitalkameras und Musikabspielgeräte.

**MS-Polymere**
Feuchtigkeitsvernetzende 1-K-Klebstoffe, die hauptsächlich im Bereich Dichtstoffe eingesetzt werden. MS-Polymere (**M**odifiziertes **S**ilan) enthalten silikonähnliche Bestandteile, lt. Hersteller sind jedoch keine freien Silikonöle mehr enthalten, die aus dem Klebstoff austreten können. Ein Überlackieren der ausgehärteten Klebschicht ist damit möglich.

# Nachvernetzen

Nach der eigentlichen *Aushärtung* zeitabhängig stattfindende, meist durch Wärmeeinfluss begünstigte Vernetzung von restlichen, noch nicht vollständig abgebundenen Molekülketten im Klebstoff. Die Nachvernetzung führt bei den meisten Klebstoffen zu höheren Festigkeitswerten, jedoch auch zu einer höheren Sprödigkeit.

**Nassfestigkeit**
Haftvermögen eines Klebstoffs im nicht ausgehärteten Zustand. Ist z. B. beim Verkleben von *SMD*-Bauteilen auf einer *Leiterplatte* von Bedeutung. Hierbei dürfen die Bauteile zwischen dem Platzieren und dem Aushärten des Klebstoffs nicht verrutschen. Wird auch als Grünfestigkeit bezeichnet.

**Nass-in-Nass-Verfahren**
*Dam&Fill*

**Newton'sche Flüssigkeit**
Flüssigkeit, deren *Viskosität* vom Spannungs- oder Deformationszustand unabhängig ist. Ihr Fließwiderstand ist bei gegebener Temperatur eine Stoffkonstante, die *dynamische Viskosität*. Newton'sche Flüssigkeiten sind z. B. Wasser und ein Teil der Klebstoffe. Flüssigkeiten, die von diesem Verhalten abweichen, wie z. B. die meisten füllstoffmodifizierten Klebstoffe, werden als Nicht-Newton'sche Flüssigkeiten bezeichnet.

**Niederdruckplasma**
Physikalisch-chemisches Verfahren zur Oberflächenvorbehandlung, das insbesondere für schwer verklebbare Kunststoffe eingesetzt wird. Dabei wird in einer Plasmakammer ein Vakuum erzeugt, das Prozessgas eingeleitet und mit hochfrequenter Wechselspannung ionisiert. Das so gewonnene Plasma polarisiert die Fügeteiloberfläche, die *Oberflächenenergie* wird erhöht, eine bessere *Benetzung* durch Klebstoff ermöglicht und damit in der Regel eine Verbesserung der *Verbundfestigkeit* bei geklebten Verbindungen erreicht (S. 30). Durch den Unterdruck sind höhere Leistungen und größere Behandlungstiefen realisierbar als beim *Atmosphärendruckplasma*, was auch die Behandlung von dreidimensionalen Oberflächen erlaubt. *Oberflächenbehandlung*

# Lexikon der Klebtechnik

### Niederfrequenzcorona
📖 *Corona*, 📖 *Freistrahlcorona*, 📖 *Sprühcorona*

### Niedrigviskos
Dünnflüssig. 📖 *Viskosität*

### No-Flow-Underfiller
### (NCA Non-Conductive Adhesive)
Klebstoff zur Verklebung eines 📖 *Halbleiter*-Flip-Chips auf einem 📖 *Substrat*. Der 📖 *Underfiller* wird vor dem Setzen des 📖 *Flip-Chip* oder des 📖 *BGA* auf das Substrat dosiert und verteilt sich durch das Aufsetzen des Flip-Chips im Fügespalt. Die elektrische Kontaktierung erfolgt über 📖 *Bumps*, 📖 *Stud Bumps* oder Lötbumps. Ermöglicht sehr schnelle Prozesse durch den Wegfall von Kapillierzeiten (S. 67, S. 106).
📖 *DELO-MONOPOX NU*

### No-Mix-Klebstoffe
2-K-Klebstoffe, deren Komponenten beim 📖 *Dosieren* nicht vorgemischt werden müssen. Typischerweise wird das 📖 *Harz* auf einen Fügepartner, der 📖 *Härter* auf den anderen Fügepartner aufgetragen und anschließend gefügt.

## Obere Explosionsgrenze
📖 *Explosionsgrenze*

### Oberflächenbehandlung
Oberbegriff, in dem verschiedene Verfahren zusammengefasst werden, die die 📖 *Verklebbarkeit* von Oberflächen erreichen bzw. die 📖 *Verbundfestigkeit* von zu verklebenden Bauteilen verbessern (S. 26 ff.). Unterteilt sich in:
- Oberflächenvorbereitung: Methoden, wie z.B. 📖 *Entfetten*, zur Reinigung oder mechanische Verfahren zum Entgraten von Fügeteilen.
- Oberflächenvorbehandlung: Mechanische Methoden wie 📖 *Strahlen*, 📖 *Bürsten* oder 📖 *SACO*, chemische Verfahren wie 📖 *Ätzen* oder 📖 *Beizen* sowie physikalisch-chemische Methoden wie 📖 *Corona*-, 📖 *Plasma*- oder 📖 *Flammbehandlung*.

### Oberflächenenergie
Entspricht der 📖 *Oberflächenspannung* bei Festkörpern.

### Oberflächenspannung
Bei Flüssigkeiten wirkende Kraft mit dem Bestreben, in der Grenzfläche zu einem anderen Medium die Oberfläche zu verkleinern. Sie verursacht z.B. die Tropfenbildung von Flüssigkeiten auf festen Körpern oder die 📖 *Kapillarität* (S. 24). Einheit: [mN/m]

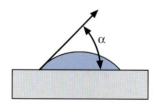

$\alpha$: Benetzungswinkel

### Oberflächenvergrößerung
In der Klebtechnik: Vergrößerung der effektiven Klebfläche, z.B. durch Erhöhung der 📖 *Rautiefe* durch 📖 *Strahlen*, Schmirgeln, etc.

# Lexikon der Klebtechnik

### Oberflächenvorbereitung
 Oberflächenbehandlung

### Oberflächenwiderstand
Elektrischer Widerstand, der dem Stromfluss zweier an der Oberfläche eines Isolierstoffs aufgesetzten Elektroden entgegengesetzt wird. Einheit: [$\Omega$]

### Offenzeit
Zeitspanne, in der ein frisch aufgetragener Klebstoff seine optimale Verarbeitungs- und Klebfähigkeit behält in Abhängigkeit von Temperatur, Feuchtigkeit, etc. Nicht gleichzusetzen mit  Topfzeit.

### OLED
**O**rganic **L**ight-**E**mitting **D**iode
Organische Leuchtdioden sind Bauelemente, in denen dünne Schichten organischer  Halbleitermaterialien zwischen zwei Elektroden durch Anlegen einer Spannung zum Leuchten angeregt werden. Die Schichten sind üblicherweise nur einige 100 nm dick, so dass OLEDs sehr dünn und flexibel gestaltet werden können. Die Technologie wird vorrangig zur Herstellung von Displays und flächigen Beleuchtungsmitteln genutzt. Neben der geringen Bauhöhe sind Vorteile in erster Linie das Potential zu kostengünstiger Produktion, der sparsame Energieverbrauch und die günstigen optischen Eigenschaften.

Auf Grund der hohen Empfindlichkeit der organischen Substanzen und der Elektroden gegenüber Wasser und Sauerstoff sind zur Herstellung von OLEDs Materialien nötig, die für diese Stoffe nicht oder in nur sehr geringem Maße durchlässig sind. Schema einer OLED:

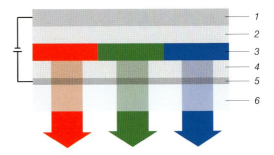

1 Kathode mit aufgedampfter Metall- oder Legierungsschicht
2 Elektronenleitungsschicht (ETL, Electron Transport Layer)
3 Emitterschicht (EL, Emitter Layer)
4 Löcherinjektionsschicht (HIL, Hole Injection Layer)
5 Anode
6 Glasscheibe

Vorteile von OLEDs:
- Einsatz flexibler Trägermaterialien, z. B. Folien für aufrollbare Bildschirme oder für die Einarbeitung in Kleidungsstücke
- Keine Hintergrundbeleuchtung erforderlich
- Durch das Emittieren von farbigem Licht ( *LCD*s wirken im Vergleich nur als farbige Filter) benötigen OLEDs noch weniger Energie
- Großer Blickwinkelbereich der Anzeigen
- Hohe Schaltgeschwindigkeit

### Olefin
 Polyolefine

### Oligomerisierung
Aufbaureaktion, bei der die neue Verbindung, das Oligomer, nur aus wenigen Molekülen des  *Monomers* gebildet wird. Je nach Anzahl der sich verbindenden Moleküle unterscheidet man Dimerisierung (zwei Monomere), Trimerisierung (drei Monomere), etc.  *Polymer*,  *Polymerisation*

### Optische Stabilität
Eigenschaft eines Klebstoffs, bei UV- bzw. Lichteinwirkung sein visuelles Erscheinungsbild bei-

# Lexikon der Klebtechnik

zubehalten, z.B. nicht zu vergilben (⟳ DELO-Norm 25).

### Overlayfolie
📖 *Inlay*

### Oxid
Chemische Verbindung eines Elements mit Sauerstoff. Beispiel: $Fe_2O_3$ (Rost)

### Oxidation
Chemische Reaktion eines Stoffs unter Abgabe von Elektronen, häufig gekoppelt in Verbindung mit einem Reaktionspartner, wie z.B. Sauerstoff. Beispiele: Kupfer oxidiert an der Oberfläche zu Kupferoxid, Verbrennung von Kohle, Rosten von Eisen.

### Oxidfilm, Oxidschicht
Bildet sich auf der Oberfläche von Substraten in Anwesenheit eines 📖 *Elektrolyten* und Luftsauerstoff. Beispiele: Reaktion von Eisenoberflächen zu Rost, Grünspanbildung bei Kupfer und Messing, Oxidschicht bei Aluminium. Oxidschichten beeinflussen bei Verklebungen die 📖 *Adhäsion* zwischen Substrat und Klebstoff. Sie sollten daher durch einen Vorbehandlungsprozess (📖 *Oberflächenbehandlung*) entfernt bzw. gezielt festhaftend aufgebracht werden, so dass die Adhäsion verbessert und fortschreitende 📖 *Korrosion* verhindert wird.

### Packaging
Verfahren aus dem Bereich der Elektronik, bei dem durch Verguss, wie z.B. 📖 *Molding*, 📖 *Glob-Top* oder 📖 *Underfill*, der empfindliche 📖 *Chip* vor Einflüssen oder 📖 *mechanischen Beanspruchungen* geschützt wird. 📖 *CSP*

### Parabolreflektor
In der Klebtechnik: Parabolreflektoren werden in Aushärtungslampen für 📖 *strahlungshärtende Klebstoffe* eingesetzt, um bei 📖 *Flächenstrahlern* eine konstante Lichtintensität über die bestrahlte Fläche zu erreichen.

### Passive Oberfläche
Metalloberfläche, die gegen chemischen Angriff widerstandsfähig, d.h. bei chemischen Reaktionen inaktiv ist. Die 📖 *Aushärtung* 📖 *anaerob härtender Klebstoffe* findet auf passiven oder inaktiven Oberflächen langsamer statt. Bei stark passivierten Oberflächen kann eine Vorbehandlung (📖 *Oberflächenbehandlung*) erforderlich sein. Passive Oberflächen haben z.B. Zink, Chrom und Nickel (❖ S. 73).

### Pastös
Nicht fließfähig bis 📖 *standfest*. 📖 *Viskosität*

### PCB
**P**rinted **C**ircuit **B**oard. 📖 *Leiterplatte*

### Peel-Ply-Verfahren
📖 *Oberflächenbehandlung*, bei der Abreißgewebe als erste und/oder letzte Laminatlage aufgebracht wird. Nach Aushärtung des 📖 *Matrix*materials wird dieses Polyamid-Tuch in spitzem Winkel abgezogen. Zurück bleibt eine raue, aktivierte Oberfläche, die dann ohne Zwischenschliff weiterbearbeitet werden kann.

### Periodensystem der Elemente
⟳ S. 188

### Phosphatieren
Verfahren, bei dem Werkstücke mit Phosphatverbindungen zum Korrosionsschutz beschichtet werden. Beispiel: Auf einem Stahlseil wird eine Schutzschicht aus Eisenphosphat erzeugt.

### PHOTOBOND
📖 *DELO-PHOTOBOND*

### Photoinitiator
📖 *Initiator* (📖 S. 34)

### Photoinitiiert härtende Klebstoffe
Produkte, die als Klebstoffe, Gießharze oder Beschichtungsmassen eingesetzt werden können und als charakterisierenden Rezepturbestandteil mindestens einen Photoinitiator (📖 *Initiator*) enthalten, der nach Belichtung zerfällt und damit

# Lexikon der Klebtechnik

die polymerbildende Reaktion einleitet (S. 34, S. 62 ff.). 📖 *Strahlungshärtende Klebstoffe*

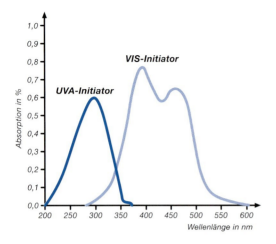

## PH-Wert

**P**ondus **H**ydrogenii bzw. **p**otentia **H**ydrogenii (lateinisch pondus = Gewicht; potentia = Kraft; hydrogenium = Wasserstoff)

Der pH-Wert ist der negative dekadische Logarithmus der $H_3O^+$-Ionen-Konzentration und damit ein Maß für die Stärke der sauren bzw. basischen Wirkung einer Lösung.

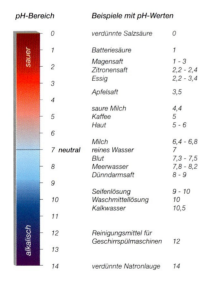

## Physikalisch abbindend
📖 *Abbinden*

## Physisorption

Physikalische Anziehungskräfte, wie z. B. 📖 *Van-der-Waals-Kräfte* (S. 22), zwischen einem Adsorbatmolekül und einem 📖 *Substrat* – im Falle der Klebtechnik speziell zwischen Klebstoff und Substrat. Im Unterschied zur 📖 *Chemisorption* werden Klebstoff und Substrat dabei chemisch nicht verändert.

## Pickling-Beizen

Chemisches Oberflächenvorbehandlungsverfahren für Aluminium, das zur Erfüllung der extremen Anforderungen des Luft- und Raumfahrtbereichs entwickelt wurde. Dient zur Erzeugung von langzeitbeständigen Al-Verklebungen gegenüber 📖 *Alterungs*- und 📖 *Korrosions*beanspruchungen. Dabei werden die Klebflächen mit dem Schwefelsäure-Natriumdichromat-Verfahren in folgender Beizlösung behandelt, um die Al-Oxidschicht zu entfernen:

27,5 Gew.-% konzentrierte Schwefelsäure (1,82 g/ml)
7,5 Gew.-% Natriumdichromat
65,0 Gew.-% destilliertes Wasser

Auf Grund der Verfügbarkeit wirksamer alternativer Verfahren und wegen der relativ hohen Kosten, die für den Arbeits- und Gesundheitsschutz und zur Entsorgung der Chemikalien aufgewendet werden müssen, wird das Verfahren im industriellen Bereich möglichst substituiert.
📖 *Oberflächenbehandlung*

## Pin-Transfer

Bei der Pin-Transfer-Technik handelt es sich wie beim 📖 *Siebdruck* um eine Verarbeitungs- bzw. Applikationstechnik, bei der 📖 *SMD*- bzw. Leitklebstoffe oder andere Massen mittels feiner Nadeln in definierter Geometrie auf ein 📖 *Substrat* aufgetragen werden.

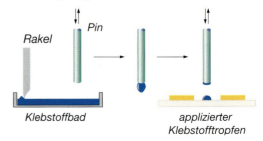

# Lexikon der Klebtechnik

### Pitch
Mittelachsenabstand zwischen zwei Kontakten bzw. Kontaktbahnen von 📖 *SMD*-Bauteilen oder 📖 *Flip-Chips*.

### Placer
Anlage oder Vorrichtung, welche z.B. in der **S**urface-**M**ount-**T**echnologie (📖 *SMT*) die Bauteile auf der Platine platziert.

### Plasma
Gemisch aus freien Elektronen, positiven Ionen und Neutralteilchen eines Gases. Plasma ist quasi neutral, d.h., es hat im Mittel die gleiche Anzahl positiver und negativer Ladungen. Der Plasmazustand wird auch 4. Aggregatzustand genannt. In der Klebtechnik wird Plasma zur Oberflächenvorbehandlung hauptsächlich von Kunststoffen eingesetzt (📖 S. 29, 30). 📖 *Oberflächenbehandlung*, 📖 *Niederdruckplasma*, 📖 *Atmosphärendruckplasma*

### Plastisches Verhalten
Eigenschaft eines Körpers durch Krafteinwirkung seine Form bleibend zu verändern.

### Poissonzahl
📖 *Querkontraktionszahl*

### Polarität
Eigenschaft eines Moleküls, ein permanentes Dipolmoment zu besitzen. Solche Moleküle können in elektrischen Feldern ausgerichtet werden. Fügeteile aus Werkstoffen mit großer Polarität sind im Allgemeinen in der Lage, hohe Adhäsionskräfte zum Klebstoff zu entfalten. Werkstoffe mit hoher Polarität sind z.B. Metalle. 📖 *Polyolefine* haben dagegen eine niedrige Polarität. 📖 *Benetzung*, 📖 *Oberflächenenergie*

### Polyaddition
Chemische Verknüpfung von Molekülen zu einem 📖 *Makromolekül* durch Reaktion zwischen funktionellen Gruppen ohne Abspaltung von Wasser oder anderen Molekülen. Beispiel: die Reaktion von 📖 *Epoxidharz* mit aminischem 📖 *Härter*. 📖 *Aushärtung*, 📖 *Polymerisation*, 📖 *Polykondensation*

Die Reaktion verläuft z.B. nach folgendem Schema:

$$-\text{C}-\text{C}-\text{H} + \text{H}-\text{X} \longrightarrow -\text{C}-\text{C}-\text{X}$$

$(X = z.\,B. - NH-R;\ -OOC-R;\ -O-R-S-R)$

### Polyesterharze
📖 *Harze*

### Polykondensation
Chemische Verknüpfung von Molekülen zu einem 📖 *Makromolekül* unter Abspaltung von Wasser oder anderen Molekülen. Beispiel: Bei der Vernetzung bestimmter Silikone wird Essigsäure abgespalten. 📖 *Aushärtung*, 📖 *Polyaddition*, 📖 *Polymerisation*

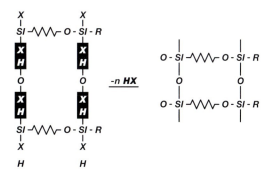

$X = z.\,B.\ CH_3-COO-$ (Acetoxygruppe)

### Polymer
Verbindung, deren Moleküle aus einer großen Anzahl gleicher Struktureinheiten (📖 *Monomere*) aufgebaut sind.

# Lexikon der Klebtechnik

**Polymerisation**
Alle Reaktionen zur Bildung von 📖 *Polymeren*, die nicht durch 📖 *Polyaddition* oder 📖 *Polykondensation* beschrieben werden können. Beispiel: Bildung von PVC aus Vinylchlorid. Oder: Radikalische Polymerisation von Olefinen.

*Radikalische Polymerisation:*

$$R-\underset{|}{\overset{|}{C}}-\underset{|}{\overset{|}{C}}-\underset{|}{\overset{|}{C}}-\underset{|}{\overset{|}{C}} \bullet + nC=\underset{R}{\overset{|}{C}} \longrightarrow R-\underset{|}{\overset{|}{C}}-\underset{|}{\overset{|}{C}}\underset{}{\underbrace{\left[-\underset{R}{\overset{|}{C}}-\underset{|}{\overset{|}{C}}-\right]}_{n}}-\underset{|}{\overset{|}{C}}-\underset{|}{\overset{|}{C}} \bullet$$

**Polyolefine**
Durch 📖 *Polymerisation* von 📖 *Alkenen* (Olefinen) hergestellte 📖 *Thermoplaste*. Beispiele: Polyethylen, Polypropylen. 📖 *Polarität*

**Polyurethanharze**
📖 *Harze*

**Prepolymer**
Substanz, bei deren Bildung sehr wenige 📖 *Moleküle* eines 📖 *Monomers* miteinander reagiert haben. 📖 *Oligomerisierung*

**Pressure Cooker Test**
Alterungstest, bei dem Bauteile bzw. verklebte Fügeteile unter definiertem Feuchtklima, Temperatur und Druck eingelagert werden. Diese extremen Bedingungen ermöglichen die Abschätzung des 📖 *Langzeitverhaltens* des Verbunds (📖 S. 48). 📖 *Alterung*

**Primer**
Substanz, die die 📖 *Adhäsion* zwischen Fügeteiloberfläche und Klebstoff verbessert und die Alterungsvorgänge in der 📖 *Klebfuge* verzögert. Wird auch als Haftvermittler bezeichnet.

**Protonenzahl**
↗ Periodensystem der Elemente, S. 188

**Prüfung**
📖 *Zerstörende Prüfung*, 📖 *Zerstörungsfreie Prüfung* (↗ S. 170)

**Punktstrahler**
In der Klebtechnik: 📖 *Aushärtungslampe* für 📖 *photoinitiiert härtende Klebstoffe*, die gebündeltes Licht auf eine punktförmige Fläche mit hoher 📖 *Intensität* und ohne Wärmestrahlung emittiert. Beim Punktstrahler werden die von einem 📖 *Strahler* ausgesendeten und von einem 📖 *elliptischen Reflektor* fokussierten Lichtstrahlen durch ein spezielles Linsensystem gebündelt und in einen 📖 *Lichtleiter* eingespeist, über den dann ein relativ kleiner, punktförmiger Bereich bestrahlt werden kann. 📖 *Flächenstrahler*

**PUR**
📖 *DELO-PUR*

**PWB**
**P**rinted **W**iring **B**oard. 📖 *Leiterplatte*

# Quecksilber-Hochdruckstrahler, Quecksilber-Mitteldruckstrahler

Quecksilber-Hochdruckstrahler, oft auch Mitteldruckstrahler genannt, sind derzeit die gängigsten Lichtquellen zur 📖 *Aushärtung* von 📖 *photoinitiiert härtenden Klebstoffen*. Funktionsweise: Durch Anlegen einer Hochspannung wird die im 📖 *Strahler* befindliche Gasfüllung ionisiert. Dadurch bildet sich ein Lichtbogen, die Temperatur steigt und das zu Beginn noch flüssige Quecksilber verdampft. In dem entstandenen 📖 *Plasma* wird das Quecksilber zur Emission des charakteristischen Spektrums eines Quecksilber-Hochdruckstrahlers angeregt.
📖 *F-Strahler*, 📖 *G-Strahler*

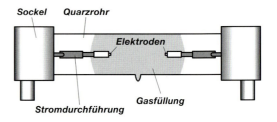

# Lexikon der Klebtechnik

### Quecksilber-Höchstdruckstrahler
 Strahler, der unter Überdruck emittiert. Im DELOLUX 04-Strahler z.B. unter einem Druck von 75 bar.  DELOLUX

### Quellung
Chemischer Vorgang, bei dem sich Wasser durch seine hydratisierende Wirkung (Anlagerung von Wassermolekülen an gelöste Ionen) über  Wasserstoffbrücken an hydrophile Strukturen, wie z.B. OH-Gruppen anlagert.

### Querkontraktionszahl
Der Proportionalitätsfaktor µ ist eine dimensionslose Größe und heißt Poissonzahl, oder auch Querkontraktionszahl.

$$\mu = \frac{\Delta d \cdot l}{d \cdot \Delta l}$$

Die Querkontraktion ist ein Spezialfall der Deformation. Sie beschreibt das Verhalten eines Körpers unter dem Einfluss einer Zugkraft bzw. Druckkraft. In Richtung der Kraft reagiert der Körper mit einer Längenänderung $\Delta l$, senkrecht dazu mit einer Verringerung oder Vergrößerung seines Durchmessers d um $\Delta d$.
In vielen Fällen ist die relative Durchmesseränderung $\Delta d / d$ proportional zu der über das vereinfachte  Hooke'sche Gesetz bestimmbaren relativen Längenänderung $\Delta l / l$.

$$\frac{\Delta d}{D} = \mu \frac{\Delta l}{l}$$

## Radikale
Atome oder  Moleküle mit ungepaarten Elektronen. Sie entstehen z.B. beim Zerfall von  Initiatoren als Startreaktion bei der Radikalpolymerisation.  Polymerisation

### Radikalisch härtende Klebstoffe
Klebstoffe, bei denen zur Einleitung der Aushärtungsreaktion  Radikale gebildet werden. Beispiel: Bei Klebstoffen der Produktgruppe  DELO-PHOTOBOND ( S. 62) zerfällt der  Photoinitiator in Radikale, die ihrerseits die C=C- Doppelbindungen des Acrylats aufbrechen und somit die  Aushärtung einleiten.  Kationisch härtende,  Aminisch härtende Klebstoffe

### Räumlich vernetzt
Man unterscheidet fadenförmige, verzweigte und räumlich vernetzte  Moleküle. Räumlich vernetzte Moleküle entstehen durch  Polymerbildungsreaktionen von  Mono- bzw.  Oligomeren zu duromeren Netzstrukturen. Es handelt sich dabei um dreidimensionale Systeme, bei denen die einzelnen Moleküle durch kovalente intermolekulare Bindungen miteinander verknüpft sind.

### Rakeln
Unter Rakeln versteht man eine Auftragstechnik, bei der mit Hilfe eines Schabwerkzeugs, des Rakels, eine definierte Schicht der aufzutragenden Substanz auf ein  Substrat aufgebracht wird. Beim  Siebdruck befindet sich zwischen Rakel und Substrat ein Sieb, beim Schablonendruck eine Metallschablone, wodurch nur bestimmte Stellen auf dem Substrat benetzt werden.

### Randwinkel
 Benetzungswinkel

### Rasterelektronenmikroskop
Dabei handelt es sich um ein Mikroskop, das an Stelle von Licht gebündelte, durch Hochspannung beschleunigte Elektronen im Hochvakuum zur Abbildung und starken Vergrößerung von Objekten verwendet.

### Raumtemperatur RT
Als Temperaturbereich bei +23 °C ± 1 °C festgelegt (nach DIN 50014).

### Raumtemperaturhärtung
Aushärtung von Klebstoffen ohne Wärmezufuhr. Zweikomponentige  Epoxidharzklebstoffe werden standardmäßig ohne Wärmezufuhr ausgehärtet. Temperaturen unter Raumtemperatur

# Lexikon der Klebtechnik

verzögern, Temperaturen oberhalb Raumtemperatur beschleunigen die Reaktion.

### Rautiefe $R_t$

Maß für die Rauheit einer Werkstoffoberfläche. Ermittelt wird als Rautiefe der größte Abstand zwischen den Spitzen und Tiefen der Oberfläche innerhalb der Bezugsstrecke. Einheit: [µm]. Eine Vergrößerung der Rautiefe führt meistens zu einer Erhöhung der erzielbaren 📖 *Klebfestigkeit*. Der Grund hierfür ist die Vergrößerung der wirksamen Fügeteiloberfläche sowie – mit im Allgemeinen geringerer Bedeutung – die Möglichkeit der besseren mechanischen Verklammerung des Klebstoffs in der Oberfläche.

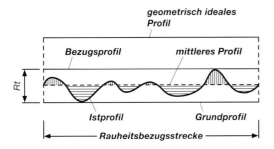

### Reaktionsharze

Teilbereich der 📖 *Reaktionsklebstoffe*, die auf 📖 *Harzen* basieren (📖 S. 21).

### Reaktionsklebstoffe

Klebstoffe, die durch chemische Reaktion ihrer Komponenten und/oder Einwirkung äußerer Stoffe aushärten. Beispiele: zweikomponentige 📖 *Epoxidharz*-Klebstoffe (📖 S. 70) härten durch die chemische Reaktion der beiden Komponenten A (📖 *Harz*) und B (📖 *Härter*) aus. 📖 *Cyanacrylate*, 📖 *Photoinitiiert härtende* Acrylate, Photoinitiiert härtende Epoxidharze, 📖 *Dualhärtende* Klebstoffe, 📖 *Elektrisch leitfähige* Klebstoffe, 📖 *Anaerob* härtende 📖 *Methacrylate*

### Reaktionsschicht

Undefinierte Oberflächenschicht (meist Oxidschicht) eines Werkstoffs, die durch die Reaktion mit Stoffen aus der Umgebung entstanden ist.
📖 *Oxidfilm*

### Reaktivität

Maß für die Geschwindigkeit, mit der eine chemische Reaktion abläuft. So spricht man etwa bei zweikomponentigen Klebstoffen, die beim Aushärten viel Wärme entwickeln, von Klebstoffen mit hoher Reaktivität.

### Reflow, Reflow-Löten

Beim Reflow-Löten werden die zu verbindenden Teile zuerst verzinnt und dann positioniert. Anschließend wird das Bauteil im Reflow-Ofen erhitzt, bis das Lötzinn schmilzt (Reflow), die Lötverbindung entsteht und sich das Bauteil wieder abkühlt.

### Refraktion
📖 *Brechung*

### Reibwert µ

Bei festen Körpern, die aufeinander gleiten, das Verhältnis der Kraft $F_r$ entgegen der Bewegungsrichtung zur senkrecht auf die Berührungsfläche wirkenden Kraft $F_n$. Der Reibwert hängt v.a. vom Werkstoff und von der Oberflächenbeschaffenheit ab.

$$\mu = \frac{F_r}{F_n}$$

### Reinigung
📖 *Oberflächenbehandlung*

### Reißdehnung

Allgemein: Sprachlicher Gebrauch in Zusammenhang mit 📖 *Elastomeren*. DELO gibt die Reißdehnung bei nahezu allen Produkten an.
📖 *Bruchdehnung*

### Reißfestigkeit

Zugspannungswert, d.h. Zugkraft pro Fläche, beim Bruch des Probekörpers. Einheit: [MPa]. Wird auch als Bruchfestigkeit, bzw. beim Bulk als Zugfestigkeit, bezeichnet.

# Lexikon der Klebtechnik

## Reizende Stoffe
Bewirken nach ein- oder mehrmaliger Exposition eine lokale Reaktion, die sich als Hautreizung, Augenreizung oder Reizung der Atemwege äußert. Je nach Schwere der entzündlichen Reaktion wird der Stoff als leicht, mäßig oder schwer reizend eingestuft.
Kennzeichnung:

## Relative (Luft-)Feuchtigkeit
Grad der Sättigung der Luft mit Wasserdampf. Ist die Luft maximal mit Wasserdampf gesättigt, so spricht man von 100 % relativer Luftfeuchtigkeit. Die maximale Wasseraufnahme von Luft hängt stark von der Temperatur ab. Je wärmer die Luft ist, desto mehr Feuchtigkeit kann sie aufnehmen. In der Klebtechnik spielt die Luftfeuchtigkeit bei der Aushärtung von  *Silikonen* ( S. 76) und  *Cyanacrylaten* ( S. 74) eine große Rolle.

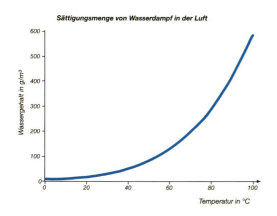

## REM
 *Rasterelektronenmikroskop*

## Reversibel
Umkehrbar, wieder in den Ausgangszustand zurückführbar.

## RFID
**R**adio **F**requency **Id**entification bezeichnet Identifizierungsverfahren per Funktechnologie durch Radiowellen. Es ermöglicht eine automatische Erkennung und Lokalisierung von Objekten für Logistik, elektronische Reisepässe, Mautkontrollen, Tickets u. v. a. ( S. 86).
Ein RFID-System umfasst:
- Den Transponder (auch RFID-Etikett, Smart Tag, Smart Label, RFID-Chip, RFID-Tag oder Funketikett genannt). Transponder speichern Daten, die berührungslos und ohne Sichtkontakt gelesen werden können. Je nach Ausführung, benutztem Frequenzband, Sendeleistung und Umwelteinflüssen beträgt der Leseabstand üblicherweise zwischen wenigen Zentimetern und 20 m. Die Datenübertragung erfolgt über elektromagnetische Wellen.
- Das Lesegerät mit zugehöriger Antenne (auch Reader genannt).
- Die Systemintegration mit Software und Hardware wie z. B. Kassensystemen oder Warenwirtschaftssystemen.

## Rheologie
Wissenschaft vom Verformungs- und Fließverhalten der Materie. Die Rheologie umfasst Teilgebiete der Elastizitäts- und Plastizitätstheorie und der Strömungslehre. Als Teilgebiet der Physik beschreibt sie z. B. das dynamisch-mechanische Verhalten von Substanzen.
 *Rheometrie*,  *Dynamische Viskosität*

## Rheometer
Gerät zur quantifizierenden Darstellung rheologischer Eigenschaften von Stoffen ( S. 33).
 *Rheometrie*

## Rheometrie
Lehre von der Messung der Fließeigenschaften von Stoffen bei Beanspruchung durch von außen einwirkende Kräfte.
 *Viskosimetrie*,  *Rheologie*,  *Rheometer*

## Rheopexie
Fließverhalten eines Mediums, bei dem sich durch dynamische Beanspruchung, wie Scheren,

# Lexikon der Klebtechnik

Rühren oder Schwingen, die 📖 *Viskosität* in zeitlicher Abhängigkeit erhöht. 📖 *Thixotropie*, 📖 *Dilatanz*, 📖 *Strukturviskosität*

### Röntgen-Photoelektronen-Spektroskopie
📖 *XPS-Analyse*

### Rollenschälversuch
Im Rollenschälversuch wird der Rollenschälwiderstand ermittelt (⌕ DELO-Norm 38).
📖 *Schälwiderstand*

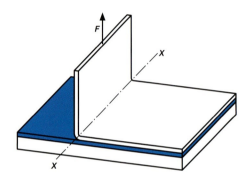

### R-Sätze
📖 *Gefahrenhinweise*

### RTV-1-Silikone
1-komponentige 📖 *Silikone*, die bei **R**aum**t**emperatur **v**ernetzen (bzw. **v**ulkanisieren), also aushärten.

### RTV-2-Silikone
2-komponentige 📖 *Silikone*, die bei **R**aum**t**emperatur **v**ernetzen (bzw. **v**ulkanisieren), also aushärten.

### Rückstellvermögen
Bestreben eines Stoffs, nach einwirkender Kraft, wie z. B. Dehnung oder Stauchung bei Entlastung seine ursprüngliche Form wieder anzunehmen. Bei einem Rückstellvermögen von ≥ 70 % verhält sich der Werkstoff weitgehend elastisch. Bleiben größere Verformungen bestehen, so spricht man von 📖 *plastischem* bzw. 📖 *viskoelastischem* Verhalten. 📖 *Druckverformungsrest (DVR)*

### SACO
Verfahren zur Oberflächenvorbehandlung, bestehend aus einem **SA**ndstrahl- und einem Beschichtungsvorgang, dem **CO**ating, mit dem Ziel, die Langzeitstabilität von Verklebungen bei verschiedensten Werkstoffen zu verbessern (⇲ S. 31). 📖 *Oberflächenbehandlung*

### Salzsprühtest
Sprühnebelprüfung mit einer kontinuierlich versprühten, wässrigen 5 %igen Natriumchloridlösung als angreifendes Mittel unter +40 °C Prüfraumtemperatur und 0,8 bar Druck. Das Verfahren dient beispielsweise zur Korrosionsprüfung von verklebten Bauteilen. 📖 *Korrosion*

### Sauerstoffinhibierung
📖 *Inhibitor*

### Schablonendruck
📖 *Siebdruck*

### Schälbelastung
Lineare, abschälende Krafteinwirkung auf ein verklebtes Bauteil. 📖 *Schälwiderstand*

### Schälwiderstand
Die Gegenkraft, die eine Verklebung bei linienförmiger Beanspruchung aufweist. Einheit: [N/mm]. Der Schälwiderstand wird im Vergleich zum Rollenschälwiderstand (⌕ DELO-Norm 38) an flexibel-flexibel geklebten Prüfkörpern im 180°-Schältest (⌕ DELO-Norm 34) ermittelt.

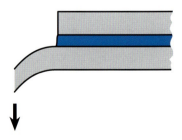

# Lexikon der Klebtechnik

## Schattenzone
Hinterschnitt an einem Bauteil, der vom Licht nicht erreicht werden kann. Beispiel: 📖 *photoinitiiert härtende Klebstoffe* müssen vor dem Wegfließen in Schattenzonen ausreichend belichtet sein, da sonst keine vollständige 📖 *Aushärtung* erfolgt. Das Fließverhalten 📖 *lichthärtender* und 📖 *UV-härtender* Klebstoffe muss daher so eingestellt sein, dass sie vor der Belichtung nicht in Schattenzonen eindringen können.

## Scherfestigkeit
Kennwert für die maximale Schubspannung (d.h. Schubkraft pro Fläche), der ein Werkstoff bzw. eine Klebverbindung standhält. Bei der kritischen Schubspannung kommt es zum Gleit- oder Trennbruch. Einheit: [MPa]. Wird auch als Schubfestigkeit bezeichnet. 📖 *Druckscherfestigkeit* (↗ DELO-Norm 5), 📖 *Zugscherfestigkeit* (z.B. EN 1465 sowie ↗ DELO-Norm 39).

## Scherung
Verformung eines elastischen Körpers durch tangential an den Oberflächen angreifende Kräfte.

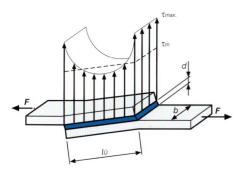

## Scherverdickung
📖 *Dilatanz*

## Scherverdünnung
📖 *Strukturviskosität*

## Schlagfestigkeit
📖 *Schlagzähigkeit*

## Schlagzähigkeit
Ein Werkstoff ist schlagzäh, wenn er bei einer stoßartigen Beanspruchung widerstandsfähig ist und die eingebrachte Schlagenergie gut absorbieren kann. Die Schlagzähigkeit wird aus dem Quotient der verbrauchten Schlagarbeit und der Klebfläche einer verklebten Probe im Versuch mittels Pendelschlagwerk ermittelt (↗ DELO-Norm 35).

## Schleudergießverfahren
Mit dem Schleudergießverfahren können rotationssymmetrische Teile hergestellt werden. Das Prinzip des Verfahrens beruht darauf, dass das 📖 *Gießharz* axial in ein rotierendes Werkzeug einfließt und durch die wirkenden Zentrifugalkräfte gleichmäßig an der Wand verteilt wird.

## Schmelzbar
Fähigkeit z.B. eines thermoplastischen Kunststoffs, sich in einem bestimmten Temperaturbereich zu verflüssigen. Bei Einsatz von warmhärtenden Klebstoffen ist die Schmelztemperatur des zu verklebenden Kunststoffs zu beachten. 📖 *Thermoplaste*

## Schmelzklebstoff
📖 *Hotmelt*

## Schraubensicherungsklebstoff
📖 *DELO-ML* (※ S. 72)

## Schrumpf
In der Klebtechnik: Reaktionsschrumpf. Maßänderung eines 📖 *Polymer*werkstoffs, die durch die Polymerbildungsreaktion bzw. durch 📖 *Nachvernetzung* hervorgerufen wird. Ursache ist die Verkleinerung der Molekülabstände im Werkstoff.

## Schrumpfkleben
Technologie z.B. beim Herstellen von Welle/Nabe-Verbindungen unter Verwendung von Klebstoff, bei der der Wellendurchmesser größer ist als der Innendurchmesser der Nabe. Dabei wird wie beim herkömmlichen Schrumpfen die Nabe erwärmt, der Klebstoff auf die kalte Welle appliziert und die Welle in die durch Erwärmung aufgeweitete Nabe gefügt und positioniert.

# Lexikon der Klebtechnik

**Schubfestigkeit**
📖 *Scherfestigkeit*

**Schubmodul**
Eine Materialkonstante, die den Quotienten aus Schubspannung τ und der zugehörigen Winkeländerung γ angibt.

**Schwingungsbeanspruchung**
Dynamische Beanspruchung einer Klebverbindung, d.h. mit wechselnder oder schwellender Krafteinwirkung. 📖 *Wechselbeanspruchung*

**Schwingungsdämpfend**
Ein Werkstoff bzw. Klebstoff wirkt schwingungsdämpfend, wenn er die Amplitude, die Intensität oder die Auslenkung einer Schwingung oder Welle verringert. Der Klebstoff nimmt die Energie der Schwingung auf und formt diese z. B. in viskose Reibung und damit in Wärme um.

**Sedimentation**
In der Klebtechnik: Setzen von festen Bestandteilen eines Klebstoffs, wie etwa 📖 *Füllstoffen*, am Boden des Gebindes.

**Sekundenklebstoffe**
📖 *Cyanacrylate* (❖ S. 74)

**Selbstnivellierend**
Fließeigenschaft von Klebstoffen oder 📖 *Gießharzen*, die nach der Auftragung auf Grund ihrer niedrigen 📖 *Viskosität* selbsttätig zu einer ebenen Oberfläche verlaufen.

**Sensibilisierung**
Beim Vorliegen einer Sensibilisierung hat der Organismus nach dem Erstkontakt mit einem Fremdstoff (oft ein Allergen) eine fehlgeleitete spezifische Immunantwort aufgebaut. Bei erneutem Kontakt kann es dann zu einer allergischen Reaktion kommen, die von Person zu Person sehr unterschiedlich sein kann. Die Sensibilisierung der Haut bewirkt eine allergische Reaktion in Form von Ausschlag, beim Atemtrakt als asthmatische Reaktion. Der Kontakt mit Spuren des entsprechenden Stoffs kann bereits eine solche Reaktion hervorrufen, wenn die Person bereits sensibilisiert ist. Zur Vermeidung sind die Hinweise und Ratschläge in den 📖 *Sicherheitsdatenblättern* einzuhalten. 📖 *Gefahrenhinweise*, 📖 *Sicherheitsratschläge*

**Shore-Härte**
Werkstoffkennwert für 📖 *Elastomere* und andere Kunststoffe. Das Shore-Härte-Prüfgerät besteht aus einem federbelasteten Stift, dessen elastische Eindringtiefe ein Maß für entsprechende Härte (0–100) ist, wobei ein hoher Zahlenwert große Härte bedeutet.
Shore-A: wird angegeben bei Weichelastomeren, gemessen mit stumpfer Nadel.
Shore-D: wird angegeben bei Zähelastomeren, gemessen mit spitzer Nadel.
Shore-Prüfgerät:

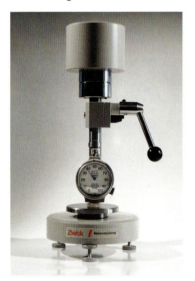

**Sicherheitsdatenblatt (SDB)**
Durch die EU-Richtlinie 91/155/EWG geregelte, standardisierte Zusammenstellung von Sicherheitshinweisen für den Umgang mit z.B. chemischen Substanzen wie Klebstoffen. Damit werden Anwender über Risiken und 📖 *Sicherheitsratschläge* informiert, um ein hohes Niveau an Arbeits- und Gesundheitsschutz umsetzen zu können.

# Lexikon der Klebtechnik

## Sicherheitsratschläge (S-Sätze)

S-Sätze sind kodierte Warnhinweise für den Umgang mit chemischen Substanzen oder Zubereitungen wie z.B. Klebstoffen, die im 📖 *Sicherheitsdatenblatt* des jeweiligen Produkts aufgeführt sind.
Beispiele:
S 24: Berührung mit der Haut vermeiden.
S 25: Berührung mit den Augen vermeiden.
S 26: Bei Berührung mit den Augen gründlich mit Wasser abspülen und Arzt konsultieren.

## Siebdruck

Beim Siebdruck wird die aufzutragende Substanz, wie etwa Lotpaste oder Leitklebstoff, ganzflächig mit einem 📖 *Rakel* über ein Sieb geschoben. Der Rakel drückt die Substanz durch die vorgesehenen Öffnungen im Sieb auf das zu beschichtende 📖 *Substrat*. An der Siebunterseite befindet sich eine Filmabdeckung mit definierter Lochstruktur, die genau dem zu bedruckenden Anschlussbild entspricht.
Beim Schablonendruck wird der Rakel nicht über ein Sieb, sondern über eine Metallschablone mit definierten Öffnungen gezogen.

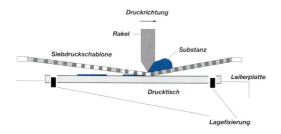

## Silane

Stoffgruppe chemischer Verbindungen, die aus einem Silizium-Grundgerüst und Wasserstoff bestehen. Modifizierte Silane finden vielfältige Verwendung als Hilfs- oder Rohstoff bei der 📖 *Oberflächenbehandlung* (Hydrophobierung von Glas, Keramik), als 📖 *Primer* (Haftvermittler) z.B. bei Beschichtungen oder sind auch in Klebstoffen als Rezepturbestandteil enthalten.

## Silikone

Meist 📖 *Elastomere*, die sich aus Silizium-Sauerstoffketten aufbauen. Werden meist als Dichtstoffe eingesetzt. Übliche einkomponentige Silikone vernetzen durch Polykondensationsreaktion etwa unter Abspaltung von Essigsäure, Aminen, Oximen oder Alkoholen. Zweikomponentige Silikone vernetzen sowohl durch 📖 *Polykondensation* als auch durch 📖 *Polyaddition* (❖ S. 76).

## Silizium

Nach Sauerstoff das am häufigsten vorkommende Element auf der Erde. Wichtigster Rohstoff der Mikroelektronik für ca. 98 % der heutigen 📖 *Halbleiter*-Bauelemente und der Siliziumchemie. Symbol: Si, Vierwertiges Element, Ordnungszahl: 14, Atomgewicht: 28,06 g, Schmelzpunkt: +1414,5 °C, Dichte: 2,3 g/cm$^3$.

## Smart Card

Chipkarte im Scheckkartenformat. Wird meist als Datenträger, z.B. Telefonkarte, verwendet, kann aber auch mit Prozessorfunktionen ausgestattet sein. Der sandwichartige Aufbau schützt den Datenträger und stellt eine definierte Positionierung der Schreib-/Lese-Schnittstelle zu Geräten sicher. 📖 *Chip*

## SMD

**S**urface **M**ounted **D**evice
Elektronisches Bauteil, das keine separaten Anschlussdrähte hat. Die endständigen Anschlussstellen sind Teil des Bauteilkörpers, was eine direkte Anbringung an der Leiterplattenoberfläche erlaubt. 📖 *Leiterplatte*

## SMT

**S**urface **M**ount **T**echnology
Fertigungsverfahren, bei dem die elektronischen Komponenten ohne durch die Platine laufende Anschlussdrähte auf der Oberfläche der Platine befestigt werden.

# Lexikon der Klebtechnik

**Snap Cure**
Ein Klebstoff weist dann ein Snap Cure-Verhalten auf, wenn er bis zur Verarbeitung stabil bleibt und dann durch einen definierten Auslöser (bei 📖 *photoinitiiert härtenden Klebstoffen* durch Licht) möglichst schnell aushärtet.

**Spacer**
Distanzelemente, mit deren Hilfe 📖 *Klebschichtdicken* (📖 *Gap*) präzise eingestellt werden können. Einige Klebstoffe enthalten bereits definierte Distanzelemente. Spacer können dem bereits applizierten Klebstoff oder auch direkt dem Klebstoff beigegeben werden. Die Klebschichtdicke stellt sich entsprechend der Abmessungen der verwendeten Distanzelemente ein. Es kommen z. B. Glaskugeln, Kunststoffkugeln, Plättchen oder Drähte zum Einsatz.

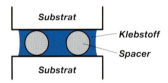

**Spachtelmaterialien**
📖 *DELO-DUOPOX*

**Spachteln**
Ausfüllen von Löchern, Rissen, Mulden und anderen Oberflächenfehlern mit hochviskosen, ggf. thixotropen Gieß- oder Spachtelharzen (❄ S. 70).

**Spaltkorrosion**
📖 *Korrosion* in Spalten, speziell im Fügespalt, d. h. zwischen zwei Bauteilen, ggf. verstärkt durch anliegende Spannung. 📖 *Elektrochemische Spannungsreihe*, 📖 *Elektrokorrosion*

**Spaltüberbrückung**
Fähigkeit eines Klebstoffs, einen größeren Fügespalt (z. B. > 0,2 mm) zu überbrücken. Der Klebstoff muss den Spalt voll ausfüllen, ohne heraus zu fließen.

**Spannung, mechanische**
Kraft pro Flächeneinheit. Die bei Beanspruchung eines Körpers auftretende innere Kraft je Flächeneinheit, die bestrebt ist, die ursprüngliche Form des unbelasteten Körpers wiederherzustellen. Elastische Spannungen lassen sich in senkrecht zur Oberfläche wirkende Druck- bzw. Zugspannungen sowie tangential wirkende Schub- oder Tangentialspannungen zerlegen.

**Spannungsreihe**
📖 *Elektrochemische Spannungsreihe*

**Spannungsrisskorrosion**
Rissbildung in unterschiedlichen Werkstoffen, wie z. B. Kunststoffen, Glas oder Al-Legierungen verursacht durch gleichzeitiges Einwirken von Chemikalien und mechanischer Beanspruchung bzw. Eigenspannung von Bauteilen.

**Spannungsspitzen**
Konzentration von maximalen mechanischen Spannungen an einem Punkt.

**Spannungsverteilung**
Lokale Differenzierung der auf einer Fläche wirkenden Kräfte.

**Speichermodul G'**
Beschreibt die elastischen Eigenschaften eines Stoffs. 📖 *Glasübergangstemperatur $T_G$*

**Spezifische Adhäsion**
Einteilungsmöglichkeit der 📖 *Adhäsion*stheorie.

**Sprühcorona**
Physikalisches Verfahren zur Oberflächenvorbehandlung, das insbesondere für schwer verklebbare Kunststoffe eingesetzt wird. Dabei wird zwischen zwei Hochspannungselektroden ein Lichtbogen erzeugt, der durch einen Luftstrom zwischen den Elektroden auf die Oberfläche „gesprüht" wird. Die Luftmoleküle werden ionisiert und treffen auf das zu behandelnde Fügeteil. Bei den behandelten Oberflächen wird die 📖 *Oberflächenenergie* erhöht, eine bessere 📖 *Benetzung* durch Klebstoff ermöglicht und damit in der Regel eine Verbesserung der 📖 *Verbundfestigkeit* bei geklebten Verbindungen erreicht (⌐ S. 29). 📖 *Oberflächenbehandlung*

# Lexikon der Klebtechnik

### S-Sätze
📖 *Sicherheitsratschläge*

### Stabilisator
Stoff, der dazu beiträgt, die Eigenschaften eines Klebstoffs während seiner Lagerung und Verarbeitung und/oder die Eigenschaften der Klebung unter Praxisbedingungen zu erhalten.

### Standfest
In der Klebtechnik: Klebstoffe oder Gießharze, die unter Einfluss der Gravitation im unausgehärteten Zustand in definierten Schichtdicken kein 📖 *Fließverhalten* zeigen.

### Statikmischer
📖 *Statisches Mischrohr*

### Statische Belastung
Zeitlich konstante Zug-, Druck- oder Scherbelastung.

### Statisches Mischrohr
Mischrohr, das z.B. bei 📖 *DELO-AUTOMIX* die Aufgabe hat, die beiden Komponenten des Klebstoffs beim Auspressen aus der Doppelkammerkartusche gleichmäßig zu vermischen. Dies wird dadurch erreicht, dass im Inneren des Rohrs Mischeinheiten angebracht sind, die die Strömung der beiden Klebstoffkomponenten während des Durchfließens ständig umlenken und so eine gleichmäßige Durchmischung bewirken.

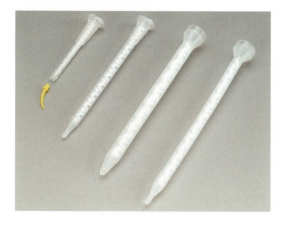

### Steifigkeit
Die Steifigkeit ist eine Größe in der Technischen Mechanik, die den Zusammenhang zwischen der Last, die auf einen Körper einwirkt und dessen Verformung beschreibt. Der Kehrwert der Steifigkeit wird Nachgiebigkeit genannt. Die Steifigkeit gehört mit der Risszähigkeit, Festigkeit, Duktilität, Härte, Dichte und der Schmelztemperatur zu den Eigenschaften eines Werkstoffs.

### Sterilisation
Vollständige Abtötung sämtlicher Mikroorganismen, einschließlich ihrer Sporen. Im Unterschied zur Desinfektion, bei der Mikroorganismen lediglich so geschädigt werden, dass sie keine Infektion mehr verursachen können. Die Sterilisation von medizintechnischen Artikeln erfolgt durch verschiedene Verfahren, wie z.B. 📖 *Gammasterilisation*, 📖 *Dampfsterilisation* oder 📖 *ETO-Sterilisation*.

### Stöchiometrie
Teilgebiet der Chemie, das sich mit der Berechnung der Zusammensetzung chemischer Verbindungen und des Umsatzes bei chemischen Reaktionen befasst. Da chemische Stoffe in Form von Teilchen miteinander reagieren und die Stoffmenge proportional der Teilchenanzahl ist, lassen sich aus chemischen Formeln oder Reaktionsgleichungen Stoffmengenbeziehungen als mathematische Gleichungen ableiten. Beispiel: Bei 📖 *Epoxidharzen* ist es wichtig, dass die Ansätze stöchiometrisch exakt erfolgen, da sonst eine vollständige Aushärtung nicht sichergestellt ist. Die beiden Komponenten müssen im richtigen 📖 *Mischungsverhältnis* nach Gewicht bzw. Volumen angesetzt und homogen vermischt werden (📖 S. 43).

### Stoffschluss
Bei stoffschlüssigen Verbindungen wird der Zusammenhalt der 📖 *Fügeteile* durch 📖 *Adhäsions*- und 📖 *Kohäsions*kräfte erreicht. Zu dieser Verbindungsart zählen Kleb-, Löt- und Schweißverbindungen. 📖 *Formschluss*, 📖 *Kraftschluss*

# Lexikon der Klebtechnik

**Strahlen**
Eine Oberflächenvorbehandlung, bei der durch ein technisches Gerät ein Strahlmittel auf die Werkstückoberfläche geblasen wird. Durch die kinetische Energie des Strahlmittels werden Oberflächenverunreinigungen abgetragen und die Oberfläche angeraut (S. 28). *Oberflächenbehandlung*

**Strahler**
In der Klebtechnik: Strahlungsquelle von Aushärtungslampen für licht- oder UV-härtende Klebstoffe. In der Regel werden Quecksilberdampflampen verwendet, die in unterschiedlichen *Intensitäten* und mit modifizierten *Emissionsspektren* erhältlich sind.

**Strahlungsfluss (Strahlungsleistung)**
Die Strahlungsenergie dQ, die pro Zeiteinheit dt von elektromagnetischen Wellen transportiert wird. Einheit: [W]. Formelzeichen: $\Phi$

**Strahlungshärtende Klebstoffe**
Klebstoffe, die durch elektromagnetische Strahlung, i. A. durch sichtbares Licht oder UV-Strahlung ausgehärtet werden.

**Strahlungsintensität**
Auch *Bestrahlungsstärke* oder *Strahlungsflussdichte* genannt. Physikalische Leistung einer Strahlung pro Flächeneinheit. Einheit: [mW/cm$^2$]. Im Allgemeinen sinkt die *Intensität* mit steigendem Abstand der Strahlungsquelle von der bestrahlten Fläche.

**Stromtragfähigkeit (Strombelastbarkeit)**
Kenngröße für die *elektrische Leitfähigkeit*, die vor allem bei elektrisch leitfähigen Klebstoffen angegeben wird. Hauptsächlich wird sie begrenzt durch die maximal zulässige Erwärmung des Basismaterials des Leiters.

**Strukturfest**
Charakterisierung einer *Fügeverbindung*, die einen wesentlichen, also tragenden Anteil bei der Sicherstellung der Funktion des Bauteils erlangt.

**Strukturklebstoff**
Klebstoff, der in einer *Fügeverbindung* eingesetzt wird, die einen wesentlichen und damit tragenden Anteil bei der Sicherstellung der Funktion des Bauteils erlangt. Eine strukturelle Klebung ist dadurch gekennzeichnet, dass sie zur Verbesserung der *Steifigkeit*, *Festigkeit* und/oder Beständigkeit eines Bauteils beiträgt.

**Strukturviskosität**
*Fließverhalten* eines Fluids, bei dem die *Viskosität* bei Erhöhung der Scherrate abnimmt. Wird auch als Scherverdünnung bezeichnet. Die meisten Klebstoffe sind strukturviskos. *Dilatanz*, *Rheopexie*, *Thixotropie*

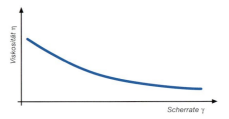

**Stud Bump**
Bestimmte Art von *Bumps* in der *No-Flow-Underfilling*-Technik. Bei Stud Bumps sitzen auf der Bump-Oberfläche zusätzliche Spitzen, die sich beim Anbringen des *Chips* auf das Board in die Leiterbahnen „bohren" und somit für eine gute Kontaktierung sorgen. Ein Lötprozess entfällt. Im Gegensatz zur Flow-Underfilling-Technik wird der *Underfiller* vor dem Anbringen des Chips appliziert.

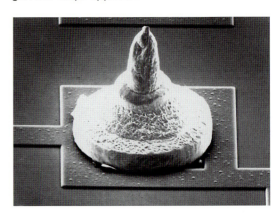

# Lexikon der Klebtechnik

### Sub Cure
📖 *Strahlungshärtender* 📖 *Underfiller* für transparente 📖 *Substrate*, wie etwa Glas, auf denen 📖 *Flip-Chips* kontaktiert werden. Spezielle Produkte aus der Gruppe 📖 *DELO-KATIOBOND* kommen hierfür in Frage (❖ S. 64). 📖 *Top Cure*, 📖 *No-Flow-Underfilling*

### Substrat
📖 *Fügeteil*. In der Elektronik das Material, auf dem 📖 *Chips* und andere elektronische Bauteile aufgelötet oder aufgeklebt werden.

### Tack (Nasshaftung)
Eigenschaft eines Klebstoffs nach kurzem, leichten Andruck fest auf Oberflächen zu haften (Klebrigkeit). Der Begriff Tack wird vor allem im Zusammenhang mit 📖 *Haftklebstoffen* verwendet.

### Tag
📖 *RFID*

### Taktzeit
Als Taktzeit bezeichnet man in einer Fertigungslinie den Zeitraum zwischen der Fertigstellung zweier Teile bzw. der Ausführung von bestimmten Arbeitsschritten. Nach diesem Zeitraum wiederholt sich jeweils jeder Arbeitsschritt.

### Tampondruck
Spezielle Auftragungstechnik, bei der mit Auftragungselementen, den sog. Tampons, der Klebtoff aus dem Vorratsbehälter auf das zu verklebende 📖 *Substrat* appliziert wird. Gebräuchliche Tamponmaterialien sind additionsvernetzte 2-K-Silikone. 📖 *DELO-GUM*, 📖 *Silikone*

### Taupunkt
Temperatur, bei der bei Abkühlung die Sättigung von Dampf in einem Gas gerade erreicht ist (bei Luft 📖 *Relative Luftfeuchtigkeit* 100 %). Wird das Gas-Dampf-Gemisch weiter abgekühlt, so kommt es zur Kondensation. Beim Kleben ist darauf zu achten, dass Teile, die aus dem Kalten ins Warme gebracht werden, mit einem Kondensfilm, d.h. einer Tauschicht, überzogen sein können. Vor der Verklebung müssen die Teile klimatisiert werden, damit der Kondensniederschlag vollständig ablüften kann.

### Technische Lagerfähigkeit
📖 *Lagerstabilität*

### Technisches Datenblatt (TDB)
Zusammenstellung der wichtigsten technischen Eigenschaften und der Verarbeitungseigenschaften eines chemischen Produkts entsprechend des Anwendungsbereichs (📖 *Klebstoff*, 📖 *Gießharz*, Reiniger, 📖 *Primer*). Darin werden Angaben zu Farbe, 📖 *Viskosität*, Lagerbedingungen, Verarbeitungshinweise und ausgewählte Festigkeitswerte, sowie weitere zusätzliche Informationen aufgelistet.

### Temperaturfestigkeit
📖 *Klebfestigkeit*, die ein Klebstoff unter festgelegten Parametern bei einer bestimmten Temperatur erreicht.

### Temperaturschocktest, Temperaturwechseltest
Alterungstest, bei dem Bauteile bzw. verklebte 📖 *Fügeteile* unter definierten Bedingungen in extrem schnellem zeitlichen Ablauf unterschiedlichen Temperaturen ausgesetzt werden. Dies führt zur beschleunigten thermischen 📖 *Alterung* und ermöglicht so eine Einschätzung der Eignung der Bauteile bzw. Fügeteile für den Anwendungsfall.

### Tempern
Warmlagern von Kunststoff-Formteilen bzw. Klebverbindungen zum Erzielen bestimmter Eigenschaften, wie höhere 📖 *Temperaturfestigkeit*, Abbau innerer Spannungen, etc.

### $T_G$
📖 *Glasübergangstemperatur $T_G$*

# Lexikon der Klebtechnik

### Thermoanalyse
Oberbegriff für Methoden, bei denen physikalisch-chemische Eigenschaften in Abhängigkeit von Temperatur oder Zeit gemessen werden. 📖 *DSC*, 📖 *Dynamisch-Mechanische Thermoanalyse*

### Thermode
Beheiztes Element zum Andrücken und Aushärten von Bauteilen durch Wärmezufuhr. Wird vor allem in der Chipverarbeitung benutzt. 📖 *Chip*

### Thermogravimetrische Analyse (TGA)
Die **T**hermo**g**ravimetrische **A**nalyse, auch Thermogravimetrie genannt, ist eine analytische Methode, bei der die Masseänderung einer Probe in Abhängigkeit von Temperatur und Zeit gemessen wird. Die Probe wird dazu in einem kleinen Tiegel aus feuerfestem, inerten Material (z. B. Platin oder Aluminiumoxid) in einem Ofen auf Temperaturen bis zu +1600 °C erhitzt. Bei DELO werden Aluminiumtiegel bis +600 °C und $Al_2O_3$-Tiegel bis +1000 °C eingesetzt. Der Probenhalter ist an eine Mikrowaage gekoppelt, welche die Masseänderungen während des Aufheizvorgangs registriert. Ein Thermoelement direkt am Tiegelboden misst die Temperatur. Moderne TGA-Geräte erlauben über einen angeschlossenen Computer eine Einstellung der Endtemperatur, der Heizrate, des Gasstroms o. ä. Während der Analyse wird der Probenraum je nach Bedarf mit verschiedenen Gasen gespült. Meist verwendet man reinen Stickstoff, um eine 📖 *Oxidation* zu vermeiden. In anderen Fällen wird jedoch auch mit Luft, Sauerstoff oder anderen Gasen gespült. Bei DELO wird mit Luft gespült. Beim Erhitzen kann die Probe durch Zersetzungsreaktionen oder Verdampfen flüchtige Komponenten an die Umgebung abgeben oder aus der Umgebung z. B. durch Oxidation Reaktionspartner aufnehmen. Die Gewichtsabnahme bzw. -zunahme und die Temperatur, bei welcher die Gewichtsänderung stattfindet, kann spezifisch für eine untersuchte Probe sein. Daraus können Rückschlüsse auf die Zusammensetzung des Stoffs gezogen werden. Die Ausgasungs- bzw. Zersetzungsprodukte können mit angeschlossener Infrarot-Spektroskopie analysiert werden (⟲ DELO-Norm 36).

### Thermoplaste
Bestehen aus Molekülketten, die durch zwischenmolekulare Kräfte (z. B. 📖 *Van-der-Waals-Kräfte*) aneinander gebunden sind. Thermoplaste erweichen oberhalb einer bestimmten Temperatur, der 📖 *Glasübergangstemperatur* $T_G$, und erhärten beim Abkühlen wieder. Dadurch wird eine plastische Verformung durch Spritzgießen, Extrudieren, etc. möglich. Thermoplaste sind schweißbar und in speziellen 📖 *Lösungsmitteln* lösbar. 📖 *Duroplaste*, 📖 *Elastomere*

### Thixotropie
📖 *Fließverhalten* eines Mediums, bei dem sich durch dynamische Beanspruchung, wie Rühren oder Schwingen, die 📖 *Viskosität* in zeitlicher Abhängigkeit verringert. Im Gegensatz zur 📖 *Strukturviskosität* sinkt bei thixotropen Fluiden bei konstanter Scherrate die Viskosität mit der Zeit weiter ab. Nach Wegnahme der Scherung stellt sich die ursprüngliche Viskosität nach einiger Zeit wieder ein. Beispiel: Thixotrope 📖 *anaerob härtende Klebstoffe* werden optimal zum Schraubensichern verwendet, da sich der Klebstoff selbsttätig im Gewinde verteilt, jedoch nicht abtropft. 📖 *Dilatanz*

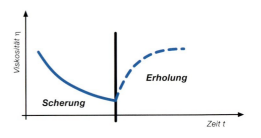

### Thixotropieindex
Maß für die 📖 *Viskosität*sabnahme bei 📖 *Scherung*.

$$\text{Thixotropieindex} = \frac{\text{Viskosität bei Scherrate x}}{\text{Viskosität bei 10facher Scherrate x}}$$

# Lexikon der Klebtechnik

## Top Cure
📖 *Lichtaktivierbarer* 📖 *Underfiller*, der vor dem Kontaktieren des 📖 *Flip-Chips* auf das 📖 *Substrat* aufgetragen wird. 📖 *Sub Cure*

## Topfzeit
Zeit, nach der ein 📖 *Mehrkomponentenklebstoff* dosiert, gemischt und aufgetragen werden muss, sowie die Substrate gefügt und fixiert werden müssen. Bei DELO ist es die Zeit, in der sich ein definierter Ansatz eines mehrkomponentigen Klebstoffs oder Gießharzes nach homogener Mischung auf eine bestimmte Reaktionstemperatur erwärmt (im 100 g-Ansatz, bei den 📖 *DELO-DUOPOX* rapid Typen im 20 g-Ansatz, eine Temperatur von +40 °C). Erreicht der Ansatz diese Temperatur nicht, so wird die Zeit bestimmt, in der der Ansatz seine maximale Reaktionstemperatur erreicht hat. Diese Bestimmung stammt aus der Norm DIN EN 14022 Verfahren 5 und entspricht nicht immer der 📖 *Verarbeitungszeit*, erlaubt jedoch einen sehr guten Vergleich zwischen Produkten mit unterschiedlichem Reaktionsverlauf. Die Topfzeit ist abhängig von der Größe des Ansatzes und den äußeren Bedingungen, vor allem der Umgebungstemperatur. 📖 *Gelzeit*

## Topographie
Beschreibung der Oberfläche von Bauteilen.

## Torsion
Beanspruchung eines Bauteils, z. B. einer Welle, durch Verdrehen.

## Toxikologie
Lehre von den Giften und ihren Einwirkungen auf den Organismus.

## Toxizität
Um die Toxizität, d. h. Giftigkeit eines Stoffs zu charakterisieren, legt man die Höhe der geringsten schädlichen Dosis zugrunde. Starke Gifte sind Substanzen, die bereits in kleinsten Mengen schwerwiegende Folgen hervorrufen. Die Giftwirkung kann innerhalb kurzer Zeit nach einmaliger Gabe (akute Toxizität) oder erst nach längerer Anwendung (chronische Toxizität) eintreten. Gifte können äußerlich wirken (lokale Giftwirkung) oder erst nach Aufnahme in das Blut und Gewebe (resorptive Giftwirkung).

## Tränkverfahren
Das Tränk- und Imprägnierverfahren wird hauptsächlich zum Tränken von drahtgewickelten Körpern wie z. B. Spulen oder Ankern angewendet. Die Dauer der Imprägnierung hängt u. a. von der 📖 *Viskosität* und 📖 *Oberflächenspannung* des 📖 *Harzes*, von der Geometrie und Anzahl der auszufüllenden Hohlräume sowie von der Größe und Form des Körpers ab.

## Träufelverfahren
Das Prinzip des Verfahrens beruht darauf, dass 📖 *Harz* tropfenweise oder in dünnem Strahl auf einen rotierenden, zu tränkenden, gewickelten Körper geleitet wird. In der Regel sind diese Wickelkörper vorgewärmt, so dass eine schnelle Ausfüllung der Hohlräume erreicht wird. Durch die rotierende Bewegung erfolgt eine gleichmäßige Harzverteilung.

## Transmission
Durchgang von Strahlen durch ein Medium, wie z. B. Lichtstrahlen durch eine Glasscheibe.

## Transponder
Der Transponder besteht aus Antenne und 📖 *Chip* zum kontaktlosen Datenaustausch. Der Transponder kann im Chipkartenformat oder jedem anderen Format aufgebaut sein und wird z. B. zur Identifikation von Personen, Gepäckstücken, Waren oder auch in der Baugruppenmontage verwendet. 📖 *RFID*

## Trennmittel
Beschichtungsmittel, das die 📖 *Adhäsion* an einem Werkstoff vermindert oder verhindert. Wird z. B. bei Formwerkzeugen verwendet.

# Lexikon der Klebtechnik

## Ultraschall-Reinigung

Reinigungsverfahren, das meist zur 📖 *Reinigung* von kleinen, komplexen und feinstrukturierten Bauteilen eingesetzt wird. Das Wirkprinzip der Reinigung ist Kavitation. Die Bauteile werden in eine Flüssigkeit eingelegt, in der ein Ultraschallfeld erzeugt wird. Die dabei entstehenden Wellen mit Über- und Unterdruck führen zu lokalen Druckspitzen, die die Oberfläche reinigen. In der Klebtechnik werden als Flüssigkeiten bevorzugt fettlösende Mittel wie Alkohole oder Ketone verwendet. 📖 *Oberflächenbehandlung*

## Ultraviolette Strahlung
📖 *UV-Spektrum*

## Umhüllen

Aufbringen einer dünnen Kunstharzschicht auf ein Bauelement, eine Baugruppe oder ein Gerät. Der 📖 *Polymer*werkstoff bildet in der Regel nach der 📖 *Aushärtung* einen allseitig geschlossenen Überzug. Umhüllen schließt den Begriff Tauchen ein. 📖 *Conformal Coating*

## Umweltschädliche Substanzen

Substanzen, die im Fall des Eintritts in die Umwelt eine sofortige oder spätere Gefahr für eine oder mehrere Umweltkomponenten zur Folge haben können.
Kennzeichnung:

## Underfiller

Vergussmasse, die nach der Kontaktierung eines 📖 *Flip-Chips* auf dem 📖 *Substrat* zur Unterfütterung dosiert wird, unter den 📖 *Chip* kapilliert und anschließend ausgehärtet wird. Der Underfiller stellt die Funktionstüchtigkeit des Chips bei Klima- und Temperaturwechselbelastung sicher, indem es die äußerst empfindlichen Kontaktflächen, über die die Signalführung erfolgt, schützt. Wird auch als Flow-Underfiller bezeichnet. 📖 *No-Flow-Underfiller*, 📖 *Top Cure*, 📖 *Sub Cure*, 📖 *BGA*

## Untere Explosionsgrenze
📖 *Explosionsgrenze*

## Unterwanderung

Eindringen eines Mediums zwischen Klebstoffschicht und Substrat. Kann zur Verringerung der 📖 *Verbundfestigkeit* bzw. zu 📖 *Korrosion* (Unterwanderungskorrosion) führen.

## USP XXIII Class VI

The **U**nited **S**tates **P**harmacopeia, Biological-Reactivity-Tests. Amerikanisches, pharmazeutisches Normenwerk, nach dessen Vorgaben Kunststoffe und auch Klebstoffe für den Einsatz innerhalb der Medizintechnik auf ihre biologische Verträglichkeit in lebenden Organismen überprüft werden. Zahlreiche Prüfungen werden auch entsprechend ISO 10993 durchgeführt. Klebstoffe aus den Produktgruppen 📖 *DELO-PHOTOBOND*, 📖 *DELO-KATIOBOND* und 📖 *DELO-DUOPOX* verfügen über diese Zulassung.

## UV-beständig

Ein Material ist UV-beständig, wenn es unter Einwirkung von UV-Licht seine Eigenschaften, wie z. B. Aussehen, Farbe und Elastizität dauerhaft beibehält.

## UV-durchlässig

Ein Körper ist UV-durchlässig, wenn er auftreffendes UV-Licht nicht vollständig 📖 *absorbiert* und/oder reflektiert. Die UV-Durchlässigkeit ist von der Art und von der Dicke des Körpers abhängig. 📖 *Transmission*, 📖 *Durchstrahlbarkeit*

## UV-härtend

Ein Klebstoff ist UV-härtend, wenn der Aushärtungsmechanismus durch UV-Bestrahlung angestoßen wird, wobei vorzugsweise der UVA-📖 *Wellenlängen*bereich zwischen 315 und 380 nm genutzt wird. Bei der Verklebung von

# Lexikon der Klebtechnik

Kunststoffen sind 📖 *lichthärtende Klebstoffe* zu bevorzugen, da Kunststoffe UV-Strahlung absorbieren (↳ S. 34).

## UV-Spektrum
Bereich des 📖 *elektromagnetischen Spektrums* von etwa 100 bis 380 nm 📖 *Wellenlänge*. Das UV-Spektrum wird unterteilt in UVA (315–380 nm), UVB (280–315 nm), UVC (200–280 nm) und VUV (100–200 nm).

## Vakuum-Gießverfahren
Gießverfahren, das durch den Einsatz eines Vakuums beim Gießprozess die Bildung von Blasen und Lunkern weitestgehend vermeidet. Es wird für komplizierte Bauteile mit Hinterschneidungen oder engen Zwischenräumen sowie für das Eingießen sehr wertvoller, elektrisch hochbeanspruchter Teile angewandt. Das Vakuum richtet sich nach dem Siedepunkt der Komponenten des 📖 *Harzes*. Meist liegt es zwischen 0,13 mbar und 0,13 bar Absolutdruck.

## Van-der-Waals-Kräfte
Zwischenmolekulare Kräfte, die nicht auf einem teilweisen oder vollständigen Elektronenaustausch beruhen. Sie werden durch Wechselwirkungen zwischen permanenten elektrischen Dipolen (📖 *Dipolkräfte*), induzierten elektrischen Dipolen (Dispersionskräfte) oder Induktionseffekten (Induktionskräfte) hervorgerufen.

## Venturidüse
Verengtes Rohr, bei dem an der engsten Stelle die größte Strömungsgeschwindigkeit und damit nach dem Gesetz von Bernoulli der geringste statische Druck herrscht. Dieser Unterdruck wird in vielen technischen Anwendungen dazu benutzt, um ein Medium anzusaugen und in den Luftstrom zu bringen. In der Klebtechnik findet dieses Prinzip z.B. Anwendung beim Aufsprühen von Klebstoffen, 📖 *Aktivatoren* oder 📖 *Primern* sowie bei Dosiergeräten, um durch Unterdruck im Klebstoffgebinde das Auslaufen 📖 *niedrigviskoser* Klebstoffe aus der Dosiernadel zu verhindern.

## Verarbeitung
📖 *Dosierung*

## Verarbeitungstemperatur
Vom Hersteller vorgeschriebene Temperatur des Klebstoffs bzw. dessen räumlicher Umgebung während der Verarbeitung.

## Verarbeitungszeit
Zeit, in der ein Ansatz eines 📖 *Mehrkomponentenklebstoffs* nach dem Aufeinandertreffen der Komponenten verarbeitet werden muss, um eine ausreichende 📖 *Benetzung* zu erreichen.

## Verbundfestigkeit
Summe aller Kräfte, die eine Verklebung zusammenhalten.

## Verdünner
Stoff, der die Feststoffkonzentration und/oder die 📖 *Viskosität* eines Klebstoffs herabsetzt.

## Vergilbungsstabilität
Stabilität gegenüber Gelbfärbung. Als Maß für die Lichtechtheit von Klebstoffen wird mit Hilfe eines Sonnensimulationsgeräts der Grad der Vergilbung einer Klebstoffprobe ermittelt (⌀ DELO-Norm 25).

## Verklebbarkeit
Generelle Eignung von bestimmten Werkstoffen zum Verkleben. Zur Werkstoff- bzw. Klebstoffauswahl eignen sich praxisnahe Tests, die an Originalmaterialien durchgeführt werden. Eine Verbesserung der Verklebbarkeit ist durch geeignete Verfahren zur 📖 *Oberflächenbehandlung* und eine gezielte Klebstoffauswahl möglich.

## Verlustfaktor tan δ
Der Verlustfaktor gibt an, wie weit bei einer Krafteinleitung in einen Stoff die dadurch verursachte Spannung der Verformung voraus eilt. Der Verlustfaktor wird auch als Dämpfung bezeichnet. In gedämpften Systemen wird Verformungsenergie in Wärme umgewandelt. Dies wird auch als Dissipation bezeichnet. 📖 *Viskosi-*

*tät*, *Dissipationswärme*, *Glasübergangstemperatur $T_G$*, *Verlustmodul G"*, *Speichermodul G'*

$$\tan \delta = \frac{\text{Verlustmodul G"}}{\text{Speichermodul G'}} = \frac{\text{durch Reibung entstehender Energieverlust}}{\text{Energiespeicherung}}$$

### Verlustmodul G"
Beschreibt den Energieverlust bei der viskosen Deformation eines Stoffs. *Glasübergangstemperatur $T_G$*, *Verlustfaktor*

### Vernetzen
Reaktion, die zum räumlichen Verbinden von Molekülketten führt. Sie führt zum chemischen *Aushärten* von Kunststoffen und Klebstoffen.

### Vernetzer
*Härter*

### Vernetzungsgrad
Der Vernetzungsgrad ist ein quantitatives Maß zur Charakterisierung von *polymeren* Netzwerken. Er wird berechnet als Quotient aus der Molzahl vernetzter Grundbausteine und der Molzahl der insgesamt in diesem makromolekularen Netzwerk vorhandenen Grundbausteine. In der Praxis wird der theoretisch maximale Vernetzungsgrad jedoch nie erreicht, da während der Netzwerkbildung wegen der auftretenden räumlichen Hinderung nicht alle vernetzungsfähigen Bausteine einen Reaktionspartner finden. Grundsätzlich gilt, dass für vergleichbare Systeme mit steigendem Vernetzungsgrad die Materialien steifer, härter und korrosionsbeständiger werden.

### Versprödung
Verminderung des Formänderungsvermögens eines Werkstoffs durch Temperatur- oder Lichteinflüsse. Oft führt Versprödung zur Erhöhung der Festigkeit bei gleichzeitiger Abnahme der Dehnung.

### Verunreinigung
Substanzen, die an der Substratoberfläche angelagert sind, und die *Adhäsion* des Klebstoffs am Substrat behindern. Sie können auch durch chemische Reaktionen eine *Aushärtung* des Klebstoffs an der Kontaktfläche verhindern (*Inhibierung*). Generell vermindern Verunreinigungen die Adhäsion und sind daher zu entfernen.

### Viskoelastisch
Viskoelastische Klebstoffe zeigen im ausgehärteten Zustand sowohl viskose als auch elastische Eigenschaften. Wird der Klebstoff unter Schubspannungsbeanspruchung deformiert, erreicht er seine Ausgangsgestalt nach Entlastung wegen des viskosen Anteils nicht vollständig. *Zähelastisch*, *Zähhart*

### Viskosimetrie
Beschreibt das *Fließverhalten* von fließfähigen Substanzen. *Rheometrie*

### Viskosität
Zähigkeit von Gasen oder Flüssigkeiten. Maß für die innere Reibung zwischen *Molekülen* von Flüssigkeiten bzw. Gasen, welches das *Fließverhalten* beschreibt.
Dünnflüssig = niedrigviskos; kleiner Zahlenwert
Dickflüssig = hochviskos; hoher Zahlenwert
Beispiel: Wasser: 1 mPas;
dickflüssiges Öl: ca. 2000 mPas.
( S. 32)

### Volumenschrumpf
Abnahme des Klebstoffvolumens durch die Aushärtereaktion.

### Volumenwiderstand
*Durchgangswiderstand, spezifischer*

### Voraktivierung
*Aktivierungszeit*

### Vorbehandlung
*Oberflächenbehandlung*

# Lexikon der Klebtechnik

## Wafer
Aus einem Einkristall gesägter Rohling zur Herstellung von 📖 *Chips*.

## Wärmeabsorption
📖 *Absorption*

## Wärmealterung
📖 *Alterung*

## Wärmeausdehnung
Änderung des Volumens bzw. der Länge eines Körpers bei Erwärmung. Maße für die Wärmeausdehnung sind die Wärmeausdehnungskoeffizienten:
- Kubischer Wärmeausdehnungskoeffizient (thermischer Volumenausdehnungskoeffizient)
- Linearer Wärmeausdehnungskoeffizient (thermischer Längenausdehnungskoeffizient)

📖 *Ausdehnungskoeffizient*

## Wärmeleitfähigkeit
Eigenschaft eines Werkstoffs, Wärme in sich zu leiten oder zu übertragen. Es besteht eine starke Abhängigkeit des gemessenen Werts von der Methode, der Temperatur und der Schichtdicke des Prüfkörpers. Ungefüllte Kunststoffe oder Klebstoffe zeigen eine geringe Wärmeleitfähigkeit von ca. 0,2 W/mK, gut wärmeleitfähige Produkte haben eine Wärmeleitfähigkeit von > 0,8 W/mK.
📖 *Leitfähigkeit*

## Wärmestandfestigkeit
In der Klebtechnik: Eigenschaft einer ausgehärteten Klebschicht unter definierten Bedingungen einer Temperaturbeanspruchung langzeitig ohne Deformation zu widerstehen.

## Warmfestigkeit
In der Klebtechnik: 📖 *Festigkeit* eines geklebten Verbunds unter Temperatur, mit dem Ziel einer weitgehenden Beibehaltung der mechanischen Eigenschaften eines ausgehärteten Klebstoffs bei Temperaturerhöhung. 📖 *Temperaturfestigkeit*

## Warmhärtung
📖 *Aushärtung* von Klebstoffen durch Wärmezufuhr (📖 S. 37). 📖 *Dualhärtung*, 📖 *DELO-DUALBOND*, 📖 *DELO-MONOPOX*

## Wasseraufnahme
Eigenschaft eines Werkstoffs, Wasser zu absorbieren bzw. zu adsorbieren. Als Standardprüfung bei Klebstoffen werden Werkstoffproben 24 h bei Raumtemperatur in Wasser gelagert und anschließend die prozentuale Wasseraufnahme über die Massedifferenz bestimmt.

## Wasserstoffbrückenbindung
Entstehen, wenn zwei 📖 *Moleküle* über Wasserstoffatome in Wechselwirkung treten. Dazu muss sich zwischen dem Wasserstoffatom und seinem Bindungspartner (z.B. N, O, F) auf Grund unterschiedlicher Elektronegativität ein starker Dipol ausbilden. Die elektrostatischen Kräfte der Dipole führen zu einer Ausrichtung und gegenseitigen Anziehung der Dipole (der Minuspol eines Dipols zieht den Pluspol eines anderen Dipols an). Beispiel aus der Klebtechnik: Anziehung der einzelnen Thixotropiermittelmoleküle über Wasserstoffbrückenbindungen untereinander.

## Wechselbeanspruchung
Eine sich periodisch in ihrer Größe ändernde Last unter Wechsel des Vorzeichens wie z.B. Änderung von Zug- in Druckbelastung. 📖 *Schwingungsbeanspruchung*

## Weichmacher
Flüssiger oder fester organischer Stoff, der z.B. Klebstoffen zugesetzt wird, um eine erhöhte 📖 *Elastizität* und/oder eine geringere Härte zu erreichen. Weichmacher setzen die 📖 *Glasübergangstemperatur* $T_G$ von hochpolymeren Stoffen herab. Wird auch als Flexibilisator bezeichnet.

## Wellenlänge λ
Bei elektromagnetischen Wellen: Länge einer periodischen Schwingung. Einheit [nm; 1 nm = $10^{-9}$ m]. Die elektromagnetische Strahlung wird anhand der Wellenlängen eingeteilt. Mit kürzer

# Lexikon der Klebtechnik

werdender Wellenlänge nimmt die Strahlungsenergie zu. 📖 *Elektromagnetisches Spektrum*

**Wire**
Engl.: Draht. Bonddrähte aus Gold oder Aluminium, die in der COB-Technik die Anschlussstellen des 📖 *Chips* mit denjenigen der 📖 *Leiterplatte* verbinden. 📖 *Bonddraht*, 📖 *Die Bonding*, 📖 *Chip-on-Board-Technologie*

**Wöhler Kurve**
Ergebnis des 📖 *Dauerschwingversuchs*, eingeteilt in die Kurzzeitschwingfestigkeit, die Zeitschwingfestigkeit und die 📖 *Dauerschwingfestigkeit*. Unterhalb der Dauerschwingfestigkeit kann das Bauteil beliebig viele 📖 *Schwingbeanspruchungen* ertragen.

# XPS-Analyse

XPS (**X**-ray **P**hotoelectron **S**pectroscopy; "X" steht für X-ray, was wiederum eine Bezeichnung für Röntgenstrahlung darstellt), auch ESCA (**E**lectron **S**pectroscopy for **C**hemical **A**nalysis) genannt, ist eine etablierte Methode, um die chemische Zusammensetzung von Festkörpern, speziell an deren Oberfläche zu bestimmen. Dabei werden Photoelektronen mit Röntgenstrahlen angeregt, so dass diese aus der Oberfläche emittieren und detektiert werden können.

# Young'sche Gleichung

Die Young'sche Gleichung (nach Thomas Young) stellt eine Beziehung zwischen der freien 📖 *Oberflächenenergie* $\sigma_S$ eines ebenen Festkörpers, der Grenzflächenenergie $\sigma_{LS}$ zwischen dem Festkörper und einem darauf befindlichen Flüssigkeitstropfen, der 📖 *Oberflächenspannung* $\sigma_L$ der Flüssigkeit und dem 📖 *Kontaktwinkel* $\Theta$ zwischen beiden her. Sie lautet:

$$\cos \Theta = \frac{\sigma_S - \sigma_{LS}}{\sigma_L}$$

# Zähelastisch

Zähelastische Klebstoffe zeigen im ausgehärteten Zustand eine hohe Dehnfähigkeit, gepaart mit hoher 📖 *Zugfestigkeit*. Die Verformung unter statischer und auch dynamischer Last ist relativ hoch. 📖 *Viskoelastisch*, 📖 *Zähhart*

**Zähflüssig**
📖 *Hochviskos*, 📖 *Viskosität*

**Zähhart**
Zähharte Klebstoffe zeigen im ausgehärteten Zustand eine geringe Dehnfähigkeit, gepaart mit hoher 📖 *Zugfestigkeit*. Die Verformung unter statischer und auch dynamischer Last ist relativ gering. 📖 *Viskoelastisch*, 📖 *Zähelastisch*

**Zähigkeit**
Widerstand eines Werkstoffs gegen Rissausbreitung oder Bruch.

**Zeitstandfestigkeit**
Ein Begriff der Werkstoffkunde, der Auskunft über die Lebensdauer eines Werkstoffs gibt. Wird ein Werkstoff für eine bestimmte Zeit einer bestimmten Temperatur und einem konstanten Zug ausgesetzt, so beginnt er zu 📖 *kriechen*. Ist der Werkstoff dieser Belastung zu lange ausgesetzt, so bilden sich Risse und es kann zum Bruch des Werkstoffs kommen. Über so genannte Zeitstandsdiagramme erhält man Auskunft, welcher Werkstoff wie lange welchem Zug bei bestimmter Temperatur ausgesetzt werden kann. In der Klebtechnik gibt die Zeitstandfestigkeit eine Aussage, wie lange eine Klebverbindung einer statischen Belastung bei einer bestimmten Temperatur standhält.

**Zersetzungstemperatur**
Die Zersetzungstemperatur wird durch eine TGA-Analyse (📖 *Thermogravimetrische Analyse*) ermittelt. Sie zeigt den Beginn der irreversiblen Schädigung des Klebstoffs (⟳ DELO-Norm 36).

# Lexikon der Klebtechnik

## Zerstörende Prüfung
Prüfungsart, bei der das Prüfmuster verändert oder geschädigt wird. Beispiele sind 📖 *Zugversuch* bzw. Druckversuch, 📖 *DSC*-Analyse oder Härteprüfung.

## Zerstörungsfreie Prüfung
Bei der zerstörungsfreien Werkstoffprüfung wird die Qualität eines Werkstücks getestet, ohne das Werkstück selbst zu beschädigen. Beispiele sind Mikroskopie oder Leitfähigkeitsprüfung.

## Zündtemperatur
Niedrigste Temperatur einer heißen Wand, bei der, unter vorgeschriebenen Versuchsbedingungen, ein inhomogenes Gas/Luft- oder Dampf/Luft-Gemisch gerade dazu angeregt wird, mit sichtbarer Flamme zu verbrennen.

## Zugfestigkeit
Maximale Zugspannung (Zugkraft pro Fläche), der ein Werkstoff bzw. eine Klebverbindung standhält (↗ S. 170). Einheit: [MPa] oder [N/mm$^2$]. 📖 *Bruchfestigkeit*, 📖 *Druckfestigkeit*, 📖 *Zugscherfestigkeit*, 📖 *Druckscherfestigkeit*

## Zugscherversuch
Ein überlappt geklebter Prüfkörper wird auf Zug belastet. Dabei treten in der Klebfläche idealerweise nur Scherkräfte auf. In der Praxis kommen darüber hinaus auch Schäl- und Zugkräfte in der Klebstoffschicht hinzu (↗ S. 171). 📖 *Zugscherfestigkeit*

## Zugspannung
📖 *Spannung, mechanische*

## Zugversuch
Ermittlung der Festigkeitseigenschaften von Werkstoffen oder Klebverbindungen unter Zugbelastung. Dazu wird ein genormter Prüfkörper in einer Werkstoffprüfmaschine stetig belastet.

## Zweikomponentenklebstoff
📖 *Mehrkomponentenklebstoff*

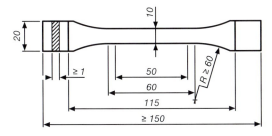

*1B-Probekörper zur Prüfung der Zugfestigkeit entsprechend DIN EN ISO 527 (Angaben in mm)*

## Zugscherfestigkeit
Maximale Zugspannung (Zugkraft pro Fläche), der eine auf Scherung beanspruchte Klebverbindung standhält. Wird standardmäßig entsprechend DIN EN 1465 ermittelt (↗ S. 171). Einheit: [MPa] oder [N/mm$^2$]. 📖 *Bruchfestigkeit*, 📖 *Druckfestigkeit*, 📖 *Druckscherfestigkeit*, 📖 *Zugfestigkeit*

# Anhang
## BOND it

1. In der Klebtechnik gebräuchliche Prüfverfahren und Normen — 170

2. Maßeinheiten, Formeln, Umrechnungstabellen — 179

3. Chemische Elemente — 185

4. Kurzzeichen gebräuchlicher Kunststoffe — 189

5. Literaturhinweise — 191

6. Bildnachweise — 191

7. Kontakt — 191

# Anhang

## 1. In der Klebtechnik gebräuchliche Prüfverfahren und Normen

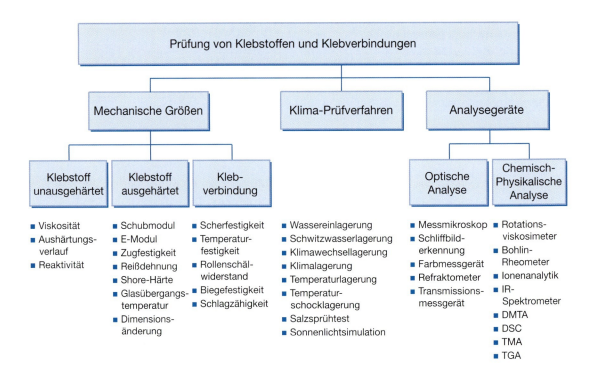

**Mechanische Prüfverfahren**

Zur Ermittlung mechanischer Kenngrößen eines Klebstoffs, wie z. B. 📖 *E-Modul*, 📖 *Reißdehnung* oder 📖 *Kohäsion* sowie zur Bestimmung der 📖 *Verbundfestigkeit* von Klebverbindungen bei Kurzzeitbeanspruchung und nach 📖 *Alterung* werden mechanische Prüfmethoden eingesetzt.

**Zugversuch** (DIN EN ISO 527)
Im Rahmen des Zugversuchs werden folgende Materialkennwerte des ausgehärteten Klebstoffs (Kunststoffs) ermittelt: 📖 *Zugfestigkeit*, Bruchfestigkeit (📖 *Reißfestigkeit*), 📖 *Bruchdehnung* (Reißdehnung), E-Modul.
Zur Ermittlung dieser Kennwerte wird ein Prüfkörper des ausgehärteten Klebstoffs einer einachsigen Zugbeanspruchung ausgesetzt. Die ermittelte Zugfestigkeit stellt ein Maß für die innere Festigkeit (Kohäsion) des Klebstoffs dar.

Die Kenngrößen E-Modul und Reißdehnung ermöglichen die Beurteilung des spannungsausgleichenden Verhaltens des ausgehärteten Produkts.

Prüfkörper:
Material: Klebstoff in ausgehärtetem Zustand
Maße des Prüfkörpers (sog. Schulterstab): siehe Skizze Typ 1B bzw. 5A
Dicke: bevorzugt 4 mm (alternativ: 2 mm)

Typ 1B:

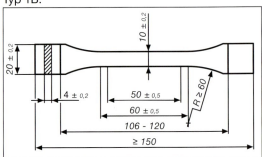

Typ 5A:

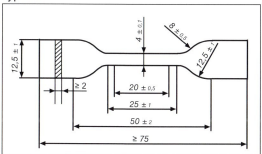

Zugfestigkeit, Bruchdehnung und E-Modul nach DIN EN ISO 527 für strukturfeste Klebstoffe sowie für Produkte, die in ausgehärtetem Zustand 📖 *Elastomer*eigenschaften besitzen. Diese Prüfung unterscheidet sich u.a. in den Maßen des Prüfkörpers und in den Prüfparametern (z.B. Prüfgeschwindigkeit der Zugprüfmaschine).

**Zugscherversuch** (DIN EN 1465)
Der Zugscherversuch an einschnittig überlappten Verklebungen nach DIN EN 1465 dient zur Ermittlung der 📖 *Zugscherfestigkeit* in [MPa]

Prüfkörper:
DIN EN 1465
Material: Al Cu Mg 2pl
Maße: 100 mm Länge, 25 mm Breite, 1,6 mm Dicke
Überlappung: 12,5 mm
Vorbehandlung: entfettet und sandgestrahlt

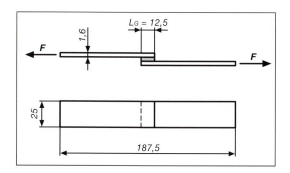

Die Prüfkörperdicke von 1,6 mm bewirkt beim Einsatz von hochfesten Klebstoffen die Überlagerung von Scher- und Schälkräften, da sich die Prüfkörper deformieren.

**Prüfung der Klebfestigkeit von photoinitiierten Klebstoffen mit Druckscherversuch (DELO-Norm 5)**

Der Scherversuch nach DELO-Norm 5 ermöglicht die Ermittlung der Klebfestigkeit von einschnittig überlappten Verklebungen bei Beanspruchung der Fügeteile durch Druckkräfte in Richtung der Klebfläche. Durch die Prüfung nach DELO-Norm 5 kann die mit einem Klebstoff erzielbare Verbundfestigkeit auf festgelegten Fügeteilmaterialien überprüft werden.

Prüfkörper:
Material: Glas, Kunststoffe wie z.B. PA, PC, PMMA oder Metalle wie Aluminium, Edelstahl
Vorbehandlung: gereinigt und entfettet
Maße: 20 mm Länge, 20 mm Breite, 5 mm Dicke
Überlappung: 5 mm

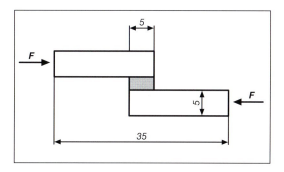

Die Prüfung der Klebfestigkeit nach DELO-Norm 5 wird hauptsächlich für die Beurteilung von photoinitiierten Klebstoffen verwendet. Die Probekörper (Fügematerialien) für die Prüfung solcher Klebstoffe müssen für Licht bzw. UV-Licht durchlässig sein und bestehen daher meist aus Glas oder strahlungsdurchlässigen Kunststoffen. Im Gegensatz zu verwandten DIN-Prüfnormen (z.B. EN 1465) ermöglicht die DELO-Norm 5 die Verwendung von sehr spröden Fügematerialien mit geringer Eigenfestigkeit (z.B. Glas) ohne die Gefahr, dass bei der Prüfbelastung ein früher Fügeteilbruch eintritt. Der Grund hierfür ist die gewählte Probengröße und -geometrie, die bei der Prüfbeanspruchung nur geringe Biegebelastungen im Fügeteil bewirkt.

# Anhang

## Druckscherversuch (DIN 54452)

Ermittlung der 📖 *Scherfestigkeit* von Klebstoffen. Dieser Versuch wird hauptsächlich bei anaerob härtenden Klebstoffen angewandt.

Prüfkörper:
Material: Stahl 9 SMn 28 K
Maße: Welle: $\phi\ 20_{f7}$; Nabe: $\phi\ 20^{H7}$
Fügelänge: 16 mm
Vorbehandlung: gereinigt und entfettet

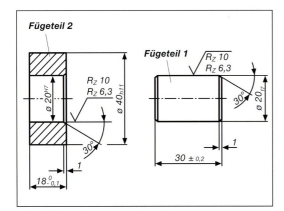

## Bestimmung des Losdrehmoments von anaerob härtenden Klebstoffen bei angezogenen Verschraubungen (EN ISO 10 964)

Vergleichende Untersuchung von anaerob härtenden Klebstoffen, um die Festigkeit an Verschraubungen zu bewerten.

Prüfkörper:
Sechskantschraube ISO 898-1; M10 x 38 – 8.8 Znph
Sechskantmutter ISO 898-2; M10 – 8.8 Znph
Vorbehandlung: gereinigt und entfettet

Schraube und Mutter werden mittels Distanzhülse mit einem Drehmoment von bevorzugt 40 Nm verspannt (Streckgrenze). Hierdurch entstehen praxisnahe Verhältnisse bei der Prüfung. EN ISO 10964 ersetzt die Norm DIN 54454. Hauptunterschied ist das Anzugsmoment von 5 Nm nach DIN gegenüber 40 Nm nach ISO.

## Rollenschälversuch (DIN EN 1464)

Der Rollenschälversuch nach DIN EN 1464 dient der Bestimmung des 📖 *Schälwiderstands* von hochfesten Klebungen. Dazu werden ein starres und ein flexibles Substrat verklebt und mittels einer Rollenschälvorrichtung voneinander abgeschält.

Prüfkörper:
Starres Fügeteil: 200 mm Länge, 25 mm Breite, 1,6 mm (± 0,1 mm) Dicke
Flexibles Fügeteil: 250 mm Länge, 25 mm Breite, 0,5 mm (± 0,02 mm) Dicke

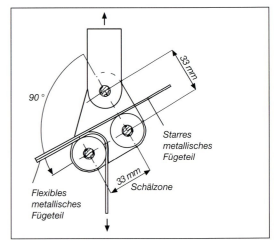

Das starre Fügeteil sollte sich während der Prüfung nicht verformen, damit ein gleichmäßiges Abschälen erfolgt. Für mindestens 115 mm Schälweg wird die mittlere Trennkraft, die erforderlich ist, um die Fügeteile voneinander zu trennen bestimmt. Aus dem Quotient dieser Kraft und der Probenbreite ergibt sich der Schälwiderstand.

## Klimaprüfverfahren

Zu den Klimaprüfverfahren gehören u. a. folgende Tests: Wassereinlagerung (📖 *Wasseraufnahme*), 📖 *Immersionstest*, Temperaturlagerung, 📖 *Temperaturschocktest*, 📖 *Klimawechseltest*, Schwitzwassertest, +85 °C/85 % r. F.-Konstantklimatest, 📖 *Salzsprühtest*, Xenon „Sunlight"-Test.

# Anhang

## Analytische Prüfverfahren

Die analytischen Verfahren beinhalten die Mikroskopie (Licht- und Rasterelektronenmikroskopie), verschiedene Spektroskopien (z. B. Infrarotspektroskopie IR oder Photoelektronenspektroskopie 📖 *XPS*), 📖 *rheometrische* Messungen, Verfahren zur Bestimmung von Fehlstellen in der Klebung (Ultraschall) oder Enthaftungen (Thermo-Login), thermische Analyseverfahren (TMA, 📖 *DSC*, 📖 *Thermogravimetrische Analyse*, 📖 *Dynamisch-Mechanische Thermoanalyse*, siehe auch DELO-Normen 1, 26 - 28, 36) und elektrische Prüfverfahren (siehe Beschreibungen).

## Prüfmethoden zur Bestimmung der elektrischen Eigenschaften

Prüfbedingungen:
- Schmutzfreie, ebene und glatte Oberfläche
- Normalklima (+23 °C und 50 % r. F.)

### Kriechstromfestigkeit
(DIN IEC 112 / VDE 0303 Teil 1)

Der relative Widerstand fester Elektroisolierstoffe gegen Kriechwegbildung für Spannungen bis 600 V wird ermittelt. Die Oberfläche, an der die elektrische Spannung anliegt, wird dabei der Beanspruchung von Wasser mit Zusatz von Verunreinigungen ausgesetzt.

Prüfkörper: 50 mm Durchmesser; 6 mm Höhe

Die Auftragung der Flüssigkeit durch einen Tropfengeber erfolgt zwischen zwei im Winkel von jeweils 30° angestellten Platinelektroden mit dem Querschnitt 5 x 2 mm. Wird bei einer bestimmten Spannung über einen Zeitraum von länger als 2 s ein Kriechstrom von mindestens 0,5 A gemessen, so markiert diese Spannung den entsprechenden 📖 *CTI*-Wert (Comperative Tracking Index) als Maßstab für die Kriechstromfestigkeit.

### Durchschlagfestigkeit (VDE 0303 Teil 2)

Bei diesem Prüfverfahren wird die elektrische Feldstärke bestimmt, bei der die Spannung zwischen den Elektroden unter Zerstörung des Isolierstoffs zusammenbricht.

Prüfkörper: 120 mm Durchmesser; 2 mm Höhe

Die Platten-Elektroden mit Durchmesser $D_1 = 25$ mm und $D_2 = 75$ mm werden auf dem Prüfkörper angebracht und mit einer von 0 V gleichmäßig ansteigenden Wechselspannung gespeist. Die Durchschlagfestigkeit ist im Sinne der Norm dann ermittelt, wenn der Spannungsdurchschlag 10 bis 20 s nach Prüfbeginn erfolgt.

### Spezifischer Durchgangswiderstand
(VDE 0303 Teil 3)

Der elektrische Widerstand des Isolierstoffs zwischen den Elektroden wird bestimmt. Die Einbeziehung der Prüfkörpergeometrie über die Gleichung $\rho = R \cdot \frac{A}{h}$ ergibt den spezifischen Durchgangswiderstand. ($\rho$ = spezifischer Durchgangswiderstand, R = Widerstand, A = Elektrodenfläche, h = Plattenhöhe).

Prüfkörper: 120 mm Durchmesser; 2 mm Höhe

Die Prüfkörper werden zwischen Plattenelektroden mit einer wirksamen Fläche von 19,6 cm$^2$ angebracht und einer Gleichspannung von 100 V oder 1000 V ausgesetzt. Eine Minute nach Anlegen der Spannung erfolgt die Messung des Durchgangswiderstands.

### Oberflächenwiderstand (VDE 0303 Teil 3)

Der elektrische Widerstand an der Oberfläche eines Isolierstoffs wird ermittelt. Dadurch sind Rückschlüsse auf mögliche Veränderungen des Widerstands bei thermischen, chemischen u. a. Belastungen möglich.

Probekörper: 120 mm Durchmesser; 2 mm Höhe

Die Bestimmung erfolgt mittels einer Kreis- und einer außen liegenden Ringelektrode, die beide auf der gleichen Oberfläche aufliegen. Alternativ sind auch andere Prüfverfahren möglich. Zwischen den Elektroden wird eine Gleichspannung von 100 V oder 1000 V angelegt. Die Messung des Widerstands erfolgt eine Minute nach Versuchsbeginn.

# Anhang

**Relative Dielektrizitätskonstante**
(VDE 0303 Teil 4)
Bei diesem Prüfverfahren wird ermittelt, wie stark ein Isolierstoff die Kapazität eines Kondensators verändert, wenn er vollständig zwischen dessen Elektroden eingebracht ist.
Probekörper: 120 mm Durchmesser; 2 mm Höhe

Der Isolierstoff wird zwischen zwei Elektroden eingebracht. Dieser gefüllte Kondensator wiederum in eine Messbrücke (z.B. Schering-Brücke) integriert. Über einen Spannungsabgleich lässt sich die neue Kapazität ablesen. Der Quotient aus Kapazität bei gefülltem Kondensator und Kapazität bei ungefülltem Kondensator ergibt die relative Dielektrizitätskonstante $\varepsilon_r$.

## Verzeichnis der DELO-Normen

**DELO-Norm 1**
**Bestimmung der Zersetzungstemperatur von Klebstoffen**
Diese Norm definiert die Bestimmung der Zersetzungstemperatur von Klebstoffen mittels DSC, in dem der Beginn einer Depolymerisation bzw. eines oxidativen Abbaus in Abhängigkeit der Temperatur ermittelt wird.
Die DELO-Norm 1 ergänzt die DELO-Norm 36.

**DELO-Norm 2**
**Topfzeitbestimmung von Zweikomponenten-Reaktionsharzen**
Ein praktikables, einfach durchzuführendes Messverfahren, mit dem für jedes zweikomponentige Reaktionsharzgemisch die Topfzeit durch Aufzeichnung und Bewertung der exothermen Reaktionswärme ermittelt werden kann.

**DELO-Norm 4**
**Anfangsfestigkeit, Aushärtezeiten und Aushärteverläufe von Klebstoffen in Klebverbindungen**
Durch Bewertung der Zug- bzw. Druckscherfestigkeit in Abhängigkeit des Aushärteverlaufs werden jene Zeiten ermittelt, die das jeweilige Produkt braucht, damit eine Verklebung handfest (definiert mit 1–2 MPa Zugscherfestigkeit), funktionsfest (definiert mit 10 MPa Zugscherfestigkeit) oder endfest ist.

**DELO-Norm 5**
**Druckscherfestigkeit an einschnittig überlappten Klebungen**
Mit dieser Methode kann die Verbundfestigkeit an allen Werkstoffen, außer Weichelastomeren, ermittelt werden. Besonderer Vorteil dieser Norm ist, dass Verklebungen mit spröden Werkstoffen wie Glas, die nicht im Zugschertest geprüft werden können, direkt mit unterschiedlichen Kunststoffen und Metallen sowie Mischverklebungen verglichen werden können.

# Anhang

## DELO-Norm 6
### Klimawechseltest
Die Bedingungen des bei DELO üblichen Standardklimawechseltests, die zur Prüfung der Langzeitbeständigkeit von Verklebungen, Klebstoffen, Gießharzen und Spachtelmaterialien dienen, sind in dieser Norm aufgeführt.

## DELO-Norm 7
### Lagerstabilität von Reaktionsharzen
Die Norm beinhaltet die Verfahrensweise, nach der die Lagerstabilität von Reaktionsharzen reproduzierbar ermittelt wird, damit die Anwender das jeweilige Eigenschaftsprofil des Produkts im gesamten gewährleisteten Lagerzeitraum erreichen können.

## DELO-Norm 8
### Bestimmung der Handfestigkeit von Cyanacrylaten
In dieser Norm ist die Verfahrensweise zur Bestimmung der Handfestigkeit von Cyanacrylatklebstoffen (DELO-CA) festgehalten. Damit wird die Zeit ermittelt, die der Klebstoff benötigt, um im Verbund ca. 1–2 MPa Zugscherfestigkeit zu erzeugen.

## DELO-Norm 9
### Bestimmung der Hautbildungszeit von Reaktionsharzen
Wie Hautbildungszeiten von Produkten in Abhängigkeit von der rel. Luftfeuchtigkeit und der Temperatur reproduzierbar ermittelt werden, legt diese Norm fest, damit die Verarbeitung der Produkte stets vor der Hautbildung erfolgen kann.

## DELO-Norm 10
### Bestimmung der Durchhärtegeschwindigkeit von RTV-1-Silikonen
An RTV-1-Silikonen, die feuchtigkeitsvernetzend reagieren, wird die Durchhärtegeschwindigkeit anhand der Dicke des fertigen Polymers in Abhängigkeit der Zeit bei definierter relativer Luftfeuchtigkeit und Temperatur bestimmt. So kann der Anwender entsprechend des jeweiligen Einsatzes die voraussichtliche Aushärtungszeit abschätzen.

## DELO-Norm 11
### Gasperltest
Dieser Test, bei dem die zu prüfenden, abgedichteten Bauteile eine definierte Zeit in heißem Wasser liegen, eignet sich zur Ermittlung einer funktionellen Dichtigkeit von z. B. abgedichteten Schaltern oder Relais.

## DELO-Norm 12
### Handfestigkeit von anaerob härtenden Klebstoffen
Die Handfestigkeit an Schraub- oder Welle-Nabe-Verbindungen, die mit anaerob härtenden Klebstoffen verklebt werden, kann anhand dieser Norm reproduzierbar ermittelt werden, damit in der Praxis die zeitliche Abfolge weiterer Fertigungsschritte auf das jeweilige Produkt abgestimmt werden können.

## DELO-Norm 13
### Dichtebestimmung und Bestimmung des prozentualen Volumenschrumpfs
Die genaue Ermittlung der Dichte unausgehärteter und ausgehärteter Klebstoffe ist besonders zur richtigen Bedarfsermittlung wichtig.

## DELO-Norm 16
### Beständigkeit von Reaktionsharzen und Klebverbindungen gegen Medieneinflüsse
Die Norm beschreibt, wie durch das Einwirken von bestimmten Medien auf ausgehärtete Reaktionsharzmassen und Klebverbindungen eine Einschätzung der Beständigkeit erfolgen kann.

## DELO-Norm 17
### Prüfung des Kapillarverhaltens dünnflüssiger DELO-PHOTOBOND-Klebstoffe
Das Kapillarverhalten von Klebstoffen lässt sich ausschließlich von der Viskosität ableiten. Die Norm ermöglicht die reproduzierbare Ermittlung des Kapillarsteigvermögens in definiertem Spalt.

# Anhang

**DELO-Norm 18**
**Bestimmung der maximalen Voraktivierungszeit bei DELO-KATIOBOND-Klebstoffen**
Über die Belichtungszeit, bei der gerade noch keine Hautbildung oder Gelierung des DELO-KATIOBOND-Klebstoffs eingesetzt hat, wird die maximale Voraktivierungszeit bei kationisch härtenden Epoxidharzklebstoffen bestimmt, damit die Benetzung des 2. Fügeteils sichergestellt ist.

**DELO-Norm 19**
**Bestimmung der maximalen Offenzeit nach einer Belichtung mit der maximalen Voraktivierungszeit bei DELO-KATIOBOND-Klebstoffen**
Unter Raumbedingungen wird die Zeit, die ein kationisch härtender Epoxidharzklebstoff nach der Voraktivierung gelagert werden kann, ohne dass eine Gelierung oder Hautbildung einsetzt, als so genannte Offenzeit bestimmt. Es handelt sich um die maximale Zeit, die zum Fügen der Bauteile zur Verfügung steht.

**DELO-Norm 20**
**Bestimmung der max. durchhärtbaren Schichtdicke bei DELO-KATIOBOND-Klebstoffen**
Die Prüfbedingungen und die Durchführung zur Bestimmung der in definierter Zeit unter festgelegten Bedingungen maximal durchhärtbaren Schichtdicke von kationisch härtenden Epoxidharzklebstoffen sind in dieser Norm festgehalten.

**DELO-Norm 21**
**Bestimmung der max. aktivierbaren Schichtdicke bei DELO-KATIOBOND-Klebstoffen**
Mit dieser Methode wird die maximal aktivierbare Schichtdicke von kationisch härtenden Epoxidharzklebstoffen bei Belichtung mit der maximalen Voraktivierungszeit entsprechend DELO-Norm 18 bestimmt.

**DELO-Norm 22**
**Fließverhalten**
Um Unterschiede der Fließeigenschaften verschiedener Klebstoffe oder unterschiedlicher Klebstoffchargen schnell erkennen zu können, wird in dieser Norm die Beurteilung des Fließverhaltens von Klebstoffen beschrieben.

**DELO-Norm 23**
**Bestimmung der Reaktivität und der Aushärtungszeit mittels Rheometer**
Diese Norm beschreibt die Bestimmung der Aushärtungszeit unter definierten Bedingungen mittels Rheometer. Somit wird ein Vergleich der Reaktivität unterschiedlicher Produkte ermöglicht.

**DELO-Norm 24**
**Glasübergangsbestimmung (Glasübergangstemperatur $T_G$) mittels CSS-Rheometer (Controlled Shear Stress-Rheometer)**
Wie Glasübergangstemperatur $T_G$ und Glasübergangsbereiche von Klebstoffen mit Hilfe eines CSS-Rheometers bestimmt werden, regelt diese Norm. Die Glasübergangskennwerte von Klebstoffen kennzeichnen die Veränderung von mechanischen Eigenschaften in Abhängigkeit eines bestimmten Temperaturbereichs und sind daher für den Produkteinsatz unter erhöhten Temperaturen sehr interessant.

**DELO-Norm 25**
**Bestimmung der Lichtechtheit von Klebstoffen im Sonnensimulationsgerät**
Diese Norm dient der Beurteilung der Lichtechtheit ausgehärteter Klebstoffproben. Als Maß für die Lichtechtheit einer Probe wird der Grad ihrer Vergilbung ermittelt. Die Vergilbung (Gelbfärbung) der Probe wird mit einem Farbmessgerät als b-Wert ermittelt. Vergleicht man die b-Werte der unbestrahlten und der bestrahlten Probe, so erhält man ein Maß für die Vergilbung bzw. die Stabilität gegenüber Vergilbung.

**DELO-Norm 26**
**Bestimmung des Längenausdehnungskoeffizienten $\alpha$**
Mit dieser Norm wird der Längenausdehnungskoeffizient $\alpha$ mittels thermisch-mechanischer Analyse (TMA) bestimmt. Die Messmethode liefert eine Kurve, in der die Länge des Prüfkörpers gegenüber der Temperatur aufgezeichnet ist. Die Auswertung erfolgt unterhalb bzw. oberhalb der TG oder über den gesamten Messbereich.

## DELO-Norm 27
### Glasübergangsbestimmung mit Differential Scanning Calorimetry

Das zu messende Material wird in einen Probentiegel eingebracht. Der Tiegel wird mit einem leeren Referenztiegel zusammen im Gerät aufgeheizt. Die Temperaturbereiche sind dabei an das zu untersuchende Klebstoffsystem anzupassen. Die $T_G$ wird aus dem Heizlauf und dem anschließenden Kühllauf bestimmt.

## DELO-Norm 28
### Glasübergangsbestimmung mit thermisch-mechanischer Analyse

Die Messmethode liefert eine Kurve, in der die Länge des Prüfkörpers gegenüber der Temperatur aufgezeichnet ist. Aus dieser Kurve wird die $T_G$ (falls vorhanden) ermittelt.

## DELO-Norm 29
### Bestimmung des spezifischen elektrischen Widerstands von isotrop elektrisch leitfähigen Klebstoffen

Vom zu prüfenden Klebstoff wird ein ausgehärteter Streifen mit definierter Länge, Breite und Schichtdicke erstellt. Die Kontaktierung zwischen dem ausgehärteten Klebstoffstreifen und dem Milliohmmeter erfolgt mittels spezieller Messspitzen. Die Messspitzen werden manuell auf Metallkontakte gedrückt, die in den Klebstoff einpolymerisiert sind. Die Widerstandsmessung erfolgt durch die sog. 4-Draht-Methode (Kelvin-Methode).

## DELO-Norm 30
### Bestimmung der Die-Shear-Kräfte von Die-Attach-, SMD- und DELO-MONOPOX AC-Klebstoffen sowie No-Flow-Underfillern

Der zu prüfende Klebstoff wird durch manuellen Pin-Transfer auf das verwendete Substrat appliziert. Daraufhin wird das zu verklebende Bauteil auf die Bondposition ausgerichtet und mit einer bestimmten Bondkraft platziert. Die Aushärtung des Klebstoffs wird nach Vorgabe entsprechend der Aushärtungsempfehlungen aus dem technischen Datenblatt erfolgen. Die Klebverbindung wird mittels Die-Shear-Tester, einem Meißel der das Bauteil vom Substrat abschert, auf ihre Festigkeit untersucht.

## DELO-Norm 31
### Bestimmung der Scherfestigkeit von anaerob härtenden Klebstoffen

Eine verklebte Welle-Nabe-Verbindung wird durch Druck auf die Längsachse der Welle belastet. Dabei wird die Bruchkraft gemessen. Die Druckscherfestigkeit $\tau_D$ einer Probe im Sinne dieser Norm ist der Quotient aus der axialen Bruchkraft $F_B$ und der Scherfläche A im rotationssymmetrischen Fügespalt.

## DELO-Norm 32
### Bestimmung der Zugscherfestigkeit an verölten Oberflächen

Zur Bestimmung der Zugscherfestigkeit an verölten Oberflächen werden definiert beölte Proben in Anlehnung an DIN EN 1465 hergestellt und geprüft.

## DELO-Norm 34
### Bestimmung des Schälwiderstands / 180°-Schälprüfung flexibel/flexibel geklebter Prüfkörper

Diese Norm dient der Ermittlung der Schälfestigkeit von Klebstoffen. Dazu wird die mittlere Kraft bestimmt, die zur Trennung zweier zusammengeklebter flexibler Materialien notwendig ist.

## DELO-Norm 35
### Bestimmung der Schlagzähigkeit an Klebverbindungen

Eine einschnittig überlappte Klebung wird durch ein Schlagpendel belastet. Aus dem Pendelweg nach Bruch der Probe und der anfänglichen potentiellen Energie des Pendels ergibt sich die Schlagarbeit. Der Quotient aus verbrauchter Schlagarbeit und der Klebfläche ergibt die Schlagzähigkeit.

# Anhang

**DELO-Norm 36**

**Bestimmung der Zersetzungstemperatur von Klebstoffen mittels Thermogravimetrie**

Diese Norm definiert die Bestimmung der Zersetzungstemperatur von Klebstoffen mittels TGA, indem der Beginn einer Depolymerisation bzw. eines oxidativen Abbaus in Abhängigkeit der gewählten Heizrate anhand der prozentualen Ausgasung abgespaltener und flüchtiger Bestandteile bestimmt wird.

**DELO-Norm 37**

**Bestimmung der minimalen Belichtungszeit von DELO-KATIOBOND-Klebstoffen mit Differential Scanning Calorimetry**

Die minimale Belichtungszeit wird aus dem Verlauf der Reaktionsenthalpie bestimmt. Dazu ermittelt man die Zeit, zu der die spezifische Reaktionsleistung ihr Maximum erreicht.

**DELO-Norm 38**

**Bestimmung des Schälwiderstands von hochfesten Verklebungen / Rollenschälversuch**

In Anlehnung an DIN EN 1464 wird die mittlere Trennkraft einer Probe bestimmt, die in einer Rollenschälvorrichtung geprüft wird und aus einem starren und aus einem elastischen Fügeteil besteht.

**DELO-Norm 39**

**Zugscherversuch zur Ermittlung des Schubspannungs-Gleitungs-Verhaltens einer Klebung**

Diese Norm ist ähnlich aufgebaut wie DIN EN 1465, nur handelt es sich hier um dickeres Probenmaterial, welches eine Verformung und damit Richtungsänderung der anliegenden Kraft weitgehend verhindern soll. Ermittelt wird unter anderem die Schubfestigkeit $\tau_B$, sowie die Bruchgleitung $\tan \gamma$.

# Anhang

## 2. Maßeinheiten, Formeln, Umrechnungstabellen

**Druck-Einheiten p**

|  | Pa | N/mm² | bar | kp/cm² | atm | Torr |
|---|---|---|---|---|---|---|
| 1 N/mm² [1] | $10^6$ | 1 | 10 | 10,2 | $9,87 \cdot 10^4$ | $7,50 \cdot 10^3$ |
| 1 bar | $10^5$ | 0,1 | 1 | 1,02 | $9,87 \cdot 10^{-1}$ | $7,50 \cdot 10^2$ |
| 1 kp/cm² = 1 at | $9,81 \cdot 10^4$ | $9,81 \cdot 10^{-2}$ | $9,81 \cdot 10^{-1}$ | 1 | $9,68 \cdot 10^{-1}$ | $7,36 \cdot 10^2$ |
| 1 atm | $1,01 \cdot 10^5$ | $1,01 \cdot 10^{-1}$ | 1,01 | 1,03 | 1 | $7,60 \cdot 10^2$ |
| 1 Torr [2] | $1,33 \cdot 10^2$ | $1,33 \cdot 10^{-4}$ | $1,33 \cdot 10^{-3}$ | $1,36 \cdot 10^{-3}$ | $1,32 \cdot 10^{-3}$ | 1 |
| 1 psi | $6,89 \cdot 10^3$ | $6,89 \cdot 10^{-3}$ | $6,89 \cdot 10^{-2}$ | $7,02 \cdot 10^{-2}$ | $6,82 \cdot 10^{-2}$ | $5,18 \cdot 10^{-1}$ |

[1] 1 N/mm² = 1 MPa
[2] 1 Torr = 1/760 atm = 1,33322 mbar ≙ 1 mmHg (mmQS) bei t = 0 °C

**Temperatur-Einheiten $T_C$ [°C]; T [K]; $T_F$ [°F]**

Legende:
T: Temperatur [K]
$T_R$: Temperatur [Rank]
$T_C$: Temperatur [°C]
$T_F$: Temperatur [°F]

$$T = \left(\frac{T_C}{°C} + 273,15\right) K = \frac{5}{9} \cdot \frac{T_R}{Rank} K$$

$$T_R = \left(\frac{T_F}{°F} + 459,67\right) Rank = \frac{9}{5} \cdot \frac{T}{K} Rank$$

$$T_C = \frac{5}{9}\left(\frac{T_F}{°F} - 32\right) °C = \left(\frac{T}{K} - 273,15\right) °C$$

$$T_F = \left(\frac{9}{5} \cdot \frac{T_C}{°C} + 32\right) °F = \left(\frac{T_R}{Rank} - 459,67\right) °F$$

|  | °C | °F |
|---|---|---|
| 1 °C | 1 | °C · 18/10 + 32 |
| °F | (°F–32) · 10/18 | 1 |

|  | K | °C | °F | Rank |
|---|---|---|---|---|
| Siedepunkt Wasser | 373,15 | 100 | 212 | 671,67 |
| Eispunkt | 273,15 | 0 | 32 | 491,67 |
| absoluter Nullpunkt | 0 | –273,15 | –459,67 | 0 |

# Anhang

**Längen-Einheiten l**

|  | m | dm | cm | mm | µm | nm | Å | pm | mÅ[1] |
|---|---|---|---|---|---|---|---|---|---|
| 1 mm | $10^{-3}$ | $10^{-2}$ | $10^{-1}$ | 1 | $10^3$ | $10^6$ | $10^7$ | $10^9$ | $10^{10}$ |
| 1 µm | $10^{-6}$ | $10^{-5}$ | $10^{-4}$ | $10^{-3}$ | 1 | $10^3$ | $10^4$ | $10^6$ | $10^7$ |
| 1 nm | $10^{-9}$ | $10^{-8}$ | $10^{-7}$ | $10^{-6}$ | $10^{-3}$ | 1 | 10 | $10^3$ | $10^4$ |
| 1 Å | $10^{-10}$ | $10^{-9}$ | $10^{-8}$ | $10^{-7}$ | $10^{-4}$ | $10^{-1}$ | 1 | $10^2$ | $10^3$ |
| 1 pm | $10^{-12}$ | $10^{-11}$ | $10^{-10}$ | $10^{-9}$ | $10^{-6}$ | $10^{-3}$ | $10^{-2}$ | 1 | 10 |
| 1 mÅ | $10^{-15/-13}$ | $10^{-12}$ | $10^{-11}$ | $10^{-10}$ | $10^{-7}$ | $10^{-4}$ | $10^{-3}$ | $10^{-1}$ | 1 |
| 1 in | 0,0254 | 0,254 | 2,54 | 25,4 | $25,4 \cdot 10^3$ | $25,4 \cdot 10^6$ | $25,4 \cdot 10^7$ | $25,4 \cdot 10^9$ | $25,4 \cdot 10^{10}$ |
| 1 ft | 0,305 | 3,05 | 30,5 | 305 | $30,5 \cdot 10^4$ | $30,5 \cdot 10^7$ | $30,5 \cdot 10^8$ | $30,5 \cdot 10^{10}$ | $30,5 \cdot 10^{11}$ |

[1] 1 mÅ = 1 XE = 1 X-Einheiten

**Volumen-Einheiten V**

|  | $m^3$ | $mm^3$ | $cm^3$ | $dm^3$ | $km^3$ | cu in | cu ft | cu yd |
|---|---|---|---|---|---|---|---|---|
| 1 $m^3$ | 1 | $10^9$ | $10^6$ | $10^3$ | $10^{-9}$ | – | – | – |
| 1 $mm^3$ | $10^{-9}$ | 1 | $10^{-3}$ | $10^{-6}$ | $10^{-18}$ | – | – | – |
| 1 $cm^3$ | $10^{-6}$ | $10^3$ | 1 | $10^{-3}$ | $10^{-15}$ | – | – | – |
| 1 $dm^3$ | $10^{-3}$ | $10^6$ | $10^3$ | 1 | $10^{-12}$ | – | – | – |
| 1 $km^3$ | $10^9$ | $10^{18}$ | $10^{15}$ | 1012 | 1 | – | – | – |
| 1 cu in | $1,64 \cdot 10^{-5}$ | – | 16,39 | 0,01639 | – | 1 | $5,786 \cdot 10^{-4}$ | $2,144 \cdot 10^{-5}$ |
| 1 cu ft | 0,0283 | – | 28316 | 28,32 | – | 1728 | 1 | 0,037 |
| 1 cu yd | 0,7646 | – | 764555 | 764,55 | – | 46656 | 27 | 1 |

1 $cm^3$ = 1 ml
1 $dm^3$ = 1 l

**Masse-Einheiten m**

|  | kg | mg | g | dt | t | dram | oz | lb |
|---|---|---|---|---|---|---|---|---|
| 1 kg | 1 | $10^6$ | $10^3$ | $10^{-2}$ | $10^{-3}$ | $5,644 \cdot 10^2$ | 35,27 | 2,205 |
| 1 mg | $10^{-6}$ | 1 | $10^{-3}$ | $10^{-8}$ | $10^{-9}$ | $5,644 \cdot 10^{-4}$ | $3,527 \cdot 10^{-5}$ | – |
| 1 g | $10^{-3}$ | $10^3$ | 1 | $10^{-5}$ | $10^{-6}$ | 0,5644 | 0,03527 | 0,002205 |
| 1 dt | $10^2$ | $10^8$ | $10^5$ | 1 | $10^{-1}$ | – | – | – |
| 1 t | $10^3$ | $10^9$ | $10^6$ | 10 | 1 | $5,644 \cdot 10^5$ | – | – |
| 1 dram | 0,00177 | $1,772 \cdot 10^3$ | 1,772 | $1,772 \cdot 10^{-5}$ | $1,77 \cdot 10^{-6}$ | 1 | 0,0625 | 0,003906 |
| 1 oz | 0,02832 | – | 28,35 | – | $28,3 \cdot 10^{-6}$ | 16 | 1 | 0,0625 |
| 1 lb | 0,4531 | – | 453,6 | – | $4,53 \cdot 10^{-4}$ | 256 | 16 | 1 |

# Anhang

### Flächen-Einheiten A

|  | sq in | sq ft | sq yd | mm² | cm² | dm² | m² |
|---|---|---|---|---|---|---|---|
| 1 sq in | 1 | $6{,}944 \cdot 10^{-3}$ | $0{,}772 \cdot 10^{-3}$ | 645,2 | 6,452 | 0,06452 | $64{,}5 \cdot 10^{-5}$ |
| 1 sq ft | 144 | 1 | 0,1111 | 92900 | 929 | 9,29 | 0,0929 |
| 1 sq yd | 1296 | 9 | 1 | 836100 | 8361 | 83,61 | 0,8361 |
| 1 mm² | $1{,}55 \cdot 10^{-3}$ | $1{,}076 \cdot 10^{-5}$ | $1{,}197 \cdot 10^{-6}$ | 1 | $10^{-2}$ | $10^{-4}$ | $10^{-6}$ |
| 1 cm² | 0,155 | $1{,}076 \cdot 10^{-3}$ | $1{,}197 \cdot 10^{-4}$ | 100 | 1 | 0,01 | 0,0001 |
| 1 dm² | 15,5 | 0,1076 | 0,01196 | 10000 | 100 | 1 | 0,001 |
| 1 m² | 1550 | 10,76 | 1,196 | 1000000 | 10000 | 100 | 1 |

### Arbeits-(Energie-) Einheiten E

|  | ft lb | kp m | J | kW h | kcal | Btu | eV |
|---|---|---|---|---|---|---|---|
| 1 ft lb | 1 | 0,1383 | 1,356 | $376{,}8 \cdot 10^{-9}$ | $324 \cdot 10^{-6}$ | $1{,}286 \cdot 10^{-3}$ | – |
| 1 kp m | 7,233 | 1 | 9,807 | $2{,}725 \cdot 10^{-6}$ | $2{,}344 \cdot 10^{-3}$ | $9{,}301 \cdot 10^{-3}$ | $6{,}12 \cdot 10^{19}$ |
| 1 J | 0,7376 | 0,102 | 1 | $277{,}8 \cdot 10^{-9}$ | $239 \cdot 10^{-6}$ | $948{,}4 \cdot 10^{-6}$ | $6{,}24 \cdot 10^{18}$ |
| 1 kW h | $2{,}655 \cdot 10^{6}$ | $367{,}1 \cdot 10^{3}$ | $3{,}6 \cdot 10^{6}$ | 1 | 860 | 3413 | $2{,}25 \cdot 10^{25}$ |
| 1 kcal | $3{,}087 \cdot 10^{3}$ | 426,9 | 4187 | $1{,}163 \cdot 10^{-3}$ | 1 | 3,968 | $2{,}61 \cdot 10^{22}$ |
| 1 Btu | 778,6 | 107,6 | 1055 | $293 \cdot 10^{-6}$ | 0,252 | 1 | – |
| 1 eV | – | $1{,}63 \cdot 10^{-20}$ | $1{,}60 \cdot 10^{-19}$ | $4{,}45 \cdot 10^{-28}$ | $3{,}83 \cdot 10^{-23}$ | – | 1 |

1 J = 1 Ws

### Leistungs-Einheiten P

|  | hp | kp m/s | W | kW | kcal/s | Btu/s | PS |
|---|---|---|---|---|---|---|---|
| 1 hp | 1 | 76,04 | 745,7 | 0,7457 | 0,1782 | 0,7073 | – |
| 1 kp m/s | $13{,}15 \cdot 10^{-3}$ | 1 | 9,807 | $9{,}807 \cdot 10^{-3}$ | $2{,}344 \cdot 10^{-3}$ | $9{,}296 \cdot 10^{-3}$ | $1{,}33 \cdot 10^{-2}$ |
| 1 W | $1{,}341 \cdot 10^{-3}$ | 0,102 | 1 | $10^{-3}$ | $239 \cdot 10^{-6}$ | $948{,}4 \cdot 10^{-6}$ | $1{,}36 \cdot 10^{-3}$ |
| 1 kW | 1,341 | 102 | 1000 | 1 | 0,239 | 0,9484 | 1,36 |
| 1 kcal/s | 5,614 | 426,9 | 4187 | 4,187 | 1 | 3,968 | 5,68 |
| 1 Btu/s | 1,415 | 107,6 | 1055 | 1,055 | 0,252 | 1 | – |
| 1 PS | – | 75 | $7{,}36 \cdot 10^{2}$ | – | $1{,}76 \cdot 10^{-1}$ | – | 1 |

1 W = 1 J/s

### Zeit-Einheiten t

|  | s | min | h | d |
|---|---|---|---|---|
| 1 s | 1 | $1{,}67 \cdot 10^{-2}$ | $2{,}78 \cdot 10^{-4}$ | $1{,}16 \cdot 10^{-5}$ |
| 1 min | 60 | 1 | $1{,}67 \cdot 10^{-2}$ | $6{,}94 \cdot 10^{-4}$ |
| 1 h | 3600 | 60 | 1 | $4{,}17 \cdot 10^{-2}$ |
| 1 d | 86400 | 1440 | 24 | 1 |

Bond it

# Anhang

**Spannung** $\sigma$

| | Pa | MPa | N/m² | N/mm² | psi | kp/cm² |
|---|---|---|---|---|---|---|
| 1 Pa | 1 | $10^{-6}$ | 1 | $10^{-6}$ | $1{,}45 \cdot 10^{-4}$ | $1{,}02 \cdot 10^{-5}$ |
| 1 MPa | $10^6$ | 1 | $10^6$ | 1 | $1{,}45 \cdot 10^2$ | 10,2 |
| 1 N/m² | 1 | $10^{-6}$ | 1 | $10^{-6}$ | $1{,}45 \cdot 10^{-4}$ | $1{,}02 \cdot 10^{-5}$ |
| 1 N/mm² | $10^6$ | 1 | $10^6$ | 1 | $1{,}45 \cdot 10^2$ | 10,2 |
| 1 psi | $6{,}894 \cdot 10^{-9}$ | $6{,}894 \cdot 10^{-3}$ | $6{,}894 \cdot 10^{-9}$ | $6{,}894 \cdot 10^{-3}$ | 1 | $7{,}03 \cdot 10^{-2}$ |
| 1 kp/cm² | $9{,}81 \cdot 10^4$ | $9{,}81 \cdot 10^{-2}$ | $9{,}81 \cdot 10^4$ | $9{,}81 \cdot 10^{-2}$ | 14,22 | 1 |

**Dynamische Viskosität** $\eta$

| | | | | |
|---|---|---|---|---|
| 1 Pas | = | 1 kg (ms)-1 | = | 1000 mPas |
| 1 P | = | 0,1 Pas | = | 100 mPas |
| 1 cP | = | 0,001 Pas | = | 1 mPas |

**Kinematische Viskosität** $\nu$

| | | | | |
|---|---|---|---|---|
| 1 St | = | $10^{-4}$ m²/s | | |
| 1 cSt | = | $10^{-6}$ m²/s | = | 1 mm²/s |

**Vorsätze zur Bezeichnung von Zehnerpotenzen beliebiger Einheiten**

| Zehnerpotenz | Vorsatz | Vorsatzzeichen |
|---|---|---|
| $10^{-1}$ | Dezi | d |
| $10^{-2}$ | Zenti | c |
| $10^{-3}$ | Milli | m |
| $10^{-6}$ | Mikro | µ |
| $10^{-9}$ | Nano | n |
| $10^{-12}$ | Piko | p |
| $10^{-15}$ | Fm | f |
| $10^{-18}$ | Atto | a |

| Zehnerpotenz | Vorsatz | Vorsatzzeichen |
|---|---|---|
| $10^1$ | Deka | da |
| $10^2$ | Hekto | h |
| $10^3$ | Kilo | k |
| $10^6$ | Mega | M |
| $10^9$ | Giga | G |
| $10^{12}$ | Tera | T |
| $10^{15}$ | Peta | P |
| $10^{18}$ | Exa | E |

# Anhang

**Maßeinheiten**

| | | | |
|---|---|---|---|
| Å | Ångström | => | Länge |
| atm | Atmosphäre | => | Druck |
| bar | Bar | => | Druck |
| Btu | British Thermal Unit | => | Leistung |
| °C | Grad Celsius | => | Temperatur |
| cal | Kalorie | => | Arbeit, Energie |
| cu ft | cubic feet | => | Volumen |
| cu in | cubic inch | => | Volumen |
| cu yd | cubic yard | => | Volumen |
| d | Tag | => | Zeit |
| dm | Dezimeter | => | Länge |
| dram | Drachme | => | Masse |
| dt | Dezitonne | => | Masse |
| eV | Elektronenvolt | => | Arbeit, Energie |
| °F | Grad Fahrenheit | => | Temperatur |
| ft lb | Foot-Pound | => | Arbeit, Energie |
| g | Gramm | => | Masse |
| $g/cm^3$ | Gramm pro Kubikzentimeter | => | Dichte |
| h | Stunde | => | Zeit |
| hp | Horsepower | => | Leistung |
| in | inch | => | Länge |
| J | Joule | => | Arbeit, Energie |
| K | Kelvin | => | Temperatur |
| $kg/m^3$ | Kilogramm pro Kubikmeter | => | Dichte |
| $kp/cm^2$ | Kilopond pro Quadratzentimeter | => | Druck |
| kpm | Kilopondmeter | => | Arbeit, Energie |
| kpm/s | Kilopondmeter pro Sekunde | => | Leistung |
| kV/mm | Kilovolt pro Millimeter | => | (elektr.) Durchschlagfestigkeit |
| kWh | Kilowattstunde | => | Arbeit, Energie |
| lb | Britische Pfund | => | Masse |
| m | Meter | => | Länge |
| $m^2$ | Quadratmeter | => | Fläche |
| MeV | Megaelektronenvolt | => | Spannung, elektrische |
| min | Minute | => | Zeit |
| MPa | Megapascal | => | Festigkeit/Spannung |
| mPas | Millipascal Sekunden | => | Viskosität |
| µm | Mikrometer | => | Länge, z. B. Rautiefe |
| N/mm | Newton pro Millimeter | => | Schälfestigkeit |
| $N/mm^2$ | Newton pro Quadratmillimeter | => | Festigkeit |
| nm | Nanometer | => | Länge, z. B. Wellenlänge |
| oz | Unze | => | Masse |
| Ω · cm | Ohm · Zentimeter | => | spezifischer Durchgangswiderstand |
| Pa | Pascal | => | Druck |
| Pas | Pascalsekunde | => | dynamische Viskosität |
| PS | Pferdestärke | => | Leistung |
| Ps | Poise | => | dynamische Viskosität |
| psi | Pound per Square inch | => | Spannung, mechanische |
| rank | Rankine | => | Temperatur |
| s | Sekunde | => | Zeit |
| S/m | Siemens pro Meter | => | elektrische Leitfähigkeit |
| sq ft | square feet | => | Fläche |
| sq in | square inch | => | Fläche |
| sq yd | square yard | => | Fläche |
| t | Tonne | => | Masse |
| Torr | Torr | => | Druck |
| W | Watt | => | Leistung |
| W/m · K | Watt pro Meter · Kelvin | => | Wärmeleitfähigkeit |
| yd | Yard | => | Länge |

# Anhang

**Sonstige Einheiten**

| | | | | |
|---|---|---|---|---|
| 1 Btu/cu ft | = | 9,547 kcal/m³ | = | 39964 Nm/m³ |
| 1 Btu/lb | = | 0,556 kcal/kg | = | 2327 Nm/kg |
| 1 grain | | | = | 64,798 mg |
| 1 englische Meile | | | = | 1609 m |
| 1 geografische Meile | | | = | 7420 m |
| 1 dram | = | 27,344 grains | = | 1,772 g |
| 1 imperiale Gallone | | | = | 4,546 dm³ |
| 1 internationale Seemeile | | | = | 1852 m |
| 1 lb/sq ft | = | 4,882 kp/m² | = | 47,8924 N/m² |
| 1 lb/sq in (= 1 psi) | = | 0,0703 kp/cm² | = | 0,6896 N/cm² |
| 1 long cwt (GB, US) | = | 4 long quarter | = | 50,80 kg |
| 1 long quarter (GB, US) | | | = | 12,70 kg |
| 1 long ton (GB, US) | | | = | 1,0160 Mg |
| 1 mil | = | $10^{-3}$ in | = | 0,0254 mm |
| 1 ounce | = | 16 drams | = | 28,350 g |
| 1 pound | = | 16 ounces | = | 453,592 g |
| 1 rod, pole oder perch | = | 5,5 yd | = | 5,092 m |
| 1 short cwt (US) | = | 4 short quarter | = | 45,36 kg |
| 1 short quarter (US) | | | = | 11,34 kg |
| 1 short ton (US) | | | = | 0,9072 Mg |
| 1 sq chain | = | 16 sq rods | = | 404,7 m² |
| 1 sq mil | = | $10^{-6}$ sq in | = | 645,2 µm² |
| 1 stone (GB) | = | 14 lb | = | 6,35 kg |
| 1 u | | | = | $1,66 \cdot 10^{-27}$ kg |
| 1 US.gallon (United States gallon) | | | = | 3,785 dm³ |
| 1 " (Zoll) | = | 1 in | = | 25,4 mm |

# Anhang

## 3. Chemische Elemente

| Name (nach IUPAC) | Chem. Symbol | Ordnungszahl | Molare Masse in g/mol | Dichte bei +20 °C | Schmelzpunkt in °C | Siedepunkt in °C |
|---|---|---|---|---|---|---|
| Actinium | Ac | 89 | 227,0278 | 10,07 kg/l | 1047 | 3197 |
| Aluminium | Al | 13 | 26,981539 | 2,70 kg/l | 660,5 | 2467 |
| Americium | Am | 95 | 243,0614 | 13,67 kg/l | 994 | 2607 |
| Antimon (Stibium) | Sb | 51 | 121,75 | 6,69 kg/l | 630,7 | 1750 |
| Argon | Ar | 18 | 39,948 | 1,66 g/l | −189,4 | −185,9 |
| Arsen | As | 33 | 74,92159 | 5,72 kg/l | 613 | (Sublimation) |
| Astat | At | 85 | 209,9871 | | 302 | 337 |
| Barium | Ba | 56 | 137,327 | 3,65 kg/l | 725 | 1640 |
| Berkelium | Bk | 97 | 247,0703 | 13,25 kg/l | 986 | |
| Beryllium | Be | 4 | 9,012182 | 1,85 kg/l | 1278 | 2970 |
| Bismut (auch: Wismut) | Bi | 83 | 208,98037 | 9,80 kg/l | 271,4 | 1560 |
| Blei (Plumbum) | Pb | 82 | 207,2 | 11,34 kg/l | 327,5 | 1740 |
| Bohrium | Bh | 107 | 262,1229 | | | |
| Bor | B | 5 | 10,811 | 2,46 kg/l | 2300 | 2550 |
| Brom | Br | 35 | 79,904 | 3,14 kg/l | −7,3 | 58,8 |
| Cadmium | Cd | 48 | 112,411 | 8,64 kg/l | 321 | 765 |
| Caesium | Cs | 55 | 132,90543 | 1,90 kg/l | 28,4 | 690 |
| Calcium | Ca | 20 | 40,078 | 1,54 kg/l | 839 | 1487 |
| Californium | Cf | 98 | 251,0796 | 15,1 kg/l | 900 | |
| Cer | Ce | 58 | 140,115 | 6,77 kg/l | 798 | 3257 |
| Chlor | Cl | 17 | 35,4527 | 2,95 g/l | −101 | -34,6 |
| Chrom | Cr | 24 | 51,9961 | 7,14 kg/l | 1857 | 2482 |
| Curium | Cm | 96 | 247,0703 | 13,51 kg/l | 1340 | 3110 |
| Darmstadtium | Ds | 110 | 269 | | | |
| Dubnium | Db | 105 | 262,1138 | | | |
| Dysprosium | Dy | 66 | 162,5 | 8,56 kg/l | 1409 | 2335 |
| Einsteinium | Es | 99 | 252,0829 | | 860 | |
| Eisen (Ferrum) | Fe | 26 | 55,847 | 7,87 kg/l | 1535 | 2750 |
| Erbium | Er | 68 | 167,26 | 9,05 kg/l | 1522 | 2510 |
| Europium | Eu | 63 | 151,965 | 5,25 kg/l | 822 | 1597 |
| Fermium | Fm | 100 | 257,0951 | | | |
| Fluor | F | 9 | 18,9984032 | 1,58 g/l | −219,6 | −188,1 |
| Francium | Fr | 87 | 223,0197 | | 27 | 677 |
| Gadolinium | Gd | 64 | 157,25 | 7,89 kg/l | 1311 | 3233 |
| Gallium | Ga | 31 | 69,723 | 5,91 kg/l | 29,8 | 2403 |
| Germanium | Ge | 32 | 72,61 | 5,32 kg/l | 937,4 | 2830 |
| Gold (Aurum) | Au | 79 | 196,96654 | 19,32 kg/l | 1064,4 | 2940 |
| Hafnium | Hf | 72 | 178,49 | 13,31 kg/l | 2150 | 5400 |

# Anhang

| Name (nach IUPAC) | Chem. Symbol | Ordnungszahl | Molare Masse in g/mol | Dichte bei +20 °C | Schmelzpunkt in °C | Siedepunkt in °C |
|---|---|---|---|---|---|---|
| Hassium | Hs | 108 | 265 | | | |
| Helium | He | 2 | 4,002602 | 0,17 g/l | −272,2 | −268,9 |
| Holmium | Ho | 67 | 164,93032 | 8,78 kg/l | 1470 | 2720 |
| Indium | In | 49 | 114,82 | 7,31 kg/l | 156,2 | 2080 |
| Iod | I | 53 | 126,90447 | 4,94 kg/l | 113,5 | 184,4 |
| Iridium | Ir | 77 | 192,22 | 22,65 kg/l | 2410 | 4130 |
| Kalium | K | 19 | 39,0983 | 0,86 kg/l | 63,7 | 774 |
| Kobalt | Co | 27 | 58,9332 | 8,89 kg/l | 1495 | 2870 |
| Kohlenstoff (Carbon) | C | 6 | 12,011 | 3,51 kg/l | 3550 | 4827 |
| Krypton | Kr | 36 | 83,8 | 3,48 g/l | −156,6 | −152,3 |
| Kupfer (Cuprum) | Cu | 29 | 63,546 | 8,92 kg/l | 1083,5 | 2595 |
| Lanthan | La | 57 | 138,9055 | 6,16 kg/l | 920 | 3454 |
| Lawrencium | Lr | 103 | 260,1053 | | 1627 | |
| Lithium | Li | 3 | 6,941 | 0,53 kg/l | 180,5 | 1317 |
| Lutetium | Lu | 71 | 174,967 | 9,84 kg/l | 1656 | 3315 |
| Magnesium | Mg | 12 | 24,305 | 1,74 kg/l | 648,8 | 1107 |
| Mangan | Mn | 25 | 54,93805 | 7,44 kg/l | 1244 | 2097 |
| Meitnerium | Mt | 109 | 266 | | | |
| Mendelevium | Md | 101 | 258,0986 | | | |
| Molybdän | Mo | 42 | 95,94 | 10,28 kg/l | 2617 | 5560 |
| Natrium | Na | 11 | 22,989768 | 0,97 kg/l | 97,8 | 892 |
| Neodym | Nd | 60 | 144,24 | 7,00 kg/l | 1010 | 3127 |
| Neon | Ne | 10 | 20,1797 | 0,84 g/l | −248,7 | −246,1 |
| Neptunium | Np | 93 | 237,0482 | 20,48 kg/l | 640 | 3902 |
| Nickel | Ni | 28 | 58,69 | 8,91 kg/l | 1453 | 2732 |
| Niob | Nb | 41 | 92,90638 | 8,58 kg/l | 2468 | 4927 |
| Nobelium | No | 102 | 259,1009 | | | |
| Osmium | Os | 76 | 190,2 | 22,61 kg/l | 3045 | 5027 |
| Palladium | Pd | 46 | 106,42 | 12,02 kg/l | 1552 | 3140 |
| Phosphor | P | 15 | 30,973762 | 1,82 kg/l | 44 (P4) | 280 (P4) |
| Platin | Pt | 78 | 195,08 | 21,45 kg/l | 1772 | 3827 |
| Plutonium | Pu | 94 | 244,0642 | 19,74 kg/l | 641 | 3327 |
| Polonium | Po | 84 | 208,9824 | 9,20 kg/l | 254 | 962 |
| Praseodym | Pr | 59 | 140,90765 | 6,48 kg/l | 931 | 3212 |
| Promethium | Pm | 61 | 146,9151 | 7,22 kg/l | 1080 | 2730 |
| Protactinium | Pa | 91 | 231,0359 | 15,37 kg/l | 1554 | 4030 |
| Quecksilber (Hydrargyrum) | Hg | 80 | 200,59 | 13,55 kg/l | −38,9 | 356,6 |
| Radium | Ra | 88 | 226,0254 | 5,50 kg/l | 700 | 1140 |
| Radon | Rn | 86 | 222,0176 | 9,23 g/l | −71 | −61,8 |
| Rhenium | Re | 75 | 186,207 | 21,03 kg/l | 3180 | 5627 |

# Anhang

| Name (nach IUPAC) | Chem. Symbol | Ordnungs- zahl | Molare Masse in g/mol | Dichte bei +20 °C | Schmelz- punkt in °C | Siedepunkt in °C |
|---|---|---|---|---|---|---|
| Rhodium | Rh | 45 | 102,9055 | 12,41 kg/l | 1966 | 3727 |
| Roentgenium | Rg | 111 | 272 | | | |
| Rubidium | Rb | 37 | 85,4678 | 1,53 kg/l | 39 | 688 |
| Ruthenium | Ru | 44 | 101,07 | 12,45 kg/l | 2310 | 3900 |
| Rutherfordium | Rf | 104 | 261,1087 | | | |
| Samarium | Sm | 62 | 150,36 | 7,54 kg/l | 1072 | 1778 |
| Sauerstoff | O | 8 | 15,9994 | 1,33 g/l | −218,4 | −182,9 |
| Scandium | Sc | 21 | 44,95591 | 2,99 kg/l | 1539 | 2832 |
| Schwefel (Theion) | S | 16 | 32,066 | 2,06 kg/l | 113 | 444,7 |
| Seaborgium | Sg | 106 | 263,1182 | | | |
| Selen | Se | 34 | 78,96 | 4,82 kg/l | 217 | 685 |
| Silber (Argentum) | Ag | 47 | 107,8682 | 10,49 kg/l | 961,9 | 2212 |
| Silicium | Si | 14 | 28,0855 | 2,33 kg/l | 1410 | 2355 |
| Stickstoff (Nitrogen) | N | 7 | 14,00674 | 1,17 g/l | −209,9 | −195,8 |
| Strontium | Sr | 38 | 87,62 | 2,63 kg/l | 769 | 1384 |
| Tantal | Ta | 73 | 180,9479 | 16,68 kg/l | 2996 | 5425 |
| Technetium | Tc | 43 | 98,9063 | 11,49 kg/l | 2172 | 5030 |
| Tellur | Te | 52 | 127,6 | 6,25 kg/l | 449,6 | 990 |
| Terbium | Tb | 65 | 158,92534 | 8,25 kg/l | 1360 | 3041 |
| Thallium | Tl | 81 | 204,3833 | 11,85 kg/l | 303,6 | 1457 |
| Thorium | Th | 90 | 232,0381 | 11,72 kg/l | 1750 | 4787 |
| Thulium | Tm | 69 | 168,93421 | 9,32 kg/l | 1545 | 1727 |
| Titan | Ti | 22 | 47,88 | 4,51 kg/l | 1660 | 3260 |
| Ununbium | Uub | 112 | 277 | | | |
| Ununhexium | Uuh | 116 | 289 | | | |
| Ununoctium | Uuo | 118 | 293 | | | |
| Ununpentium | Uup | 115 | 288 | | | |
| Ununquadium | Uuq | 114 | 289 | | | |
| Ununseptium | Uus | 117 | | | | |
| Ununtrium | Uut | 113 | 287 | | | |
| Uran | U | 92 | 238,0289 | 18,97 kg/l | 1132,4 | 3818 |
| Vanadium | V | 23 | 50,9415 | 6,09 kg/l | 1890 | 3380 |
| Wasserstoff | H | 1 | 1,00794 | 0,084 g/l | −259,1 | −252,9 |
| Wolfram | W | 74 | 183,85 | 19,26 kg/l | 3407 | 5927 |
| Xenon | Xe | 54 | 131,29 | 4,49 g/l | −111,9 | −107 |
| Ytterbium | Yb | 70 | 173,04 | 6,97 kg/l | 824 | 1193 |
| Yttrium | Y | 39 | 88,90585 | 4,47 kg/l | 1523 | 3337 |
| Zink | Zn | 30 | 65,39 | 7,14 kg/l | 419,6 | 907 |
| Zinn | Sn | 50 | 118,71 | 7,29 kg/l | 232 | 2270 |
| Zirconium | Zr | 40 | 91,224 | 6,51 kg/l | 1852 | 4377 |

# Anhang

**Periodensystem der Elemente**

| | 1 | 2 | | 3 | 4 | 5 | 6 | 7 | 8 | 9 | 10 | 11 | 12 | 13 | 14 | 15 | 16 | 17 | 18 |
|---|---|---|---|---|---|---|---|---|---|---|---|---|---|---|---|---|---|---|---|
| 1 | **H** Wasserstoff 1,00794 | | | | | | | | | | | | | | | | | | **He** Helium 4,002602 |
| 2 | **Li** Lithium 6,941 | **Be** Beryllium 9,012182 | | | | | | | | | | | | **B** Bor 10,811 | **C** Kohlenstoff 12,011 | **N** Stickstoff 14,00674 | **O** Sauerstoff 15,9994 | **F** Fluor 18,9984032 | **Ne** Neon 20,1797 |
| 3 | **Na** Natrium 22,989768 | **Mg** Magnesium 24,305 | | | | | | | | | | | | **Al** Aluminium 26,981539 | **Si** Silicium 28,0855 | **P** Phosphor 30,973762 | **S** Schwefel 32,066 | **Cl** Chlor 35,4527 | **Ar** Argon 39,948 |
| 4 | **K** Kalium 39,0983 | **Ca** Calcium 40,078 | **Sc** Scandium 44,95591 | **Ti** Titan 47,88 | **V** Vanadium 50,9415 | **Cr** Chrom 51,9961 | **Mn** Mangan 54,93805 | **Fe** Eisen 55,847 | **Co** Kobalt 58,9332 | **Ni** Nickel 58,69 | **Cu** Kupfer 63,546 | **Zn** Zink 65,409 | **Ga** Gallium 69,723 | **Ge** Germanium 72,61 | **As** Arsen 74,92159 | **Se** Selen 78,96 | **Br** Brom 79,904 | **Kr** Krypton 83,8 |
| 5 | **Rb** Rubidium 85,4678 | **Sr** Strontium 87,62 | **Y** Yttrium 88,90585 | **Zr** Zirconium 91,224 | **Nb** Niob 92,90638 | **Mo** Molybdän 95,94 | **Tc** Technetium 98,9063 | **Ru** Ruthenium 101,07 | **Rh** Rhodium 102,9055 | **Pd** Palladium 106,42 | **Ag** Silber 107,8682 | **Cd** Cadmium 112,411 | **In** Indium 114,82 | **Sn** Zinn 118,71 | **Sb** Antimon 121,75 | **Te** Tellur 127,6 | **I** Iod 126,90447 | **Xe** Xenon 131,29 |
| 6 | **Cs** Caesium 132,90543 | **Ba** Barium 137,327 | **La-Lu** s. unten | **Hf** Hafnium 178,49 | **Ta** Tantal 180,9479 | **W** Wolfram 183,85 | **Re** Rhenium 186,207 | **Os** Osmium 190,2 | **Ir** Iridium 192,22 | **Pt** Platin 195,08 | **Au** Gold 196,96654 | **Hg** Quecksilber 200,59 | **Tl** Thallium 204,3833 | **Pb** Blei 207,2 | **Bi** Bismut 208,98037 | **Po** Polonium 208,9824 | **At** Astat 209,9871 | **Rn** Radon 222,0176 |
| 7 | **Fr** Francium 223,0197 | **Ra** Radium 226,0254 | **Ac-Lr** s. unten | **Rf** Rutherfordium 261,1087 | **Db** Dubnium 262,1138 | **Sg** Seaborgium 263,1182 | **Bh** Bohrium 262,1229 | **Hs** Hassium 265 | **Mt** Meitnerium 266 | **Ds** Darmstadtium 269 | **Rg** Roentgenium 272 | **Uub** Ununbium 277 | | | | | | |

| | | | | | | | | | | | | | | |
|---|---|---|---|---|---|---|---|---|---|---|---|---|---|---|
| 6 | **La** Lanthan 138,9055 | **Ce** Cer 140,115 | **Pr** Praseodym 140,90765 | **Nd** Neodym 144,24 | **Pm** Promethium 146,9151 | **Sm** Samarium 150,36 | **Eu** Europium 151,965 | **Gd** Gadolinium 157,25 | **Tb** Terbium 158,92534 | **Dy** Dysprosium 162,5 | **Ho** Holmium 164,93032 | **Er** Erbium 167,26 | **Tm** Thulium 168,93421 | **Yb** Ytterbium 173,04 | **Lu** Lutetium 174,967 |
| 7 | **Ac** Actinium 227,0278 | **Th** Thorium 232,0381 | **Pa** Protactinium 231,0359 | **U** Uran 238,0289 | **Np** Neptunium 237,0482 | **Pu** Plutonium 244,0642 | **Am** Americium 243,0614 | **Cm** Curium 247,0703 | **Bk** Berkelium 247,0703 | **Cf** Californium 251,0796 | **Es** Einsteinium 252,0829 | **Fm** Fermium 257,0951 | **Md** Mendelevium 258,0986 | **No** Nobelium 259,1009 | **Lr** Lawrencium 260,1053 |

Feste Elemente
Flüssige Elemente (+20 °C)
Gasförmige Elemente
Radioaktive Elemente
Künstliche Elemente

188  Bond it

# Anhang

## 4. Kurzzeichen gebräuchlicher Kunststoffe

| Abkürzung nach DIN 7728 | Bezeichnung |
|---|---|
| ABS | Acrylnitril-Butadien-Styrol-Copolymer |
| AMMA | Acrylnitril-Methylmethacrylat |
| ASA | Acrylnitril-Styrol-Acrylat |
| CA | Celluloseacetat |
| CAB | Celluloseacetatbutyrat |
| CF | Cresol-Formaldehyd |
| CMC | Carboxymethylcellulose |
| CS | Casein |
| DAP | Diallylphthalat |
| EC | Ethylcellulose |
| EP | Epoxid |
| EPDM | Ethylen-Propylen-Dien-Kautschuk |
| EPS | Expandierbares Polystyrol |
| EVA | Ethylen-Vinylacetat |
| EVAL | Ethylen-Vinylalkohol |
| FEP | Tetrafluorethylen-Hexafluorpropylen |
| FR4 | Glasfaserverstärktes Epoxydharz (fiber reinforced) |
| GFK | Glasfaserverstärkter Kunststoff |
| HDPE | Polyethylen hoher Dichte |
| LCP | Flüssig-Kristalliner Kunststoff |
| LDPE | Polyethylen niedriger Dichte |
| MBS | Methylmethacrylat-Butadien-Styrol |
| MC | Methylcellulose |
| MF | Melamin-Formaldehyd |
| PA | Polyamid |
| PA 11 | Polyamid 11 |
| PA 12 | Polyamid 12 |
| PA 6 | Polymeres aus e-Caprolactam |
| PA 6.6 | Polykondensat aus Hexamethylendiamin und Adipinsäure |
| PAEK | Polyaryletherketon |
| PAN | Polyacrylnitril |
| PB | Polybuten |
| PBT | Polybutylenterephthalat |
| PC | Polycarbonat |
| PCTFE | Polychlortrifluorethylen |
| PE | Polyethylen |

# Anhang

| Abkürzung nach DIN 7728 | Bezeichnung |
|---|---|
| PEC | Chloriertes Polyethylen |
| PEEK | Polyetheretherketon |
| PEI | Polyetherimid |
| PEP | Ethylenpropylen |
| PES | Polyethersulfon |
| PET | Polyethylenterephthalat |
| PF | Phenol-Formaldehyd |
| PI | Polyimid |
| PIB | Polyisobutylen |
| PK | Polyketon |
| PMA | Polymethylacrylat |
| PMMA | Polymethylmethacrylat |
| POM | Polyoxymethylen |
| PP | Polypropylen |
| PPA | Polyphthalamid |
| PPE | Polyphenylenether |
| PPO | Polyphenyloxid |
| PPS | Polyphenylsulfid |
| PPSU | Polyphenylensulfon |
| PS | Polystyrol |
| PTFE | Polytetrafluorethylen |
| PUR | Polyurethan |
| PVAC | Polyvinylacetat |
| PVAL | Polyvinylalkohol |
| PVC | Polyvinylchlorid |
| PVDC | Polyvinylidenchlorid |
| PVDF | Polyvinylidenfluorid |
| PVK | Polyvinylcarbazol |
| PVP | Polyvinylpyrrolidon |
| SAN | Styrol-Acrylnitril |
| SB | Polystyrol mit Elastomer auf der Basis von Butadien modifiziert |
| SI | Silizium |
| SMS | Styrol-alpha-Methylstyrol |
| TPO | Thermoplastisches Elastomer auf Polyolefinbasis |
| TPU | Thermoplastisches Elastomer auf Polyurethanbasis |
| UF | Harnstoff-Formaldehyd |
| UP | Ungesättigter Polyester |

# Anhang

## 5. Literaturhinweise

Brockhaus, Naturwissenschaften und Technik, Sonderausgabe, Mannheim

Walter Brockmann, Paul L. Geiss, Jürgen Klingen, Klebtechnik; Wiley-VHC Verlag

Habenicht, Kleben; Springer Verlag

Hammer-Hammer, Taschenbuch der Physik; J. Lindauer Verlag

Fachlexikon ABC Chemie; Verlag Harri Deutsch

Orthmann, K., Kleben in der Elektrotechnik; Expert Verlag

Lan J., Flip Chip Technologies; USA 1996, McGraw-Hill Companies

## 6. Bildnachweise

DELO-Aufnahmen
Jo Teichmann, Augsburg
Fotografie Klein & Schneider, Bad Wörishofen

Teil I
Scheugenpflug Gießharzdosiertechnik, Neustadt

Teil II
Infineon Technologies, Regensburg
Haboe Edelstahlsysteme, Rosenthal
Claas Industrietechnik, Paderborn
Küchenbau Pfeiffer&Söhne, Asslar
Truma Gerätetechnik, Putzbrunn

Teil III
Duscholux, Gwatt-Thun/Schweiz
AMT Schmid, Sauldorf-Krumbach

Teil IV
BEC, Colmar/Frankreich

Teil V
PacTech, Berlin
TZ Mikroelektronik, Göppingen

Wir danken unseren Kunden und Geschäftspartnern dafür, dass Sie uns Bildmaterial zur Verfügung gestellt haben.

## 7. Kontakt

DELO Industrie Klebstoffe
DELO-Allee 1
86949 Windach
Telefon +49 8193 9900-0
Telefax +49 8193 9900-144
E-Mail info@DELO.de
www.DELO.de